宇宙の超難問
三体問題

マウリ・ヴァルトネン
ジョアンナ・アノソヴァ
コンスタンティン・ホルシェヴニコフ
アレクサンドル・ミュラリ
ヴィクトル・オルロフ
谷川清隆

田沢恭子 訳

ハヤカワ新書 022

THE THREE-BODY PROBLEM
FROM PYTHAGORAS TO HAWKING
by
Mauri Valtonen, Joanna Anosova,
Konstantin Kholshevnikov, Aleksandr Mylläri,
Victor Orlov and Kiyotaka Tanikawa

First published in English under the title
The Three-body Problem from Pythagoras to Hawking
by Mauri Valtonen, Joanna Anosova,
Konstantin Kholshevnikov, Aleksandr Mylläri,
Victor Orlov and Kiyotaka Tanikawa, edition: 1
This edition has been translated and published
under licence from
Springer Nature Switzerland AG.
Springer Nature Switzerland AG takes no responsibility
and shall not be made liable for the accuracy of the translation.
Translated by
Kyoko Tazawa
First published 2024 in Japan by
Hayakawa Publishing, Inc.
This book is published in Japan by
arrangement with
Springer Nature
Customer Service Center GmbH
through The English Agency (Japan) Ltd.

はじめに

一般読者を対象として三体問題の解説書を書くのは、ことのほか手ごわい挑戦だ。三体問題は科学そのものと同じくらい古くから存在し、その解を目指して数え切れないほどの科学者たちが力を注いできた。それにもかかわらず、われわれはこの問題が解決できたと宣言できる段階にまだ至っていない。数式を使わないでこの問題のおもしろさを一般読者にいくらかでも伝えるのも、また容易でない。多くの大学の数学科で研究されているような問題を数式なしで一般読者に理解できるようにするには、必然的に大幅な単純化を要し、多くの場合、天文学での応用に頼ることになる。天体系は純然たる数学的構造よりも視覚化しやすい可能性があるからだ。

本書では、歴史的なアプローチをとる。互いに引力を及ぼし合う三つの天体の運動を記述する「三体問題」を最初に研究したのは、アイザック・ニュートンだった。第1章では、この問題をめぐるニュートン以前の歴史を簡単に、彼の研究に関係する範囲に限って紹介する。ニュートン以前の天文学や数学について、ここでは触れることのできない事柄も多々ある。

歴史的背景については、カオスの概念など三体問題において重要な概念を学んでから、第7章でいくらか補足する。

ニュートンの万有引力の法則は、たいていの天文計算をするうえで十分に正確である。しかし現代の応用においては、多くの場合、これよりも精度の高いアインシュタインの重力の法則が必要となる。ニュートンの法則を改良する必要性が明らかになったのは、じつは一九世紀の終盤になってからだった。このころ、ニュートンの理論における三体問題の解から期待されたとおりに水星がふるまわないことが判明したのだ。最終章では、ブラックホールを支配する法則など、ニュートンの法則に対するもっとドラスティックな変更を扱う。これらはアインシュタインの一般相対論（彼の重力の法則はこう呼ばれている）がなければ理解できない。

第3章では、三体問題の進化の足どりを追う。特にノーベル賞以前に解の発見を目指した有名な競争を取り上げ、この問題の解の性質をめぐる二つの学派を先導したポアンカレとスンドマンを描く。ポアンカレにとってその解はせいぜい統計的なものだったが、スンドマンは完全に決定論的な解を主張した。どちらの探究についても、対応するものが現在の研究に存在する。ポアンカレの解はカオス理論につながり、さらに時間の性質（第4章のテーマだ）の探究にもつながっている。

それに続く二つの章では、太陽系と銀河という、規模の異なる二つの天体系への応用を取り上げる。いずれの系にも、三体どころかそれをはるかに超える多数の天体が存在する。しかし三体を計算に使うだけでさまざまなプロセスの一次推定を得ることができ、これまでに数々の科学者が実際にそのことを証明してきた。たとえば二つの銀河を、変動する重力場をもたらす二つの剛体ととらえれば、恒星のような第三の天体の運動について研究する助けとなる。多数の恒星についてこのプロセスを繰り返していけば、数十億個の恒星からなる銀河の形状やその他の特性が変化する仕組みを概観できるかもしれない。

概要をひととおり展望してから、三体問題の歴史に刻まれた足跡をもっと詳しく見ていく。新たなフロンティアや最近の研究成果も取り上げる。ブラックホールを含む系もそうしたフロンティアの一つで、これについては最終章で扱う。そこではブラックホールの原理の証明を目指す最近の取り組みに触れ、一般相対論から導き出されるブラックホールの概念の立証を試みる。

三体問題の歴史をどこから始めるべきかは定かでない。ピタゴラスはおそらく、地球と月と太陽が三つの球形の天体であって、三つが一直線上に並ぶと月食や日食が起きることを理解していた。しかしそれらのあいだに力の法則を導入してはじめて、現代的な意味での三体問題が出現した。ニュートンは三体問題の解決を目指し、有名な著作『プリンキピア』のかなりの部分をその試みに充てている。現代の三体問題は、アインシュタインの重力の法則とともに、いわゆるブラックホールの無毛定理を検証するのにも使えるかもしれない。無毛定理を最初に定式化したのは、イスラエル、カーター、ホーキングだった。現在では、二つのブラックホールと一つのガス雲からなる、はるか彼方のクエーサーの研究が進められている。対象の規模は膨大な範囲にまたがる。最小の端では太陽一個分の質量を扱い、最大の端では太陽一〇〇億個分以上の質量を扱う。研究対象となる天体は、地球からおよそ八光分の距離にある太陽のように近傍に位置する場合がある一方で、銀河ＯＪ２８７のブラックホール連星は地球から三五億光年も離れている。

サンクトペテルブルク大学（ロシア）のウラジーミル・チトフは、三体系の舞踏を描くアニメーションを作成した。このアニメーションやその他のアドオン素材は、本書のウェブページ（http://extras.springer.com）で入手できる。

スヴェレ・アーセス、ニック・ウルソフ、レナーテ・アペルクヴィスト、ヘンリク・アペルクヴィストに、原稿を読んで有益なコメントをくれたことを感謝したい。また、イラストレーションを手助けしてくれた、ラウラ・ガルボリノ、ハイケ・ハルトマン、ゲラン・エストリン、マーク・ハーン、キャスリン・ショー、アラン・ハリス、アンニカ・アウグストソン、ヤーナ・テゲルベルク、シルヴィオ・フェラッツ・メロ、イエルク・ヴァルトフォーゲル、アルトゥル・チェルニン、ジーン・バード、ハリー・レート、マルティン・グートクネヒトにも感謝する。

さらに、図の再録にあたってGNUフリードキュメンテーションライセンスの使用を許諾してくださった、フリーソフトウェア財団にも感謝する。それらの図については、ウィキメディアコモンズに由来するものである旨をキャプションに記している。当該の図は、オリジナルの著作者およびソースを明示し、変更を加えた場合にはその旨を明示する限りにおいて、あらゆる媒体または形式での使用、複製、改変、頒布、複写を許可するGNU一般公衆利用許諾契約書バージョン3（GNU GPLv．3）の規定に則って掲載している。これらの図またはその一部を他と混ぜ合わせたり、変形したり、さらに手を加える場合も、オリジナルと同じ許諾契約書に従って作品を頒布する必要がある。図のキャプションには、オリジナルの著作者名とともにソースに関する文献データを示す。httpアドレスを示す場合もある。

この小著が読者の関心を刺激し、数学の素養をもつ人にとって三体問題という謎をさらに探究するきっかけとなれば幸いである。

目次

訳注は〔 〕内に小さめの字で記した。

第1章
古典的な問題

解決不可能な問題

数学の歴史には、何世紀ものあいだ偉人たちの想像をかき立ててきた問題がたくさん存在する。そのなかで、解決不可能だと判明した問題が三つある。円積問題*、立方体倍積問題**、角の三等分問題***だ。これらの問題は、解くのにコンパスと目盛りのない直定規しか使ってはいけないことになっている。第一の問題については、解が存在しないことを一八八二年にフェルディナント・フォン・リンデマンが証明した。あとの二つについては、一八三七年にピエール・ヴァンツェルが解決不可能であることを示している。

三体問題もこのカテゴリーに含まれ、先ほどの三つの問題と同じくらい古くから存在している。地球と太陽と月のような三つの天体の運動を扱う問題である。その解が必要となるのは、たとえば日食を予想するときだ。日食は、月が太陽と地球のあいだに入って日光を遮ることによって起こり、六分間ほど暗闇が生じる。このとき、三つの天体は地球-月-太陽という順番で一直線上に並ぶ。地上で皆既日食が見られる場所は限られているので、一度も皆既日食を見ずに生涯を終える人がいるということも大いにあり得る。しかし皆既日食が起きれば、それは畏怖の念をかき立てる経験となる。太古の人類に日食がどれほど強烈な影響を与えたのか、われわれは想像するしかない。日食と比べて、月食は見る機会がはるかに多い。三つの天体が太陽 - 地球 - 月の順番で並び、月に日光が当たらなくなると月食が起きる。このときには月に面した地球の半球のどこからでも、月食は観測できる（図1・1）。

食を予想できなかったせいで、命を失った者もいる。伝説によれば、中国王朝の天文官だった羲氏と和氏は日食（おそらく紀元前二一三四年一〇月二二日に起きたもの）を予想できず、そのせいで打ち首にされた。皇帝の健康と繁栄は食の予想にかかっていると信じられていたので、この天文官らは主君を危険にさらしたと見なされたのだ。****

一方、日食がハッピーエンドにつながることもある。古代ギリシャの歴史家ヘロドトスによると、メディア王国とリュディア王国との戦の最中に日食が起きた（おそらく紀元前五八

* 円積問題とは、任意の半径をもつ円の面積を求めよという問題である。現代的な言い方をすれば、π の正確な値を求める問題だ。

** 立方体倍積問題（デロス島の問題とも呼ばれる）は、もとの立方体に対して体積が二倍となる立方体の一辺の長さを求めよという問題である。現代的な言い方をすれば、二の三乗根を求めることに等しい。

*** 角の三等分問題とは、コンパスと定規だけを使って角を三等分せよという問題である。

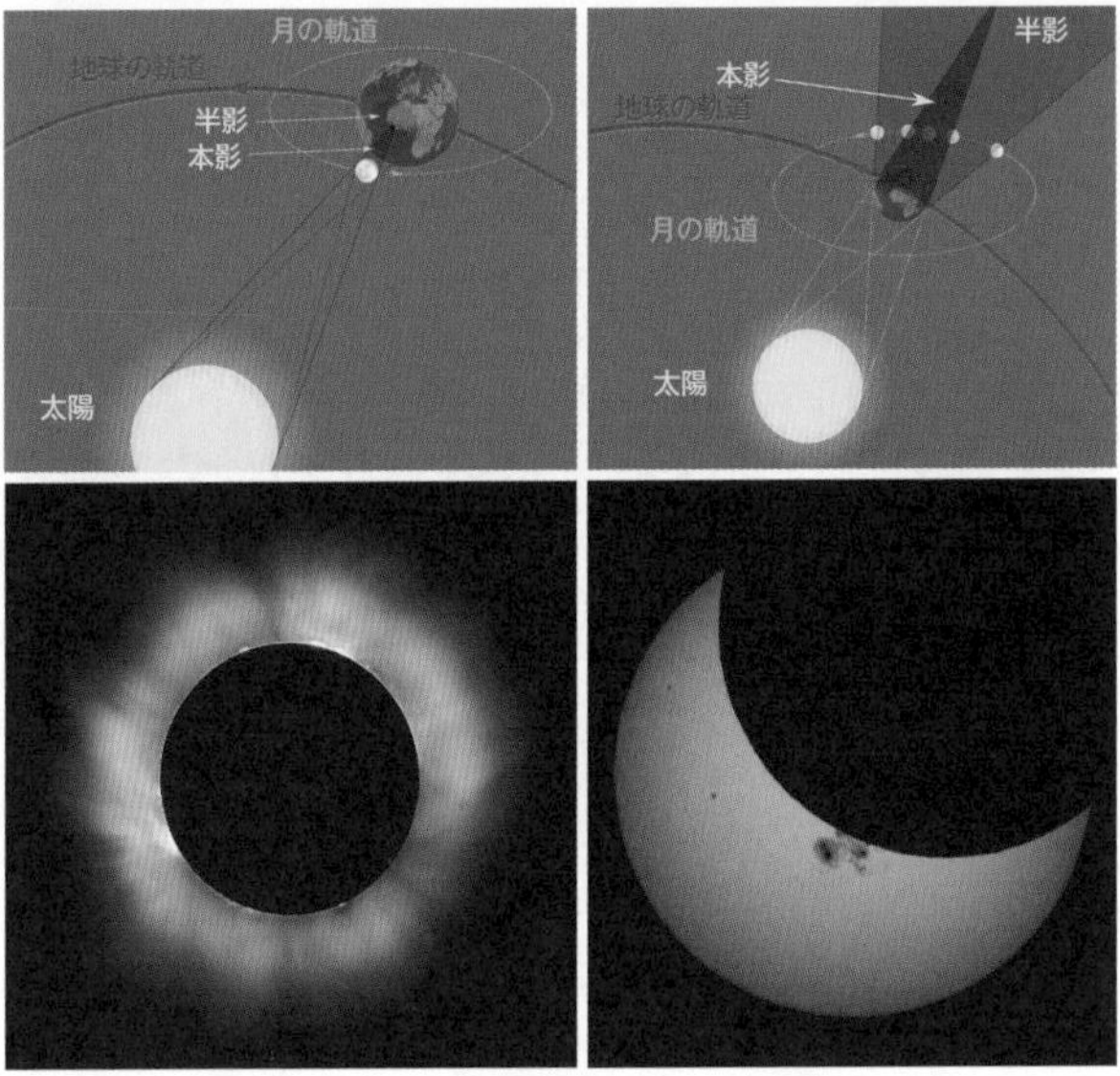

図 1.1　日食が起きている最中の太陽、月、地球の位置（上左）と月食が起きている最中のそれらの位置（上右）。図中の各天体の縮尺比は実際とは異なる。日食の最中、地球にいる観測者は「本影」と呼ばれる月の完全な影に入る。周囲の少し明るい部分は「半影」と呼ばれる。半影は本影より幅が広く、そのため部分日食（下右）は皆既日食よりも地上の広い範囲で観測できる。皆既日食では、数分間にわたって太陽が月で完全に隠れ、月のまわりに太陽の外層がかすかに見えるだけとなる（下左）。（クレジット：Wikipedia Creative Commons、［下左］Luc Viatour, www.Lucnix.be）

五年五月二八日の午後遅く）。メディア国王のキュアクサレス二世は現在のイランとトルコ東部を支配し、リュディア国王はギリシャ人の住みついたイオニアの沿岸地域に隣接する、現在のトルコ西部を支配していた。五年にわたる戦を経ても決着せず、ハリュス川付近で新たな戦闘が勃発した。そのとき不意に闇の帳《とばり》が降り、神々が日の光を奪うことで王たちに警告を発すると、両軍は武器を置いて戦闘を中止した。両王国を隔てる新たな国境をハリュス川と定めることで合意が成立し、和平のしるしとしてリュディアの王子がメディアの王女をめとった。

ヘロドトスをはじめとする古代の情報源（『天文学史』の著者でおおむね信憑性の高いロドスのエウデモスなど）によれば、ミレトスのタレス（紀元前六二一頃〜五四六頃）というイオニアの天文学者がこの日食を予想し、事前にイオニア人にそれを伝えたとされる。* 食を正しく予想するには、三体問題の解が必要だ。羲氏と和氏はその計算に注意を払わな

**** 言い伝えによれば、仲康帝はお抱えの天文官が天体の運行を追跡して解釈するのに頼っていた。これは重大な任務だった。日食は竜が太陽を食べることで起きると信じられており、皇帝にとって凶兆だった。そのため太鼓と銅鑼を打ち鳴らし、天に矢を放って、竜を退散させなくてはならない。王朝天文官の羲氏と和氏が酔っ払って日食を予想し損ねたせいで、皇帝は竜を追い払うための準備が間に合わなかった。太陽は竜の襲撃に耐えたようだが、二人は首をはねられた。

かったのだろうか。そしてタレスは彼らよりも注意深かったのだろうか。いや、そんなことはない。当時は三体問題を解く一般的な方法がなかった。この問題が正しく言い表されていたという確固たる証拠さえないのだ。

タレスが日食を予想したという話の真偽はさておき、彼が食の起きる基本的な仕組みを理解し、そこに三体問題がかかわることに気づいた最初の科学者だった可能性はある。† この問題の解明において次の歩を進めたのは、おそらくサモスのピタゴラス（紀元前五七二頃～四九七頃）だった。彼はタレスの弟子で、彼の信奉者はピタゴラス学派と呼ばれている。ピタゴラス学派は、地球と太陽と月が球体で、いずれも宇宙で運行していると考えていた。ときおりこの三つの天体が一直線上に並ぶことがあり、そのときに食が起きる。これは明らかに三体問題の定式化における一歩前進だった。バビロニア人の残した食の記録をどうしたらこの体系で説明できるかはまだ不明だったが、それはとうていピタゴラス学派の手には負えなかった。

食について記録に残る最古の説明は、スミルナのアナクサゴラスによるものだ。彼は、イオニアの町で生まれた新しい科学的概念をアテナイにもたらしたという栄誉を与えられている。太陽が高温の岩石で、月もまた岩石だが太陽の光を反射して輝いているだけだと主張したのだ。月が地球と太陽のあいだに入ると日食が起こり、月が地球の陰に入ると月食が生じ

＊　タレスは若いころにバビロニアを訪れ、ナボナッサル王（在位紀元前七四七～）の時代以降の天文観測の膨大な記録に触れた可能性がある。そのころまでにバビロニア人は、中国などさまざまな国でおこなわれていたのと同様に、数千年にわたって天文現象を記録していた。こうした記録が月食を予想する際の根拠となり、いくらかは日食を予想する根拠にもなった。紀元前五八五年にはすでにその方法が知られていた可能性もあるが、この知識について文字で記された証拠は、それよりあとの時代のものしか残っていない。

何世紀にもわたって天文現象を絶え間なく観測した結果、月食が起きてから次に同じような月食が起きるまでの期間が一八年と一〇～一一日であることが発見された（この期間をサロス周期と呼ぶ）。もっと短い四七カ月の周期もある。タレスは紀元前六〇三年五月一八日にバビロニアでほぼ完全な日食を目撃したか、少なくとも耳にした可能性がある。日食もサロス周期に従うのではないかとタレスが考えたならば、紀元前五八五年五月二八日の日食を予想できただろう。あるいは、月食の二三・五カ月後に日食が起きる可能性が高いということを彼が知っていた可能性もある。この期間は四七カ月という月食周期のちょうど半分にあたるので、彼はこの周期の中間で地球－月－太陽が逆の順番で一直線上に位置することを理解していたに違いない。彼が紀元前五八七年七月四日の月食を予想し、実際に観測したことはほぼ間違いない。おそらく彼は両方の予測法を知っていて、予測に自信があっただろう。ともあれ、彼と兵士たちは幸運だった。ハリュス川の戦いの最中に皆既日食が見られたのは、幅がわずか二七〇キロメートルほどという狭い地域だったのだ。太陽の一部が月で隠れる部分日食はもっと頻繁に起き、もっと広い範囲で見られるが、皆既日食ほど不気味で恐ろしい経験にはならない。

†　（監訳注）ただし、科学史家のオットー・ノイゲバウアーは、タレスの時代には日食の予測は不可能であったとしている。彼は、タレスやピタゴラスに結びつけられた発見物語は「おとぎ話」として軽く考えるべきであるとしている。（O・ノイゲバウアー『古代の精密科学』矢野道雄、斎藤潔訳、恒星社厚生閣）

るのだという彼の説は正しかった。しかし太陽を神としてあがめる敬虔なアテナイ人にとって、そんな考えは受け入れがたかった。アナクサゴラスは長く投獄されそうになったが、友人で有力者のペリクレスが裁判で擁護してくれたおかげで刑を免れた。裁判を待つあいだ、アナクサゴラスは円積問題に取り組み始めた。知られている限りでは、彼はギリシャでこの問題に挑んだ最初の科学者だった。やがて彼は釈放されたが、イオニアへ強制送還された。

そんなわけで、三体問題について最初に記述したのが誰なのか、正確なところはわからない。しかしピタゴラスだと考えれば、大きく間違ってはいない。これから見ていくとおり、この問題を解くには数学が必要だという見解を彼が示したのは確かだ。

現在の形の三体問題は、「近代科学の父」と称されるイギリスのアイザック・ニュートン（一六四二〜一七二七）がケンブリッジにいたころ最初に定式化した。この問題は、ニュートンの万有引力の法則のもとで互いに影響を及ぼし合う三つの質点の相対的な運動を特定せよというものだ。* 力学における質点とは、サイズや回転が相互引力に影響しないとして無視できる物体を意味する。一六八七年、ニュートンは有名な著書『自然哲学の数学的諸原理』（ラテン語では *Philosophie Naturalis Principia Mathematica*、いわゆる『プリンキピア』）で三体問題を提示した。単純な定式であるにもかかわらず、いかなる数学の俊英も一般的な条件の場合に許容し得る解を見出すことができなかった。

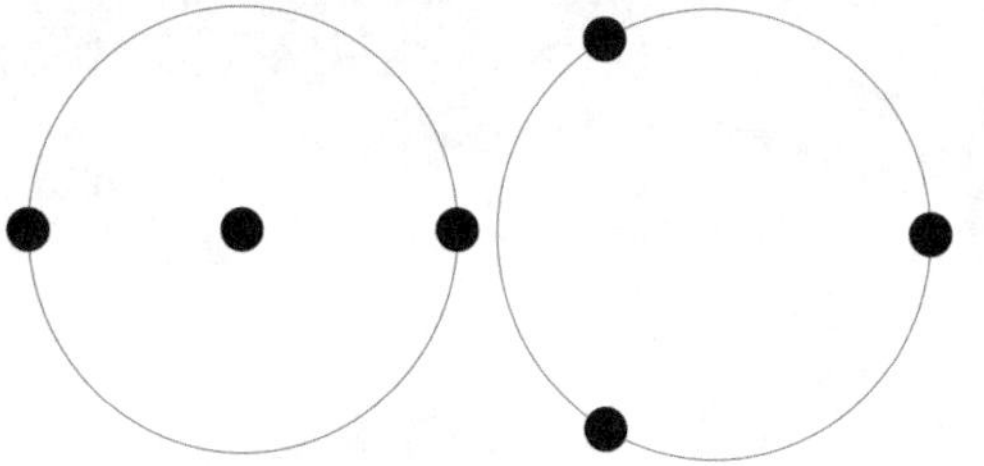

図1.2　3つの等質量の物体が直線上（左）および正三角形の各頂点（右）に位置している。各線は、宇宙空間に存在する3つの恒星など、安定した三体系が描く軌道経路を表す。最初のものはレオンハルト・オイラーが数学的に発見し、2つ目はジョゼフ＝ルイ・ラグランジュが発見した。

それでも、数世紀にわたる多くの卓越した数学者たちの取り組みは、無駄ではなかった。一八世紀の後半、二つの部分解が発見された。スイスのレオンハルト・オイラー（一七〇七～八三）はベルリンで働いていた一七六三年、三体が回転する一直線の上に常に存在し得ることを発見し、サンクトペテルブルクで《帝国ペテルブルク科学アカデミー紀要》に発表した。イタリアで生まれフランスで活動したジョゼフ＝ルイ・ラグランジュ（一七三六～一八一三）は、一七七二年にパリで働いていたとき、三体が回転する正三角形の各頂点に常に位置し得ることを発見した。この二人は、当時の数学者の双璧だった。図1・2にこれらの

* $F=Gm_1m_2/r^2$：ここでFは、互いから距離rで離れ、質量m_1およびm_2の二物体間で働く引力であり、Gは万有引力定数である。

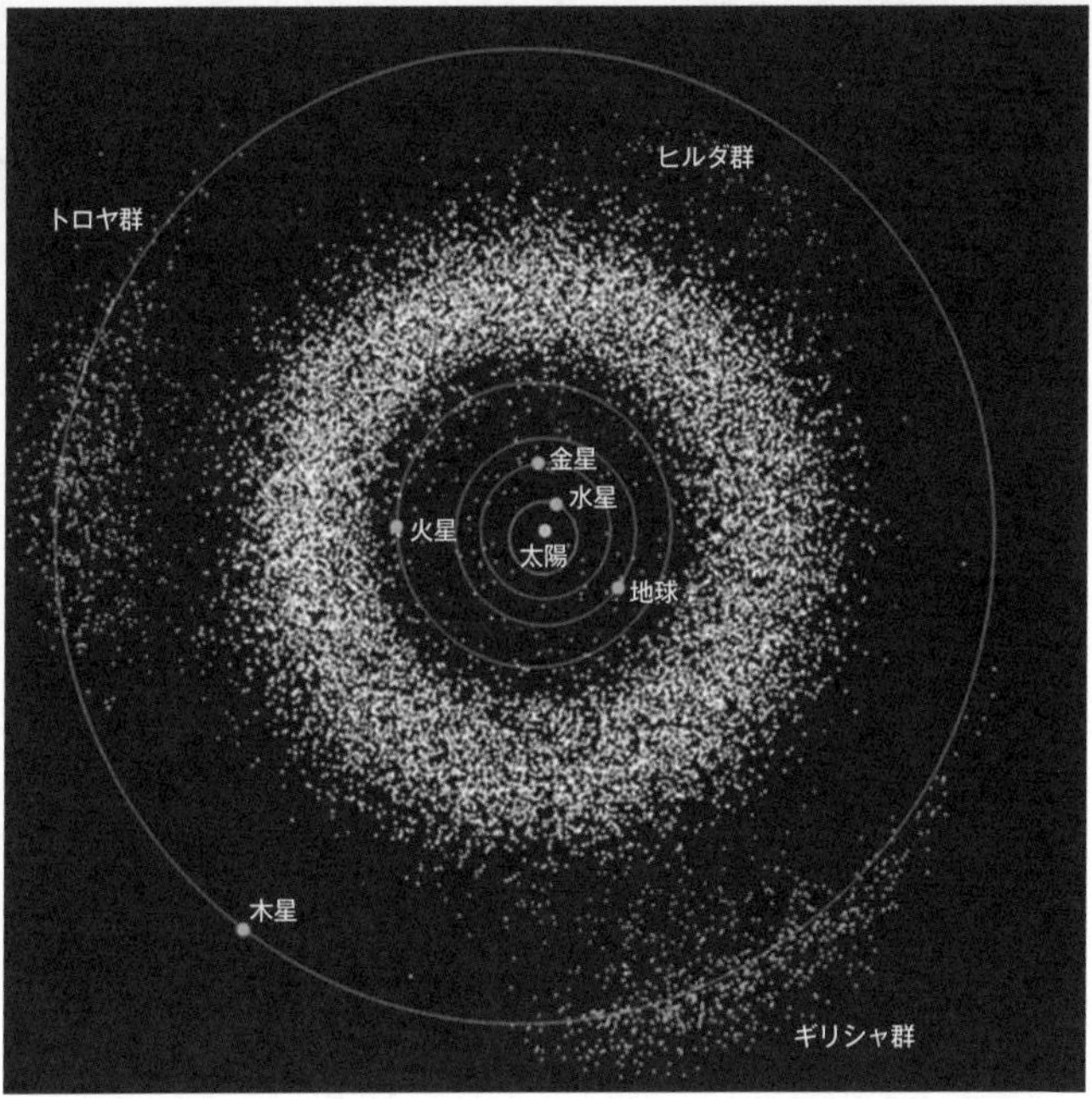

図 1.3　トロヤ群とギリシャ群は、木星と同じ太陽周回軌道を回る巨大な小惑星群である。これらの群に属する小惑星は、木星の2つの安定なラグランジュ点のいずれか一方の付近にあり、太陽から見て軌道上で木星の60度前方か60度後方に位置している。（クレジット：Wikimedia Commons）

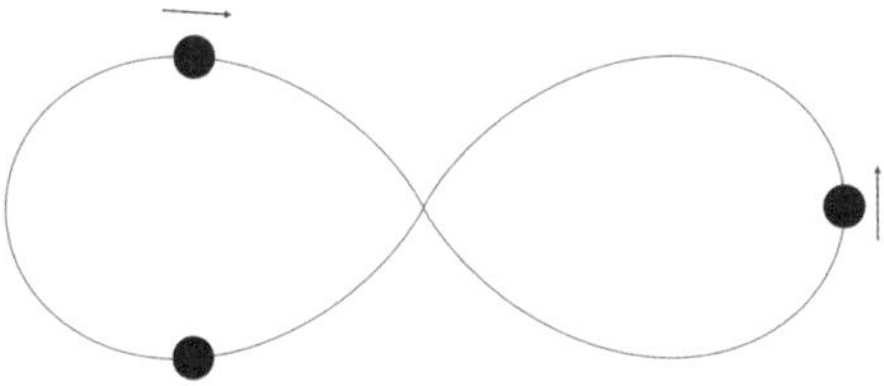

図 1.4　等質量の三体が、8の字形の安定した軌道上で互いを追いかける。これはクリストファー・ムーアによって数学的に発見された。このような軌道は3つの等質量の恒星で可能だが、自然界でこのような系が実際に見つかったことはない。

二つのケースで各体の質量が等しい場合の運動の軌道を示すが、オイラーとラグランジュの解はいかなる質量の場合にも存在する。

太陽系では、太陽-木星-小惑星からなる系のラグランジュ点に近い位置に、二つの巨大な小惑星群がある。これらはトロヤ群とギリシャ群と呼ばれる（各群の大きな小惑星には、すべてトロイア戦争の英雄にちなんだ名がつけられている）（図1・3）。

長いあいだ、わかっているのはこれだけだった。しかし一九九三年にアメリカの数学者クリストファー・ムーアがコンピューターを使って三体の質量が等しい場合の8の字軌道を発見し、続いてフランスのアラン・シャンシネとアメリカのリチャード・モンゴメリーという二人の数学者がその解が厳密に正しいことを証明した。この場合、三体は8の字形の閉じた軌道を進む（図1・4）。これは周期解である。つまり「周期」と呼ばれる一定の時間が経過すると、三体は同じ位置に戻り、最初の瞬間と同じ速度で運動を続ける。周期を二回、三回と重ねていっても同じことが起きるのは明らかだ。三体問題についてすでに得られていた二つの解にも、同じ周期性がある。*

＊ 本書の著者の二人（ジョアンナ・アノソヴァとヴィクトル・オルロフ）は、ムーアより一〇年早く「8」の字形の安定軌道を発見する間際までたどり着いた。証明するには軌道をもっと長く追跡する必要があったが、当時はまだそれが不可能だった。

周期運動をする三体系は、永久に振れ続ける理想的な振り子を想起させる。もちろん現実には摩擦力が働くので、永久に動く振り子を作ることはできないが、数学的に記述することはできる。この数学的な振り子の運動には、厳密解が存在する。この振り子は調和振動という運動をするのだ。

一九一二年、フィンランドの数学者カール・スンドマン（一八七三～一九四九）がヘルシンキで、級数を構成する項を無限個まで足し合わせることによって、一般三体問題の解を出す方法を示した。現実には、有限個の項を足し合わせて最善の結果を期待するしかない。しかし一九三〇年、フランスの天文学者ダヴィッド・ベロリッツキーがパリで、ラグランジュ三角形の三体問題を天文観測における通常の精度で解くには一〇の八万乗個もの項を足す必要があり、それでも一周期の六分の一についてしか解が得られないことを示した。この項の個数はとてつもなく大きい。一のあとにゼロが八万個も並ぶのだ。比較のために言えば、観測可能な宇宙に存在する原子の総数は、一のあとにゼロが八〇個並ぶ「だけ」だ。これほど膨大な数の項を使ってもなお、厳密解は得られない。そんなわけで、スンドマンやベロリッキーの研究によって、先に示した特殊な状況を除いて三体問題の解決が不可能であることが証明されたと言える。

ある問題に数式で表現される厳密解が存在しないことが証明されたからといって、その問題が無意味であるとか、もっと厳密でない方法で解を得ることができないとは言えない。このことは、三つの「古典的」な数学的問題にあてはまる。すでに古代において、円積問題を解く（円の面積を計算する）方法や立方体倍積問題を解く（もとの立方体の二倍の体積をもつ立方体の一辺の長さを特定する）方法、角を三等分する方法は存在した。しかし、これらは古代ギリシャの幾何学者たちの考えでは数学的に厳密ではなかった。

立方体倍積問題はデロス島の問題とも呼ばれ、エラトステネスによれば、この問題の起源をめぐって次のような逸話がある。

神は託宣者を通じてデロス人に対し、疫病を鎮めたければ今ある祭壇の二倍の大きさの祭壇を建てよと命じた。職人たちは、ある立体と同じ形で大きさは二倍の立体を作る方法を見つけようとして、途方に暮れる。そこでプラトンに相談する。彼はこう答える。神が求めているのは大きさが二倍の祭壇ではなく、デロス人にその作業をさせることによって、数学をないがしろにして幾何学を侮るギリシャ人を恥じ入らせることなのだと。

この話の真偽は定かでないが、紀元前四三〇年ごろにアテナイで疫病がはやり、人口の四分の一ほどが死亡したことは確かだ。このころ、ヒポクラテスがこの問題の解を求める初期の試みに乗り出した。だとすれば、立方体倍積問題がこのようにして誕生したということは、少なくともあり得なくはない。

同様に、三体問題は現代の科学者たちを恥じ入らせているだろうか。いや、おそらくそんなことはない。ＯＪ２８７と呼ばれる恒星状の点を観測しようと、空に望遠鏡を向けている現代の観測者はどうだろう。ＯＪ２８７は肉眼では見えないほど光が弱く、天空の撮影が開始されてまもない一八九一年にようやく記録が始まった。これらの記録には特有のフレア（燃え上がり）が見られ、日によって明るさに二倍以上の変動がある。この特徴については、互いを周回する二個のブラックホールと一個のガス雲からなる系の三体問題の解から説明が得られた。この系は地球のはるか彼方に存在し、われわれの望遠鏡に光が届くまでに三四億五〇〇〇万年かかる（月からの光はわずか一秒強で地球に到達する）。だからその運動を直接観測することはできず、また三体は互いのすぐそばにあるので別個に観測することもできない。それでも三体問題の解から、小さいほうのブラックホールがガス雲にときおりぶつかって、強烈な明るさでガス雲を光らせていると考えられる。

三体問題を用いて日食の起きる時刻を正確に予測できる（これについてはあとの章で詳しく扱う）のと同様、三体問題の解からＯＪ２８７で巨大なフレアが起きるタイミングも予測できる。フレアは頻繁に起きるわけではなく、大きなフレアが起きるのは一二年で二回だけだ。直近でフレアが予測されたのは二〇〇七年九月一三日で、日の出の直前に起きるとされていた。しかし日の出のあと、さらには日の出の一時間前でも、恒星の放つ弱い光はすべて太陽にかき消されてしまうので、OJ287が地平線から昇り、太陽がまだ地平線の下に隠れているあいだに、すばやく観測する必要があった。この作業は困難を極め、日本、中国、トルコ、ギリシャ、ブルガリア、ポーランド、フィンランド、ドイツ、イギリス、スペインの天文学者たちの協力を要した。これらの国々の天文学者が必要とされたのは、日本(「日出ずる国」)から始まって、一時間後に中国、その数時間後にヨーロッパで、各地の天文学者が日の出を迎えるからだ。こうすることで、日の出前の時間を無駄にしなくて済んだ。

巨大フレアはきっかり予想どおりに出現したが、さらによかったのは、その正確な予想を利用して、ブラックホールの周辺(形状と言ってもいい)を調べられたことだ。一九七〇年ごろ、イギリスの物理学者スティーヴン・ホーキングと共同研究者らは、ブラックホールが完全になめらかなはずで、出っ張った部分などあり得ないということを数学的に証明した。なめらかさの定理が正しいかどうかを実験で検証するのは、それまで不可能だった(アメリカの物理学者ジョン・ホイーラーは、ブラックホールが禿げ頭のようなものであるはずだと考えて、ジョーク交じりにこの定理を「無毛定理」と呼んだ。当初はジョークだったが、これが今では標準的な用語となっている)。ブラックホールに「出っ張り」があったなら、二〇〇七年にOJ287でフレアが生じた正確な時刻は違っていただろう。あるレベルの精度において、三体問題の解はホーキングと彼の仲間であるカナダのヴェルナー・イスラエルやオーストラリアのブランドン・カーターが正しかったことを示し、ブラックホールが絵空事ではなく現実に存在することを示している。

ブラックホールについて、そしてブラックホール三体系の三体問題については、最終章でさらに扱う。

三体問題の解き方

三体問題には宇宙での重要な応用がいろいろあるので、ないがしろにするわけにいかない。日食の予測はそうした応用の一つにすぎない。過去数世紀のあいだに、この問題に対する二つの基本的なアプローチが考案された。一つは解を与える数式を探索することだ。このアプローチのハイライトは、スンドマンの解である。同様の考え方にもとづき、限られた目的で特殊なケースを対象として、さほど野心的でない数式も考案された。月－太陽－地球の三体問題における月の運動を研究する方法が一つあり、ここで使われる数式を、互いに周回しあう三つの星の研究へと応用することができる。これらの方法にはある程度の汎用性がある。

コンピューター時代を迎え、三体の軌道経路を一歩一歩たどることが可能となってきた。

いかなる瞬間についても、どのように第一体と第二体の引力が合わさって第三体を引きつけるかがわかる。これにもとづいて、第三体を今向かっている方向へ少し進ませる。各体についてこのプロセスを順番に繰り返せば、軌道が計算できる。この方法は「数値軌道計算」と呼ばれる。この方法の明らかな問題点は、三体が実際には同時に動くことだ。このような同時に起きる動作をコンピューター上の計算で模倣するのは難しい。このことが誤差につながり、長期的には誤差が非常に大きくなる可能性がある。

実際の天体の状況とは違い、三体問題の定式化ではいくつかの点で理想化がなされている。

・天体には大きさがないものとする
・他の天体からの影響は無視し、宇宙には検討対象としている三つの天体だけが存在すると考える
・天体は無限の過去から存在し、互いに衝突しない限り無限の未来まで存在すると仮定する
・質点はニュートンの万有引力の法則に厳密に従って相互作用すると想定する

これから見ていくとおり、これらの条件のいくつかがゆるめられ、それでもなお解決すべき若干修正された三体問題が存在するという、興味深い状況が存在する。数値軌道計算では、

これが最も単純に実行できる。天体のもつ有限の大きさと形状から生じる追加の力を導入し、宇宙に存在する別の天体に由来する摂動の影響を加え、現実の天体と同様に天体の進化を許したりする。また、ニュートンの引力の法則にアインシュタインが補正を加えたものを使うことも可能だ。これらの修正については、すべて本書でのちほど「もとの」問題に関する研究とともに説明する。

数式のもつ最大の長所は、数値的に計算した一つの軌道にその有効性が限定されず、類似した多数の軌道にもあてはまる点だ。多数の類似した軌道を模倣するために、若干修正した軌道について軌道計算を繰り返してもいい。だが、これはあまり現実的なやり方ではない。というのは、もとの軌道が多様な変化に富む可能性があるからだ。互いに独立な各変化を一つの次元で説明するなら、一一次元の空間から修正を選ぶ必要があるだろう。三次元の空間、すなわち立体を点で密にカバーするのは、それだけでも大変な作業だ。同じことを一一の次元でするのは、不可能と言うしかない。

つまり、数値軌道計算によってある程度の精度まではどんな三体問題も解決可能だと言えるかもしれないが、実際の一般的記述は数式にもとづいたものであるべきだ。以下に、現在に至るまでこの問題がどのように対処されてきたかを見ていく。

ピタゴラスの教え——数を使え

自然界では、万物が結びついている。結びつきがたくさんあって、それらの強さに大きな差がない場合、何が起きるのかを予想するのは難しい。その顕著な例が地震だ。地球上で地震が起こりやすい地域はわかっている。しかし、いつどこで地震が起きるかを正確に予想することはまだできない。プロセスに影響する事柄が多すぎるからだ。火山の噴火にも同じことが言える。社会科学の分野では、状況はさらに複雑だ。なにしろ考慮すべき要因が数百万個とはいかないまでも、数千個あるいは数万個はあるのだ。

その一方で、重要な結びつきが一つだけあって、それ以外はとりあえず無視していいという状況もたくさんある。この場合、他の影響については手法として十分発展した摂動論を使って、小さな補正として加えればいい。

天体の運動において、たとえば太陽系において、あるいは太陽系外惑星系や連星系において、このような状況はめずらしくない。しかしもっと多くの天体が関与する系、たとえば星団や銀河においては、ただ一つの結びつきが系全体を支配するということはめったに起こらない。

たくさんの結びつきや影響をもつ複雑な世界を理解するには、どうしたらよいだろう。ピタゴラス（図1・5）は、自然現象の世界を記述するのに数学を用いるという新たな方法を

図1.5　サモスのピタゴラスの胸像（左、ローマのカピトリーニ美術館所蔵、Wikimedia Commons）とアリストテレスの胸像（右、リュシッポスによる古代ギリシャ時代の胸像をローマ帝国時代に大理石で模したもの、Wikimedia Commons）。

始めた。彼は現在のトルコの沖合に浮かぶサモス島で生まれた。バビロニアやエジプトへの長旅の途上で数学教育の多くを受け、のちにイタリア南端に近いギリシャの小さな植民地クロトンに居を構えた。そこで弟子や信奉者を集め、この一派がピタゴラス学派と呼ばれるようになった。彼らはわれわれの物語にとって重要なアイデアをたくさん生み出した。

数の重要性こそ、ピタゴラスの教義の中核だった。数は天空から人間の倫理に至るまで、あらゆるものに行き渡る普遍的な原理だった。数は何かを数えるための道具であるだけでなく、発見すべき対象でもあった。地球のような有形の対象から正義といった抽象概念に至るまで、宇宙に存在するすべてが数だった。ピタゴラスの格率を言葉で表すなら、「万物は数で調和する」*と言えるかもしれない。

ピタゴラス学派は、地球が球形であるといち早く主張した。こう主張したのは、球体が数学的に好ましい形状だからに違いない。恒星の貼り付いた天空が示す日々の回転とは別に、惑星や月や太陽が独立して運動することにも、彼らは気づいていた。しかし彼らの最大の貢献は、プロクロス（西暦四五〇頃）の言葉を借りれば次のようなものだ。

ピタゴラスは幾何学の研究を教養教育に変え、この学問の原理を根源から調べ、定理を非物質的かつ知性的な方法で精査した。彼は無理数の理論と天体の構造を発見した。

無理数を発見したのは、おそらくピタゴラスではなく彼の弟子の一人だろう。無理数とは、二つの整数からなる分数では表せない数を指す。万物をめぐる究極の真理は整数の上に成り立つと考えられていたので、無理数の発見はピタゴラス学派に衝撃を与え、発見した者は学派から破門された。だから、これがピタゴラス本人だったということはあり得ない。

---

* もっと最近では、同様の見解をニュートン（「自然は単純さを好む」）やアインシュタイン（「自然とは考え得る最も単純なアイデアを具現化したものである」）も示している。これについてはマリオ・リヴィオの著書『神は数学者か？』（千葉敏生訳、ハヤカワ文庫NF）が詳しい。

ピタゴラスの後継者で最も有名なのは、アテナイ出身のプラトン（紀元前四二八頃〜三四七）だ。ソクラテスをはじめとする高名な哲学者たちから初期の教育を受け、それから諸国を巡る長い旅に出た。イタリア滞在中には、ピタゴラスの業績について学んだ。アテナイに戻ると、紀元前三八七年ごろにかの有名なアカデメイアという学園を創設した。これは生徒と教師からなる組織で、学舎の入り口に記された「幾何学を知らざる者、入るべからず」だけが正式な入学条件だった。生徒は自活し、なかには二〇年もここで学ぶ者もいた。数学の研究が盛んで、プラトンが問題を提示すると数学者たちがそれを熱心に研究した。プラトンはピタゴラスからこんなことを学んでいた。

科学的思考が追い求めている現実は、数学的に表現可能でなくてはならない。数学は、われわれに可能な最も厳密で明確な思考なのだから。

そもそもの発端から今日に至るまで、科学の発展においてこの考え方はきわめて重要な意味をもってきた。これは三体問題の解の探究においても指針となる。もっともニュートン以前には、この問題は厳密な数学的表現で定式化されていなかったが。

古代ギリシャでこれらの原理の実践に最も長けていたのは、アルキメデス（紀元前二八七

図1.6　『思索するアルキメデス』ドメニコ・フェッティ作（1620）。（Wikimedia Commons）

〜一一二）だった（図1・6）。彼は当時ギリシャの植民地だったシチリア島のシラクーザで生まれた。王族と縁戚だったのかもしれない。英雄的にシラクーザを守るために断固として闘い、最後はシラクーザの陥落後にローマ兵に殺害された。彼は巧妙な装置を設計して、シラクーザ征服を遅らせることに成功した。トラレスのアンテミウスは、アルキメデスが敵の船を炎で破壊したと語っている。「アルキメデスの熱線」を使い、接近してくる船に日光を収束させて燃え上がらせたのだ。この話が事実かどうかは定かでないが、鏡の作用で船上の敵の目をくらませて混乱を引き起こしたのは間違いないだろう。アルキメデスは「アルキメデスの鉤爪《かぎづめ》」または「シップシェイカー」と呼ばれる兵器も考案している。これは金属製の巨大な鉤爪をクレーンのようなアームの先端からぶら下げたもので、攻めてくる船に鉤爪を落としてからアームを引き上げると、船が海面から持ち上がり、うまくいけば沈没した。

われわれの話に関連してアルキメデスのなした最大の貢献は、数学にまつわるものだった。彼は古くからの円積問題を解決したのだ。円の内側と外側に多角形を描き、内側の多角形の各頂点を円周上に置き、外側の多角形の各辺を円周に接するようにした。そして内側の多角形と外側の多角形の面積を計算した。円の面積は二つの多角形の面積のあいだになると理解していたのだ。数学的に多角形の辺の数を増やしていくと、円の面積の値が正確になっていった。円の面積は、半径の二乗掛けるπで得られる。つまり本質的に、円積問題はπの値を計算する問題だ。二つの多角形にそれぞれ辺が九六本ある場合、πの値は$3\frac{1}{7}$（およそ三・一四二九）と$3\frac{10}{71}$（およそ三・一四〇八）のあいだであることを彼は突き止めた。πの実際の値である約三・一四一六は、この範囲に入っている。

ここで重要な新しいアイデアは、推論する際の区間を縮めていくと、区間の個数が増えていくことだった。われわれが求めているのは、無限のプロセスから得られる答えだ。つまり、各項が足し合わされていく数学的な「級数」が得られる。項の和が明確な極限値に近づくなら、この級数は「収束」すると言われる。この場合、収束級数という形で問題の解が得られると言えるかもしれない。そのような級数の一例としては、次のようなものがある。

$$1+\frac{1}{4}+\frac{1}{16}+\frac{1}{64}+\frac{1}{256}+\cdots=\frac{4}{3}$$

アルキメデスはこの結果を知っていた。彼はこれを使い、放物線と直線に挟まれた部分の面積を導き出した。

あらゆるものは球体である

現代の科学の進歩においては、惑星運動をめぐる問題がきわめて重要だった。古代ギリシャ時代から中世末期までヨーロッパの人々の思考に浸透していた考えは、アリストテレス（紀元前三八四〜三二二）によるものだった。アリストテレスは一八歳でプラトンのアカデメイアに入り、三七歳まで在籍した。それから彼はマケドニアに移り、アレクサンドロス大王の個人教授を務めた。アリストテレスは歴史に初めて登場した真の科学者とされる。プラトンは実証的な研究手法を避けたが、アリストテレスは自らの研究にそれを取り入れた。

アリストテレスの世界像は単純だった。世界には球対称が存在すると考えたのだ。球体の地球が世界の中心に位置し、あらゆる単純な運動は、たとえば天空や太陽、月、惑星のようにこの中心のまわりを回るか、あるいは中心に対して遠ざかったり近づいたりする運動だった。これら以外の運動はすべて力の作用を必要とするもので、たとえば水平に投げ出された槍が前進するのは、周囲の空気が槍を後押しするからだと考えた。同時に、槍は世界の中心へ向かう性質をもともと備えているので、力が加わらなくなれば落下するとされた。このように、アリストテレスの考えは、われわれの慣れ親しんでいる考え方にかなり反するものだった。現代のわれわれは、槍の落下を重力と結びつけ、水平運動には力が加わっていない（空気の摩擦を除いて）と考える。

アリストテレスの考えでは、宇宙全体は固定された星のちりばめられた天球で覆われ、この天球が軸を中心に一日一回転する。地球自体は重すぎて移動できないか、あるいは自転さえできない。固定された星のきらめく天球の内側には、惑星のついた天球が存在する。外側から、土星、木星、火星、金星、水星という順番で天球が重なっている。ただし火星と金星の天球のあいだに太陽の天球があり、日周運動と年周運動を示す。地球に最も近いのは月の天球だ。これらの天球は永久に存続し、それぞれのパターンで回転し、それぞれの惑星を動かす。

一つの世界像の中で異なる運動を説明する必要が生じると、この単純に聞こえる記述がもっと複雑になった。いかなる惑星も、あるいは太陽や月も、それぞれに日周運動をおこなっている。アリストテレスは、この運動が恒星の天球の動きから生じ、あいだにある天球からなる複雑な系を通って伝わってくると主張した。さらに、恒星を背景としたそれぞれの惑星の運動は多様で複雑なので、この説を成り立たせるにはさらに多くの天球が必要で、天球は全部で五五個となった。

アリストテレスの頭の中では、これらの天球は硬く透明な球体だった。カリポスやエウドクソスといった別の天文学者たちの考えでは、これらの天球は惑星の運動を記述するための数学的装置にすぎなかったが、アリストテレスはそれらに物理的な意味を与え、この世界像がそれから二〇〇〇年近く生きながらえた。もっとも、ライバルがいなかったわけではない。たとえばポントスのヘラクレイデス（紀元前三八八～一五）は、恒星の天球が静止し、地球が自転している可能性があり、その場合も天空で観測される現象は同じはずだということに気づいていた。このギリシャ人の言葉を借りれば、この考え方もそれらの現象に合致するのだ。ヘラクレイデスはまた、水星と金星が地球ではなく太陽のまわりを回っている可能性があり、観測された現象をこの考え方がきれいに説明することにも最初に気づいた。

サモスのアリスタルコス（紀元前三一〇頃～二三〇頃）はさらに先へ進み、すべての惑星が太陽のまわりを回っていると推定した。地球も例外ではなく、地球は「単なる」一つの惑星とされた。彼の推論はこの現象に合致する別の考え方にもとづくのではなく、物理的原理にもとづいていた。彼は地球の大きさと比較して、地球から太陽や月までの距離を推定することもできた。純然たる幾何学的な推論により、太陽が地球よりもはるかに大きな天体であり、それゆえ中心で静止している太陽のまわりを地球が回っているのが自然だと考えた。彼は太陽の体積が地球の二五四倍から三六八倍のあいだだと計算した。つまり、太陽と比べたら地球などちっぽけな存在だ。実際の体積の比はむしろ一〇〇万倍に近いが、それでも彼の計算したサイズの差が、地球を宇宙の中心の座から降ろすのに十分だったのは間違いない。

太陽を中心とする世界像は生き続けたが、近代までアリストテレスの世界モデルを駆逐するには至らなかった。観測された現象に対してどちらのとらえ方が正しいのかを判断するには、惑星の運動を長期にわたって慎重に観測する必要があった。古典時代で最も偉大な天文学者といえば、ニカイアのヒッパルコス（紀元前一九〇頃〜一二〇頃）だ。ヒッパルコスは、地球が太陽や月の円軌道の中心ということはあり得ず、中心からいくらかずれた位置にあることに気づいた。この現象は軌道の「離心」運動と呼ばれる。ヒッパルコスの卓越した後継者、アレクサンドリアのクラウディオス・プトレマイオス（西暦九〇頃〜一六八頃）は名著『アルマゲスト』（アラビア語翻訳のこのタイトルで知られるようになった）において、惑星の位置を計算する方法を提示し、そこに離心率も取り入れた。さらにその物理的具現化として、アリストテレスのモデルを改良し、入れ子になった天球からなるモデルを提示した。彼は天文データを計算するための表を作成し、これは一〇〇〇年以上にわたって使用された。

のちにコペルニクスはこの表と実際に観測された現象との差異から、新たな世界モデルを構築した。

その後、プトレマイオスの研究成果は使い勝手が悪いうえに正確な結果が出ないとして批判されている。だが本書の著者の一人（コンスタンティン・ホルシェヴニコフ）は、実際には問題がなかったことを証明している。プトレマイオスの方法では、モデルのパラメーターとして最適な値を用いれば、高い精度で惑星の位置が予想できる。しかし残念ながら今から一七〇〇年も前の時代には、観測結果からパラメーターを特定する方法が十分に発達していなかった。のちにコペルニクスはプトレマイオスのアイデアをふんだんに利用して、大きな成功を収めた。

この時点で、地球－月－太陽の三体問題はきちんと記述され解決していた。天体運行表は、これらの三天体が互いのまわりを回る軌道に関する確かな理解にもとづいて作成されていた。どちらの天体が静止しているか（地球か太陽か）は問題ではなかった。足りないのは、「なぜ」という問いへの答えだった。これらの天体が、われわれの観測するような運動を示すのはなぜなのか。

それは楕円だ！

図1.7　ニコラウス・コペルニクス。トルン旧市庁舎に所蔵される1580年の肖像画（作者不明）。（Wikimedia Commons）

ニコラウス・コペルニクス（一四七三〜一五四三）（図1・7）はポーランドのトルンで生まれ、母方の叔父ルーカス・ヴァッツェンロードから教育の面倒を見てもらった。叔父は自身が司教を務めていたヴァルミアで、コペルニクスを司祭にしようとした。そのためにコペルニクスにまずクラクフ大学でさまざまな学問を学ばせ、それからボローニャ大学で主に法学を学ばせた。コペルニクスはポーランドに短期間滞在したのち、イタリアに戻った。ヴァルミアでの司教座聖堂参事会員を休職し、「いずれ司教のもとで医学顧問として役に立てるかもしれない」として医学を学んだ。それからの二年間、フェラーラに少しだけ滞在して法学の学位を取得したが、これ以外はパドヴァで過ごした。

ボローニャでは、ウィーン大学出身の高名な天文学者ヨハネス・レギオモンタヌス（一四三六〜七六）の弟子だったイタリア人天文学者のドメニコ・マリア・ノヴァーラ・ダ・フェラーラのもとで、天文学も学んだ。パドヴァにいたとき、コペルニクスはついに、太陽を中心として地球がそのまわりを回っているという新たな世界像を思いついた。三〇歳のときに学問を終えて、ヴァルミアで本格的に働き始めた。それから亡くなるまでの四〇年をこの地で過ごした。天文学は彼の活動の中心ではなかったが、天文学の研究で彼は歴史に名を残した。

地動説はまず「コメンタリオルス」という手書きの原稿として発表されたが、現存する部数はわずかだ。これは一五一四年以前に書かれ、彼のアイデアの全般的な記述となっていた。完全な記述は『天球の回転について』（邦訳は『完訳天球回転論　コペルニクス天文学集成』高橋憲一訳、みすず書房など）として、最期の年となった一五四三年にようやく発表された。ルター派神学者のアンドレアス・オジアンダーはこの書物が巻き起こす議論を抑えようと、コペルニクスによる序文の前に自ら書いた手紙を無署名で加えた。そこには、コペルニクスの説は計算を助けることを意図した数学であって、文字どおりの真実を明らかにしようとするものではないと記されていた。

『天球の回転について』はいくつかのパートからなり、第一巻では太陽中心の世界像が紹介され、これがプトレマイオスの世界像よりすぐれている理由が論じられる。コペルニクスは、観測されるあらゆる運動は物体の運動か観測者の運動、またはその両者から生じると説明する。地球が自転しているのなら、地球からは地球以外のすべての天体が地球とは逆方向に運

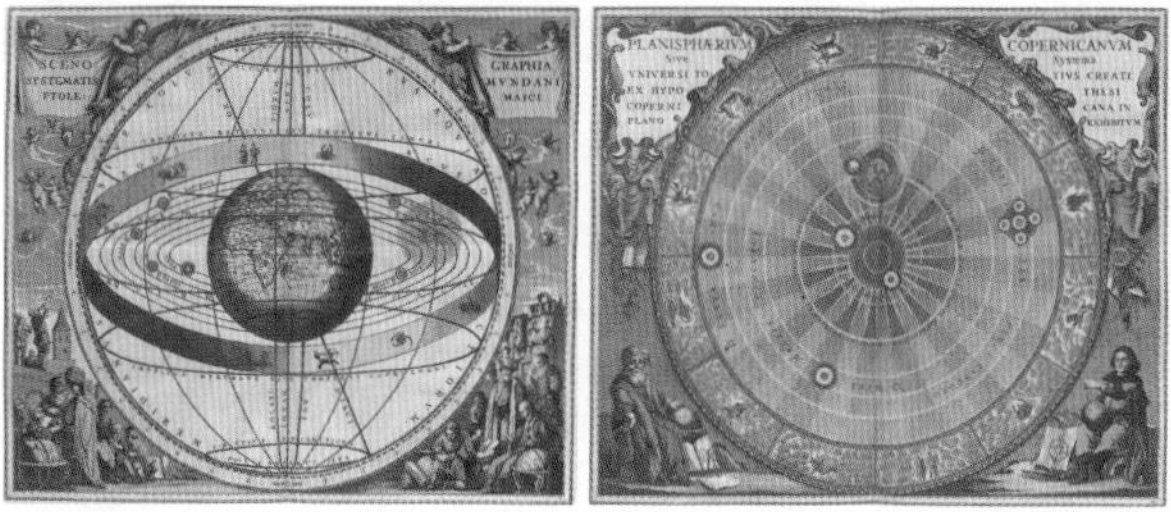

図1.8　プトレマイオス（左）とコペルニクス（右）の考えた世界。図は1708年の『大宇宙の調和』から。（Wikimedia Commons）

動しているように見えるはずだ。天体の日周運動は、恒星の張りついた巨大な天球ではなく地球が自転することで生じると考えるほうがはるかに自然である。そして地球の日周自転運動を認めるなら、他の運動についても検討すべきだ。太陽が不動だと考えて、その年周運動を地球によるものだとすれば、地球の公転によって生じる他の惑星の運動についても自然な説明が得られる（図1・8）。

コペルニクスの研究の第二の側面は、プトレマイオスの世界像における数値を見直したことだ。彼は新たな観測結果（ほとんどは彼自身が観測をおこなった）を用い、計算によって新しい天体運行表を作成した。この天体運行表は、以前のものよりすぐれていることが広く認められた。そのため同業者のあいだでは、コペルニクスは新しい世界観によってではなく、プトレマイオスよりすぐれた天体運行表を算出する能力で知られるようになった。彼の見出した新しい数値が、ヴィッテンベルクの数学者エラスムス・ラインホルトによる新しい天体運行表の基礎となった。*

この時点で、アリストテレス的な世界観を捨ててコペルニクス的な世界観に移行するべき科学的な理由は、天文学者たちがこぞって受け入れるほどに強力ではなかった。コペルニクスの考えた世界像に疑念を抱いた一人が、デンマークの貴族ティコ・ブラーエ（一五四六〜一六〇一）だった。ティコは定期的な観測をするために天文台を創設しようと計画し、ヘッセのヴィルヘルム方伯がこの計画に賛同していることを知った。しかしデンマーク国王のフレデリック二世はティコを母国に呼び戻し、ヴェンという小さな島に天文台を建設させようと決めた。ティコはこの申し出を受け入れ、一五七六年に観測を開始した。観測は二〇年に及び、独自の正確な観測結果が得られた。一五八八年にフレデリック国王が死去すると、ティコは後ろ盾を失った。政府は若い王子の後見人に掌握され、多額の費用を要するティコの観測に対して好意的ではなかった。一五九七年、ティコはデンマークを去ることを余儀なくされ、二年後にプラハで皇帝ルドルフ二世のもとで職に就いた。ここでは彼の助手が観測を

＊　コペルニクスの研究にもとづく天体運行表は「プロイセン表」と呼ばれた。これはすぐに、プトレマイオスのモデルにもとづく「アルフォンソ天文表」に代わるものとなった。プトレマイオスの天体運行表は、アラブの学者たちが長い年月をかけて作成したものだ。そしてギリシャやアラブの知識を西洋に伝える過程で、新しいアルフォンソ天文表が一三世紀にスペインで作成された。

図 1.9　1610 年に製作された作者不明のヨハネス・ケプラーの肖像画。（Wikimedia Commons）

おこなった。しかしプラハで起きた最も重大な出来事は、観測結果を検討させてそれらに合致する世界モデルを特定させるために、ヨハネス・ケプラー（一五七一～一六三〇）を雇ったことだった（図1・9）。

ケプラーは、テュービンゲン大学でミヒャエル・メストリンの指導を受けていたころから、すでにコペルニクスのモデルを支持していた。彼にとって問題は、どのモデルが正しいかではなく、太陽から各惑星までの正確な距離だった。一五九六年、彼は『宇宙の神秘』（大槻真一郎・岸本良彦訳、工作舎）という著書を刊行し、その中で、不正確ではあったがシンプルな考え方でそれらの距離を導き出した。当時、それらの距離の数値は有望と思われたが、ケプラーはその考え方の正しさを立証するためにもっと正確な数値を得たいと考えた。

一六〇一年、ケプラーは帝国数学官に任命されたが、本格的に研究に着手したのはティコが亡くなってからだった。ケプラーはティコのやり残した仕事を完成させる任務を負った。まずは火星の観測結果に取り組んだが、これはプトレマイオスやコペルニクスの立てた既存の説に従って理解するのが最も難しいように思われた。ある程度は満足のいく解が得られたが、受け入れられない問題が一つあった。火星の軌道の中心が太陽ではなく、太陽から遠く離れた位置にあったのだ。ケプラーはこの中心の位置を物理的に解明したいと考えた。なぜ太陽が中心でないのか。火星の速度から、手がかりが得られた。火星は太陽の近くでは速度が上がり、太陽から遠ざかると速度が下がっていた。このことからケプラーは、太陽が惑星をおのおのの軌道で運動させ、惑星に力を及ぼしていることを明確に理解した。

こうして三体問題の研究において、ピタゴラス学派以来の大きな前進がなし遂げられた。円軌道に沿って生じる運動を報告するだけでは不十分で、その運動を引き起こす力を特定する必要がある。ケプラー以降、この力を発見することが主要な課題となった。だが、そもそも軌道経路は円形なのだろうか。

ケプラーにはまだ、八分角の問題があった。ある特定の方角で、火星の計算上の位置と実際に観測される位置とのあいだに八分角もの誤差があったのだ。空に浮かぶ月の大きさが三〇分角であるのと比べれば、八分角の誤差など大した問題ではないと思われるかもしれない。だが、ティコの観測の精度は二分角であることがわかっていた。ということは、やはり何か問題がある。その問題について調べるために、ケプラーは軌道をもっと詳しく描くことにした。そしてこう結論した。

問題は明らかにこういうことである。惑星軌道は円ではない。軌道は、ある部分で中心に近づいたかと思うと、再び中心から遠ざかる。……このような図形は楕円と呼ばれる。

何千年ものあいだ受け入れられてきた原理は間違っていた。軌道は円ではなく楕円だったのだ！　ケプラーの発見は、近代の科学研究におけるブレークスルーとなった。

ケプラーが帝国数学官として過ごした最も実りの多い時期は、一〇年で終わった。ルドルフ皇帝が退位させられ、あとを継いだ弟のマティアスは、プロテスタントを容認しなかった。ケプラーも例外ではなかった。彼はコペルニクスの世界像を全面的に支持していた点でプロテスタントのなかでも異端であり、それを理由に教会からも破門された。もはやプラハを去るしかなかった。ティコ・ブラーエの教え子だったヴィッテンベルクのアンブロシウス・ロディウスが、ルター派に属するヴィッテンベルク大学でケプラーに高等数学（天文学を含む）の教授のポストを確保しようとした。しかし宗教的な理由でこの試みは失敗に終わり、ロディウス自身が昇進してその職に就いた。ケプラーは最晩年には占星術師および気象予報官として、三十年戦争の軍指導者だったアルブレヒト・フォン・ヴァレンシュタインに仕えたが、ケプラー自身はこれらの仕事で使われる手法をほとんど信じていなかった。私生活は波瀾に満ちていたにもかかわらず、彼が科学の分野で多大な業績を残すことができたのは、驚くべきことである。

円錐曲線

「円錐曲線」と呼ばれる楕円とその仲間の曲線を理解するには、歴史をさかのぼる必要がある。これらの曲線は遅くとも、プラトンの友人で、立方体倍積問題を解こうとしたことで有名なメナイクモス（紀元前三八〇～二〇）の時代には知られていた。この古典的な問題に対するメナイクモスの解では、二本の放物線の交点を見つけることが必要だった。円錐曲線の発見は、この解の探索で得られた副産物だったのかもしれない。その後、エウクレイデス（ユークリッド。紀元前三六〇頃～二八七頃）やアルキメデスをはじめとする他の数学者たちも円錐曲線の研究に取り組んだが、円錐の研究において最も有名な古代ギリシャの数学者と言えば、ペルガのアポロニウス（紀元前二六二頃～一九〇頃）だ。彼の著した八巻本の『円錐曲線論』（竹下貞雄訳、大学教育出版）は、当時の最新の知見をまとめるとともに、さらにそれを大幅に発展させている。彼は「円錐を任意の平面で切断したときに現れる曲

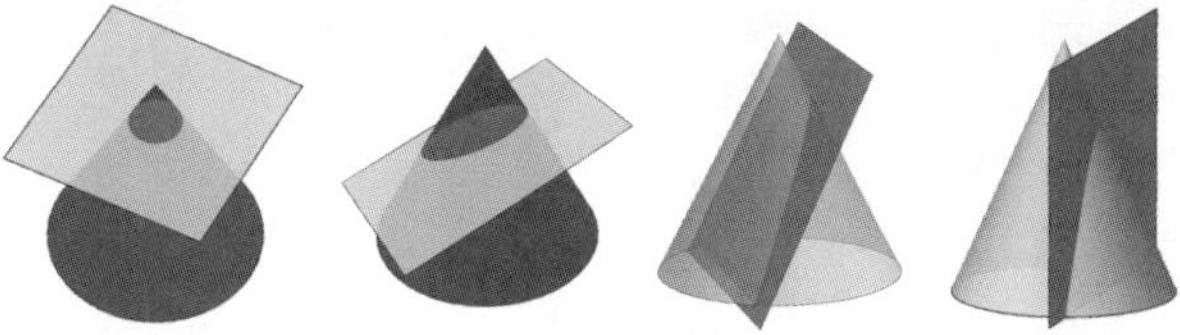

図 1.10　円錐曲線（左から右に）：円、楕円、放物線、双曲線。

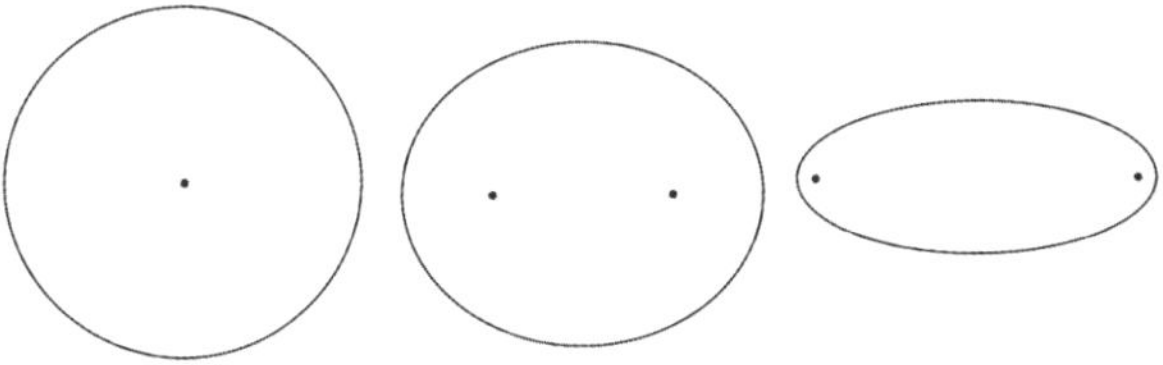

図 1.11　さまざまな離心率の楕円。楕円には焦点が2つある。極端な場合、2つの焦点が一致する（左）。この場合、離心率がゼロの円となる。

線」という、現代でも通用している円錐曲線の定義を示した。切断面と円錐の軸のなす角度が円錐の母線と軸のなす角度より大きければ、曲線は楕円になる。逆の場合には双曲線となる。切断面が母線と平行という特殊なケースでは、放物線と呼ばれる曲線が生じる（図1・10）。

ここで、のちほど必要になる用語を説明しておこう。楕円には対称軸が二本ある。長いほうの軸を「長軸」と呼ぶ。これはアプス線と呼ばれる線に沿っている。長軸の両端は、「近点」（引力の中心となる焦点に近いほうの点）および「遠点」（引力の中心から最も遠い点）と呼ばれる。実際の天体のまわりを回る楕円軌道について語るときには、似たような用語が使われる。たとえば引力の中心が太陽である場合には、「近日点」および「遠日点」と言う。二焦点間の距離を長軸の長さで割った値を「離心率」と呼ぶ。離心率が一に近ければ近いほど、楕円は細長くなる（図1・11）。太陽を周回する地球の軌道は離心率が〇・〇一七である。画家の目をもってしても、この楕円と円を区別することはできない。しかし正常な視力を備えた人なら誰でも、太陽がこの楕円の中心〔長軸と短軸の交点〕に位置していないことはわかるはずだ。

図1.12　ユストゥス・スステルマンスによるガリレオ・ガリレイの肖像画。（Wikimedia Commons）

孤立した物体

三体問題をめぐる複雑な状況を理解するために、まずは考え得るなかで最も単純な運動、すなわち孤立した物体（または質点）の運動について考えよう。自然界には、孤立した物体は存在しない。そこで、宇宙に存在する他のいかなる物体による影響も無視できるという、理想化された状況を扱っていく。不思議な話だが、孤立した物体が等速で直進することを明らかにするには、イタリアの物理学者ガリレオ・ガリレイ（一五六四～一六四二）（図1・12）の頭脳が必要だった。彼以前は、この状況では運動が減速して最終的に止まると考えられていた（一般人だけでなく、アリストテレスをはじめとする天才たちもこう考えていた）。いたるところに摩擦が存在する地球での経験に邪魔され、孤立した物体が等速で直進するという力学法則を発見するのは困難だった。

ガリレオは医学生として学究生活をスタートさせたが、オスティオ・リッチによる幾何学の講義に心を動かされて数学に転向した。大学の学位はいっさい取得しなかったが、ピサで数学講師として三年間、下級のポストを得た。この際に重要な役割を果たしたのが、高名な数学者で物理学者のグイドバルド・デル・モンテ（一五四五～一六〇七）だった。デル・モンテはガリレオの才能を見抜き、彼がすでに着手していた落下物体の軌道に関する実験を続けるよう勧めた。しかしこの実験に加えて、ガリレオがアリストテレス的な考えを拒絶したことから、アリストテレスの権威であるピサ大学の年長の数学教授とのあいだで論争が起きた。ガリレオが年功序列を尊重せず、その姿勢を公然と示したことで、さらに状況は悪化した。その結果、ピサでの職は更新されなかった。

新たな職を見つけるのは、容易ではなかった。このとき、デル・モンテが再び助けの手を差し伸べた。パドヴァに有力ないとこがいて、一五九二年にパドヴァ大学で職を見つけてやったのだ。このときガリレオはまだほぼ無名だったので、採用を争った有力な相手がこれを不服とし、自分を差し置いてこんな新参者が選ばれたのは不当だと考えた。しかし一八年に及ぶパドヴァでの勤務のあいだに、ガリレオは運動の性質に関する根本的な研究をおこなって、この職に自分が選ばれたのは正当だったということを証明した。

一六〇九年、ガリレオはあるオランダ人（ガリレオはこう言ったが、おそらくヤコブ・メティウス）のことを耳にした。

観測者の眼からはるか遠く離れていても、可視の物体があたかも近くにあるかのごとく明瞭に見える望遠鏡を作った人物がいる……それを聞いて、私はそれと同様の装置の発明に至る道筋を熱心に探り始めた。屈折の原理を基盤として、私はすぐにこれを実現した。

ガリレオはいくつもの望遠鏡を作り、それらを使って一六〇九年一二月から一六一〇年一月にかけて、彼以前にも彼以降にも例がないほど旺盛に、世界を変える発見をなし遂げた。たとえば金星の満ち欠けを発見し、金星が太陽のまわりを回っていることと、われわれは金星の昼の側をそこから反射する太陽の光で見ているだけだということをはっきりと証明した。

彼はまた、四つの衛星が木星のまわりを公転していることも発見した。彼の発見はいずれも、昔ながらの世界像の破棄を要請した。

コペルニクスのモデルは数学的な手法であると広く理解されていた。それに対し、ガリレオはそれを物理的現実として押し出した。そのせいで彼はカトリック教会の権威者と対立して裁判にかけられ、晩年を自宅に軟禁されて過ごした。また、このテーマを扱った彼の主著『天文対話』が禁書とされた。地動説は明らかに聖書に反するので誤っていると判断されたのだ。

弟子のヴィンチェンツォ・ヴィヴィアーニ（一六二二〜一七〇三）によれば、ガリレオはさまざまな材料で作った同じ大きさの球をピサの斜塔から落とし、落下速度は球の重量や材料組成によらず不変であることを証明した。じつは彼より数年早く、ライデンでシモン・ステヴィン（一五四八〜一六二九）が同様の実験をおこなっていたらしい。ステヴィンは一五八三年にライデン大学に入学した。ふつうの学生なら教師から言われたことを覚えて繰り返すだけで満足するが、ステヴィンは独自に数学と物理学の本を書き始め、毎年一、二冊ほど完成させた。明らかに彼は講義の内容に物足りなさを覚えていた（当時の数学教授ルドルフ・スネルも、そんな講義をした一人だった可能性がある。スネルは数学よりもギリシャ語、ラテン語、ヘブライ語が得意だと言われていた）。

ガリレオとステヴィンは、コペルニクスの〝相対性原理〟をもっと正確に記述した。二人の観測者が互いに対して等速で運動しているとしよう。たとえば別々のボートに乗った二人が互いを観察しながらそれぞれ異なる一定の速度で進んでいるといった状況だ。一方の系（自分のボート）では観測者は静止しているが、他方の系（相手のボート）に対しては等速で動いている。等速運動と静止の違いが消え去るのだ！　つまり、孤立した物体は等速で運動するととらえることもできるし、静止しているととらえることもできる。このうえもなく簡単な話だ。

そのような状況を実際に目にすることはあるのだろうか。答えはイエスだ。しかも、いたるところで見られる。ただし、この状況が起きるのは短い時間に限られる。この原理を最も容易に観測できるのは、宇宙飛行中だ。宇宙船の中にいる飛行士は、壁にぶつかるまで等速で動く。また、宇宙船に対する相対速度がゼロならば、巨大な宇宙船の真ん中で、なすすべもなく空中に浮かぶかもしれないが、これを実際にやるのはそう簡単ではないだろう。ともあれ、宇宙飛行士については心配無用だ。彼らはとても頭がいい。何か物体を放り投げれば反作用によって、物体とは反対の方向へ動く力が得られるはずだ。

たとえば帆船について考えてみよう。船長が針路を変えず、風が一定である限り、船は何時間も等速で進み続けることができる。船が外部の影響から切り離されているかのように進

図 1.13　地球を周回した初の人工衛星スプートニク 1 号。（Wikimedia Commons/U.S. Air Force photo - http://www.nationalmuseum.af.mil）

むのはなぜなのか。船を持ち上げることはできるか？　いや、そんなことはできない。人間の基準では、強大な重力が働いているので無理なのだ。無視できないさまざまな力が、船に影響を及ぼしている。ところがそれらの力が合わさると、互いをほぼ打ち消し合い、その結果、働く力は第一近似として無視できるようになる。（船の運動を数学的に記述する）運動方程式に含まれる力はほぼゼロであり、これは孤立した物体の場合と同様だ。この場合、最も重要な四つの力は、重力（船の重み）、水中の船に働く浮力、風力、および水と空気の抵抗である。これらの力は二つずつ対になり、互いをほぼ打ち消す。同じことはエンジンを搭載した船にもあてはまるし、たいていの乗り物に広くあてはまる。

他の天体から遠ざかっていく天体は、しばらくはほぼ直線上を進むと見なすことができる。その真の経路は接線で置き換えることができる。「しばらく」というのはいささか不正確で非科学的な表現だが、具体的な状況においてはこれを正確にすることができる。観測している天体が静止衛星で、誤差一キロの精度で事足りるなら、三分間は（しかしこれ以上は無理だ）衛星が孤立していると見なすことができる（図1・13）。

観測している天体が木星で、誤差一六〇〇キロメートルの精度（地上の観測者から見て、これはわずか〇・五秒角に相当する）でよいなら、一日にわたって木星が孤立していると見なせる。

孤立した運動の持続時間は、天文学に適用するには短すぎる。しかし、別の例もある。銀河における太陽の運動は、誤差が太陽から火星までの距離以下ならよいとすれば、一〇〇〇年にわたって直線で等速だと見なすことができる。最も近い恒星から太陽までの距離では、これは一秒角をわずかに上回る角度に相当する。先史時代から現在までになされた恒星の観測結果を扱う場合、太陽は孤立しているものとする。しかし一九世紀の半ば以降、測定精度

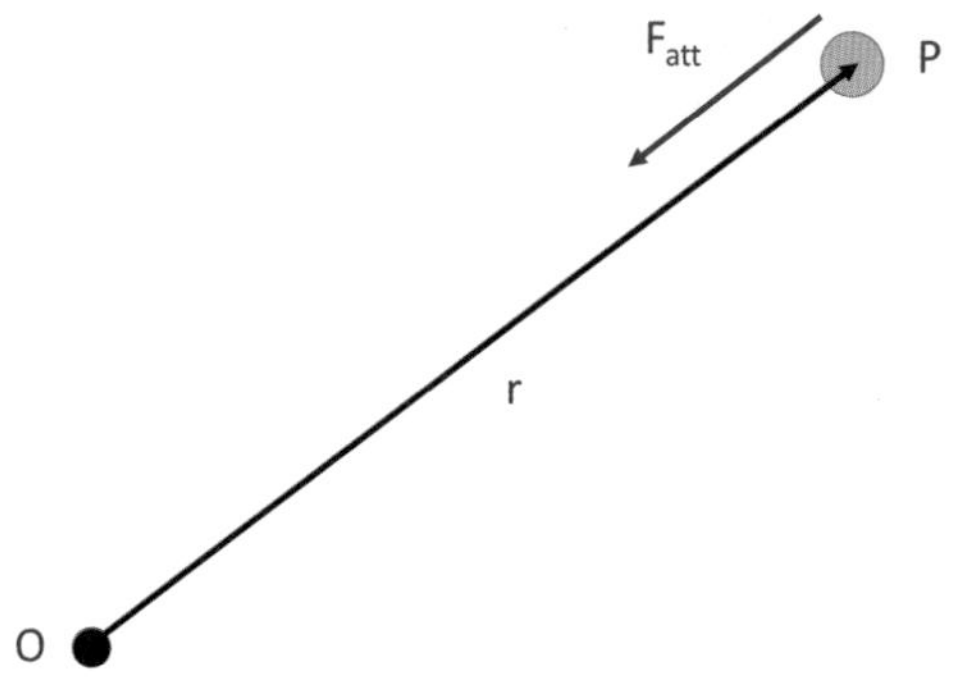

図1.14　天体（P）は引力の中心（O）からある距離（r）だけ離れている。矢印は引力（F_{att}）の作用する方向を示す。

は一秒角以下まで向上してきた。今では〇・〇〇一秒角という精度について論じることができるし、まもなく現在の一〇〇倍の精度も可能になるだろう。それに伴って、観測される孤立運動の持続時間は短縮する。

一固定中心

一固定中心問題は、幅広く応用できる。宇宙に力の中心となる質点が一つあって、この力の影響を受ける小さな物体の運動を調べるとする。次章で明らかになるが、ニュートンの運動の第三法則に従い、小さな物体も大きな物体に対して同じ大きさの力を及ぼす。つまり作用と反作用は大きさが等しい。しかし、加速度は質量に反比例する。したがって、小さな物体の質量が無視できるほど小さければ、大きな物体は固定していると見なすことができ、この状況は一固定中心問題となる（図1・14）。

固定中心問題から、両方の物体が巨大である二体問題へ移行しても、作業が煩雑になることはない。

固定中心問題の枠組みで運動をおおむねとらえられる例としては、（1）地上から投げ出された石の運動（空気抵抗は無視する）、（2）人工衛星の運動、（3）惑星間空間を飛行する宇宙船の運動、などがある。最初の二例では重い物体は地球であり、三つ目の例では重い物体は太陽である。どれほど重い宇宙船であっても、太陽はおろか地球と比べてもその質量は無視できるほど小さい。小さな質量が厳密にはゼロでないことからわずかな誤差は生じるが、この誤差は小さすぎて、いかなる装置でも測定することはできない。

しかし物体が大きさをもたない点であるという条件は、それが石ころであろうと地球を周回する人工衛星であろうと、近似的にも満たされることはない。月面にいる宇宙飛行士にさえ、地球は点のようには見えない。月から見た空に浮かぶ地球の視角は、地球から見た月の視角の三倍にあたる（図1・15）。この問題にニュートンは悩んだ。彼は、石ころ（地上の）と月は地球から生じる同じ重力を受けて運動すると最初に言い出した人物だ。月の質量がゼロでないことは、大きな問題ではない。最終的にニュートンは、球体が自らと同質量で自らの中心に位置する質点として外部の点を引きつけることを証明した。

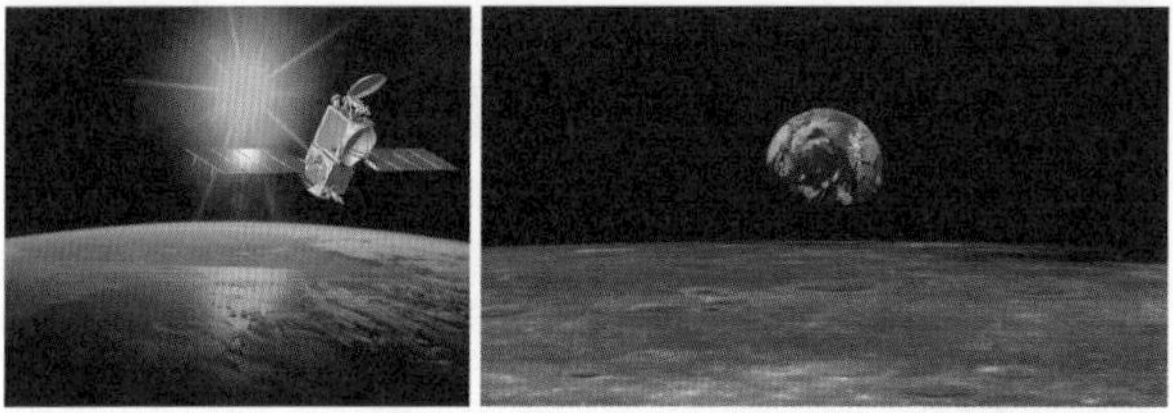

図 1.15　地球と人工衛星（左）および月の地平線上に浮かぶ地球（右）。明らかに地球は点ではないが、地球を構成する物質すべてがその中心に集中しているかのように、人工衛星や月を中心に向かって引きつける。アイザック・ニュートンによるこの発見のおかげで、地球がかかわる三体問題の計算が著しく単純化される。惑星や恒星など、すべての天体について同じことが言える。（クレジット：NASA）

幸い、巨大な天体はいずれも球形に近い。このことは、すべての質量が物体の中心に集まっているかのごとく重力がふるまうというニュートンの規則を満たすのに十分だ。この規則は、起き上がりこぼしのように重心が幾何学中心から著しくずれている物体では成り立たない。

小さな物体の実際の質量は、その運動に影響しない。砂粒も一〇〇〇トンの宇宙船も、地球の重力場では同じように運動する。その理由は単純だ。引力は質量に比例し、この力から生じる加速度は質量に反比例するからである。このため、質量は相殺される。じつは、宇宙船内の無重力状態はこの原理によって生じる。宇宙船内のリンゴとテーブルは、外部から見れば同じように運動する。そのため、船内の宇宙飛行士にとっては、リンゴはテーブルの上に浮かび、テーブルに落下することはない。

重力の法則には、きわめて小さな比例定数（万有引力定数と呼ばれる）がある。これは日常的な単位系で言えば、一〇のマイナス一一乗のオーダーだ。私たちが地球上で物体のあいだに生じる重力を感じず、巨大な山の及ぼす重力さえ感じないのはそのためなのだ。きわめて精度の高い装置だけが、たとえばエルブルス山〔カフカス山脈の最高峰〕の近くで鉛直線が垂直方向からわずかにずれるのを検出できる。仮にエルブルス山をブルドーザーで崩し去ったら、鉛直線は正確に垂直方向を指すはずだ。しかし惑星の質量については、この力は決して小さいとは言えない。人が建物の二階から飛び降りたら、地面に到達するときには重力加速度のせいで甚大なトラブルが生じるはずだ。

運動の種類

引力の中心の重力場における試験粒子については、運動の種類は四つだけである。最も単純なのは「直線運動」だ。小さな物体に、引力中心へまっすぐ向かう方向か、中心からまっすぐ遠ざかる方向の速度を与えよう。あるいは速度をゼロにしてもいい。物理学者がこよなく愛する対称性により、この物体は、引力中心と自分の初期中心を結ぶ固定した直線に沿って動くはずだ。

「固定した」直線というところがとても大事だ。物体をつなぐ直線は、実際には固定していないことが多い。たとえば地球の表面で実験をしているときには、この線は地球の自転とともに回転する。あるいは銃を垂直に発砲するとしよう。弾丸は直線を描いて上空に飛び出す。南極か北極で実験する場合を除き、仮に風の影響を無視できるとしても、地球が自転しているせいで、弾丸の描く線は直線にならない。

直線運動については、初期速度によって三つに分類できる。初期速度が非常に速ければ小さな物体は引力を完全に脱出するが、初期速度が遅ければ落下して戻ってくる。小さな物体がぎりぎりで脱出するという極限のケースでこの物体がもつ速度を、主物体からの「脱出速度」と呼ぶ。その正確な値は、主物体からどのくらい離れたところを出発するかによって決まる。通常、この値は天体の表面について与えられる。地球、月、太陽の場合、脱出速度はそれぞれ秒速一一キロメートル、二キロメートル、六一八キロメートルだ。しかし地球の軌道では、太陽からの脱出速度は秒速四二キロにすぎない。

天文学では、秒速何キロメートルという速度単位が扱いやすい。日常生活でおなじみの時速何キロメートルという単位では、数字が大きくなりすぎて扱いづらい。単位間の簡単な経験則としては、太陽に対する地球の公転速度が秒速三〇キロメートルで、これはだいたい時速一〇〇万キロメートルに等しい。

すでに見たとおり、惑星が楕円を描いて太陽のまわりを回ることは、ヨハネス・ケプラーがティコ・ブラーエの残した観測結果を精密に処理した結果、経験的に立証された。アイザック・ニュートンは、同じ楕円を固定中心問題の解として提出した。彼は答えがどんなものであるはずかについてはすでに理解していたが、真の問いは重力の逆二乗則が楕円につながるかどうかだった。彼がどうやって正しい答えにたどり着いたかは、次章で明らかにする。距離が二倍になれば力が四分の一になり、距離が三倍になれば力が九分の一になるといった「距離の逆二乗」で力が弱まると推測するのは、難しくなかった。このような力の法則に関する推測は、すでに何度も表明されていた。ここでは、点光源からの照度は距離の逆二乗で弱まるという光の伝播との類推が働いていた。しかしここで意味のある計算ができたのは、サー・アイザックだけだった。そこで、万有引力の法則を発見したのが彼だったと考えるのは正しいと言える。

ケプラーの発見はふつう、三つの法則として表現される。「ケプラーの第一法則」は、天体が楕円を描いて進み、引力の中心は楕円の焦点の一方に位置すると述べる。もう一方の焦点は空っぽで、物理的には意味をもたない。「ケプラーの第二法則」は「面積速度一定の法則」とも呼ばれ、二つの天体を結ぶ動径線が同じ時間内に掃く面積は等しいと述べる。この法則を利用すれば平均角速度が計算でき、それによって軌道周期を知ることができる（図1・16）。軌道周期は「ケプラーの第三法則」から得られる。この法則では、公転周期の二乗

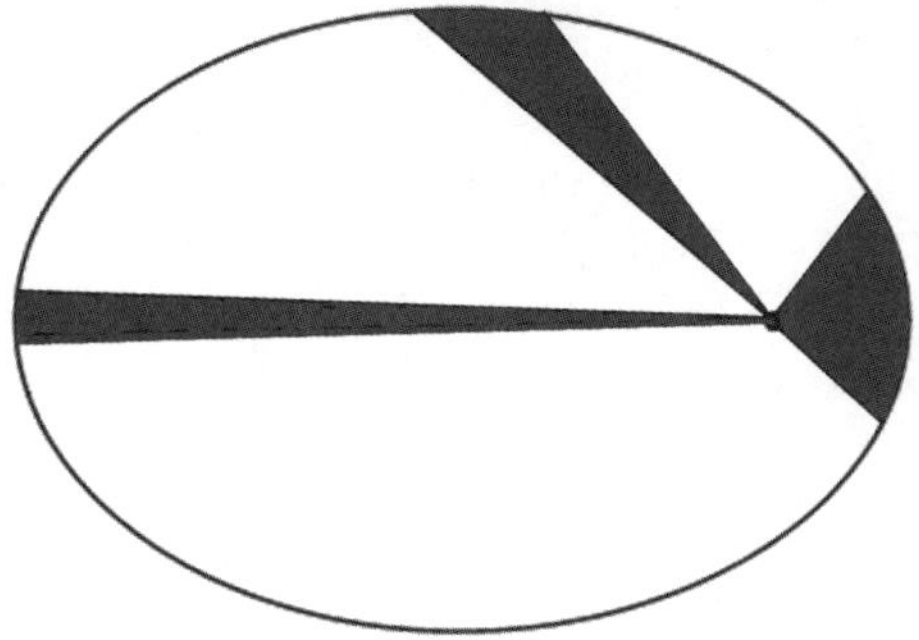

図 1.16　ケプラーの第二法則、すなわち面積速度一定の法則。太陽から惑星に引いた直線が同じ時間内で掃く面積は等しい。図に示した３つの面積が等しくなるのは、太陽から遠く離れると惑星の速度が遅くなるからだ。この法則を利用して、各時点で惑星が軌道上で示す速度を正確に計算できる。

は軌道楕円の長軸の三乗に比例するとされる。比例定数は引力中心の質量に依存し、これは天文学においてきわめて重要な意味をもつ。実際、軌道のサイズと周期を測定すれば、簡単な計算で中心天体の質量という重要な物理量が得られる。ケプラーの三法則は、惑星が描く楕円と惑星の初期位置がわかっているなら、任意の時点における惑星の位置を計算するのに十分である。

楕円軌道は、三種類ある軌道の形状の一つだ。他の二つの特殊な形状は、小さな天体がはるか遠くから接近し、力の中心をかすめてからなんらかの速度で再び遠ざかっていくときに生じる双曲線軌道である。無限遠の極限でこの速度がゼロになる場合、つまり遠ざかる運動が減速して停止に向かう場合、軌道曲線は引力中心を焦点とする放物線である。脱出速度がしばしば放物線速度と言われる所以《ゆえん》である。放物線に沿った運動は周期的でなく、過去と未来のどちらにおいても無限遠に達する。引力の中心から遠ざかるにつれて速度は低下し、ゼロに近づく。天体は無限の彼方からやって来て無限の彼方へ向かい、そこでは速度がゼロになる。

軌道の形状としての放物線は、一様な重力場における運動という、やはりよく知られた問題の解になる。前向き速度をもたせて石を投げる場合、放物線はその運動経路のすぐれた近似となる。ガリレオ・ガリレイは、入念な実験でこの事実を示すのに成功した。

軌道上の速度が放物線速度を上回る場合、小さな天体は双曲線を描き、その凹側の焦点に引力の中心が位置する。双曲線上の運動は周期的でなく、過去と未来のどちらにおいても無限遠に達する。引力中心から遠ざかる速度は距離とともに低下するが、正の値を保つ。天体は無限の彼方からやって来て無限の彼方へ向かっていき、速度はゼロにならない（図1・17）。さらに言えば、放物線や双曲線の軌道でも、面積速度一定の法則はやはり有効だ。この性質のおかげで、近日点での速度がわかれば、軌道上の他のどの点についても速度がわかる。

「直線楕円」運動という妙な用語が使われることがある。「直線」と「楕円」という語は互いに相反するように感じられる。直線は楕円でないし、楕円は直線でない。しかし楕円の長

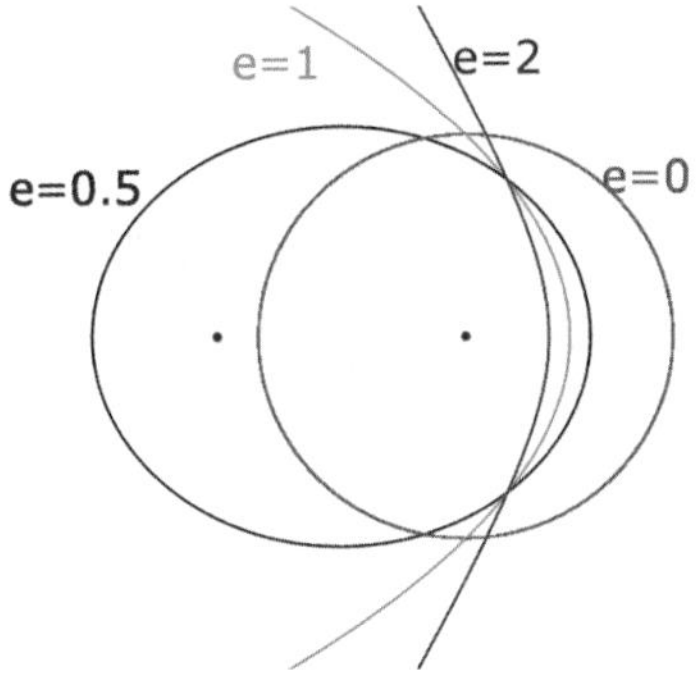

図 1.17　円（離心率 $e=0$）、楕円（$e=0.5$）、放物線（$e=1$）、双曲線（$e=2$）の運動。

軸を一定に保ったまま「両側を押しつぶす」と、楕円は長軸と同じ長さの線分に近づき、極限では長軸と完全に重なる。こうして楕円から直線（線分）が得られるのだ。放物線や双曲線でも、同じような状況が起きる。これらの曲線の「両側を押しつぶす」と、極限では直線（半直線）が得られる。

すべての楕円のうちで、最も単純なのは円だ。二つの焦点が中心で一つの点となっていて、離心率はゼロで、小さな物体は軌道半径に対して垂直方向に一定速度で運動する。地表付近を周回する軌道では、この「円軌道速度」はおよそ毎秒八キロメートルとなる。この速度だと、人工衛星はほぼ九〇分で地球を一周する。

円軌道に関するケプラーの第三法則が引力の逆二乗則の帰結であることを導くのは簡単だ。ニュートンと同時代の人物たち、具体的にはロバート・フックも、その導出はできた。ありがちな話だが、複雑な問題に取り組む場合、単純で特殊なケースに対する解が一般解を見つける助けとなる。

しかしわれわれ地球の住人にとって最も重要なのは、地球の軌道の離心率が現状よりもかなり大きかったら、地上に生命が存在し得ないということだ。たとえば離心率が〇・五だとしよう。一見すると、これは大したことではないように思われる。しかしこの場合、地球が近日点に位置するときに太陽から受け取るエネルギーは、遠日点に位置するときの九倍となる。太陽エネルギー（日射）がこれほど変動すれば、われわれの知っているいかなる生命も地球で進化することはできないだろう。

円軌道は特殊なケースだが、円に近い軌道なら宇宙のいたるところで見つかる。たとえば、惑星や惑星の大衛星などの軌道がそうだ。最近われわれは、ほとんどの恒星のまわりに惑星系が存在し、多数の惑星が軌道円を描いていることを発見した。たいていの人工地球衛星も同様である。一つの恒星が別の恒星を周回する連星系においても、その多くで軌道の離心率はゼロに近い。

円軌道がこれほど広く見られる理由はたくさんある。離心軌道を描く惑星系は、円軌道を描く系よりも安定でないので、すぐに崩壊してしまう。そのため、そのような系のほうが見つかりにくい。またたいていの場合、人工衛星を円軌道上に保つのは都合がよい。他に理由がなければ、地球の近くを通る円軌道を選ぶ。なぜなら、そのような軌道のほうが維持に要するエネルギーの消費量が抑えられるし、軌道に人工衛星を投入する際に使うロケットも比較的軽量のもので足りる可能性があるからだ。近接連星系では、潮汐作用に伴う摩擦によって離心率が下がり、軌道は円に近づく。

二体問題

次に、宇宙で質量がほぼ等しい二つの天体が逆二乗則によって互いを引きつけ合っているという、もっと一般的なケースについて考えよう。まず、二体を単一の物体として記述する方法を見つける必要がある。この場合、質量中心という概念が役に立つ。

質量中心というのは、アルキメデスの研究分野の一つだった重心と関係している。水平な棒の両端に重りをつけ、中間のどこかで棒を支える場合、棒を水平に保つ正確な支点が、その系の重心となる。天秤で重量を量るときには、この原理を利用する。天秤の支点を挟んで片側に基準分銅を載せ、反対側に重量が未知の測定対象を載せる。測定対象の位置が支点に近ければ近いほど、その重量は標準分銅に対して重いということになる。

アルキメデスはこの「静力学」の先駆者だった。これは工学において重要な学問であり、兵器の工学ばかりでなく、梃をはじめとするあらゆる種類の構造物を扱うのに重要だった。

アルキメデスの研究は、ルネサンス期にイタリアでさまざまな学者を通じて知られるようになった。たとえば天文学者のフランチェスコ・マウロリーコ（一四九四〜一五七五）は、アルキメデスの著作に新たな解釈を与えた。マウロリーコの若い研究仲間だったフェデリコ・コマンディーノ（一五〇九〜七五）は、アルキメデスの著作をラテン語に翻訳するとともに、彼の考えを発展させた。コマンディーノの弟子だったデル・モンテは、落下する物体における重心の重要性を理解していた。物体そのものは複雑に宙返りしながら落ちていくかもしれないが、重心は直線を描いて落下するのだ。物体の全質量がこの一点に集まっていると考えて、この点を「質量中心」と呼んでもよい。

力学の一般的な定理によれば、孤立系の質量中心は等速で運動する。あるいは、質量中心は静止していると言うこともできる。簡単な数学的操作により、重力の影響下にある孤立した二体系においては、各体は質量中心のまわりで曲線を描くことが証明できる。この曲線は、質量中心に位置する固定中心という想像上の問題によって決定される。軌道の大きさは、その質量値に応じて物体ごとに異なる。

二本の軌道曲線は、形状が同じでサイズだけが違い、同じ平面上にある。一体が質量中心のまわりである離心率の楕円を描くなら、もう一体も同じ離心率の楕円を描く。両体とそれぞれの質量中心は、常に同一直線上にある。一体がそれ自体の軌道の近点に位置するとき、他体もそれ自体の軌道の近点に位置する。「近点」という用語は、太陽について語る場合の「近日点」をもっと広く一般的に指すものであることを覚えているだろうか。近点とは、それぞれの軌道上にある二つの物体が互いに最も接近する点である。

おもしろいことに、一体に対する他体の運動は、一つの引力中心という想像上の問題の法則に厳密に従う。この引力中心の質量は、二体の合計質量に等しい。

われわれの太陽系では、天文学者はふつう天体どうしの互いに対する運動か、質量中心に対する運動について考える。連星についても、特に二つの恒星が望遠鏡で区別できる場合には、同じ状況が起きる。しかし一方の恒星しか見えず、他方は見えない（暗すぎる）ということもよくある。この場合、質量中心も運動しているときの、見える恒星の運動を扱う。これは力学でよくある状況だ。われわれは「運動の和」を利用する。等速直線運動を楕円上の周期運動と合わせるのだ。形状は楕円の離心率に大きく依存する。重力の中心が楕円の平面に対してある角度で運動する場合、星は楕円円筒の表面でらせんを描く（図1・18）。

しかし必要な精度で恒星への距離が定義されていないので、地上の観測者にはこれらの曲線が見えない。天空に投影された曲線が見えるだけだ。恒星が天球を横切る速度はすさまじく遅い（惑星と違い、恒星が一八世紀まで「固定された星」と呼ばれていたのもうなずける話だ）ので、天球は平面（観測点で天球に接する平面）で置き換えることができる。つまり

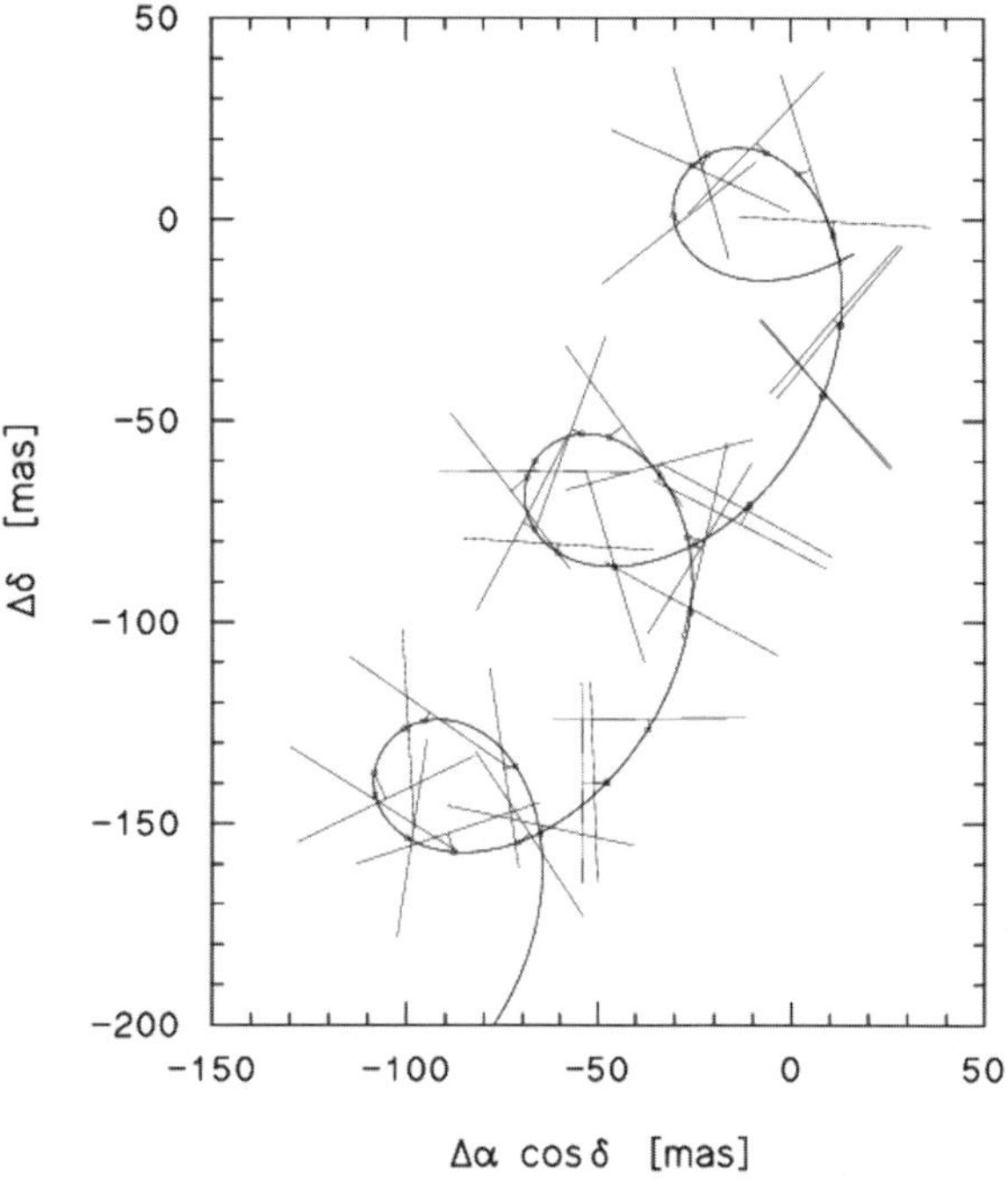

図 1.18　連星を構成する１つの恒星が３年間に天空面で示した運動。欧州宇宙機関（ESA）の人工衛星 Hipparcos が観測したもの。「直線」は個々の観測結果を表し、それらから推測した恒星の位置を「ドット」で示す。「曲線」はすべての観測結果にフィットさせた恒星の軌道である。（クレジット：“Hipparcos-star-path” by Michael Perryman - Wikimedia Commons）

二体問題は一引力中心の問題よりわずかに難しいだけであり、ある意味で一引力中心の問題に還元できる。

第2章

ニュートンからアインシュタインまで

——運動の法則と重力の法則の発見

重力の法則

三体問題は、サー・アイザック・ニュートンの問題であるだけでなく、人類全体の存在にかかわる重大な問題でもある。これは学術的な問題である。ニュートン以前にこの問題について考えた人はいなかったが、ニュートンはこの問題に気づくとすぐさま熱心に取り組み、それが頭痛の種となっても意に介さなかった（図2・1）。

図 2.1　1677 年、トリニティーカレッジの学士課程に在籍中のアイザック・ニュートンを描いた肖像画。サー・ピーター・レリー（1618 ～ 80）による頭像をもとにしたバーネット・レディング（1749/50 ～ 1838）による版画。1799 年に発表。（クレジット：Institute of Astronomy, University of Cambridge）

それで、いったいどんな問題なのか。ニュートンは、天体が重力によって互いを引きつけ合うことを発見した。それ以前の考えでは、天体は自らの属する中心天体のまわりを回っていて、一つの天体がそれ以外の全天体の運動を指揮できるとされていた。しかしニュートンは、宇宙ではあらゆるものがそれ自体以外のあらゆるものに依存していて、地球と天体からなる安定した配置などじつは存在しないことに気づいた。問題は、長期的な安定がそもそも可能なのかということだった。

われわれが最大の関心を抱く天体と言えば、われわれの暮らす地球と、地球を周回してその進路に沿って地表の水を引っ張り上げる月、そして同じように地球を引きつける太陽だ。そして言うまでもなく、地球上の海洋潮汐のように検出しやすい影響はもたらさないものの、太陽と月も互いを引きつけ合う。* これらの三つの天体による引力は、どのようにして互いに

＊ 地球は遠くにある太陽よりも大きな引力を月に及ぼしていると思われるかもしれないが、じつは逆である。太陽の重力が月に及ぼす影響は、地球が月に及ぼす影響の二倍以上なのだ。そこで疑問が浮かぶ。月はなぜ太陽に落下しないのか?

それは、太陽と月のサイズおよび距離の絶妙な加減のおかげだ。月の直径は太陽のおよそ四〇〇分の一で、地球から月までの平均距離は地球から太陽の距離の三八九分の一である。このため月と太陽は、地球からはほぼ同じ大きさに見える。月と地球の軌道の楕円率のおかげで、日食の最中には月のほうが太陽より少し大きく見える（この場合、皆既日食が見られる）か、あるいは少し小さく見える（この場合、金環食になる）場合がある。皆既日食のほうが、金環食より頻度は少し低い。

バランスを保っているのだろうか。いつか月が地球に衝突して一体となり、われわれ自身を含む地上の生物をほぼ全滅させることはあり得るのだろうか。三体問題が解決しないうちは、これについて確かなことは何も言えない。

惑星についても、同じことが言える。各惑星がそれぞれの軌道で太陽を周回するのは、太陽と惑星とのあいだで働く重力のおかげだ。しかしそれだけでなく、惑星どうしも互いに引きつけ合う。太陽から見て、地球の軌道のすぐ内側で軌道を描く惑星は金星だ。金星は地球とほぼ同じ大きさで、地球のそばを通過する際には地球を強く引きつける。地球よりも速度が速い（ケプラーの第三法則）ので、この二つの天体はかなり頻繁に互いと遭遇する。金星の引力がしだいに蓄積し、やがて地球が通常の軌道から投げ出され、太陽に飛び込んで燃え上がるとか、逆に太陽から遠ざかって日光の熱を失い、地球とその表面に存在するすべてが永久に凍結することはあり得るのだろうか。いずれこれが現実となるかどうかを知るには、地球と金星と太陽の三体問題を解決する必要がある。

ニュートンにとって、これは切実な問題だった。この惑星系は大きな変化を経験することなく、四五億年にわたって存続してきたことが、今ではわかっている。したがって、われわれは楽観的に、これからの四五億年も格別にひどいことは起きないだろうと言える。しかしニュートンは聖書の時間スケールに従い、宇宙の創造から始まる聖書の年代にもとづいて計算した。この場合、宇宙の年齢はわずか六〇〇〇年歳ということになる。この惑星系が存続してきたのがたった六〇〇〇年だとすると、人間の次世代まで安定した状態が続くのか、いささか心もとなくなる。

この研究は人類の歴史において有数の重要なものだったが、ニュートンがその取り組みに乗り出したときに考えていたのは、このようなことだった。

ニュートンがこの問題を解決したと言えるなら、話は簡単だ。しかし実際には紆余曲折があり、同じくらい重要な数々の研究分野へと枝分かれしていった。この物語について、これから語っていく。

ニュートンの伝記を書いたウィリアム・ステュークリーによれば、ニュートンが重力の法則を思いついたのは、リンカンシャーのウールズソープにある田舎の邸宅でリンゴの木の下に座っていたときだった。

> 食後、暖かかったのでわれわれは庭に出て、リンゴの木陰で紅茶を飲んだ。……以前に重力の概念が頭に浮かんだときと同じ状況だと、彼は私に言った。彼が座って考えにふけっているとリンゴが落ち、彼ははっとした。リンゴはなぜいつも地面に向かって垂直に落下するのか。彼はひそかにこう思った。

この話は本当かもしれないが、晩年のニュートンが好んで語っていたよりも話が盛られている。じつのところ、重力の法則についてはまだ確たる考えはなかったと言っていい。かつてケンブリッジのトリニティーカレッジの学生として学んだことを思い出すきっかけとして、リンゴが必要だったのかもしれない。

そもそもニュートンが田舎の邸宅に滞在していたのは、彼が卒業した直後に疫病のせいでケンブリッジ大学が閉鎖されたからだった。ニュートンはウールズソープで一年以上をのんびり過ごし、教師や書物から学んだ驚くべき事柄について考えることができた。

ニュートンがとりわけ感銘を受けた教師は、数学教授のアイザック・バロー（一六三〇～七七）だった。バロー自身も輝かしい経歴の持ち主で、中央ヨーロッパで三年間の研究旅行をした経験があった。その際にバローは当時の一流の数学者たちと出会い、そのなかにはガリレオ・ガリレイの最後の弟子となったヴィンチェンツォ・ヴィヴィアーニもいた。こうして直接的な師弟関係を通じて、近代科学の巨人の一人から別の巨人へと学識が伝えられたのだった。

ガリレオ・ガリレイはシモン・ステヴィンと同じく地表付近における重力の作用について研究し、あらゆる物体の落下速度は質量にかかわらず一様に同じ形で変化すると判断した。

前に触れたとおり、ガリレオは密度が異なるが表面積は等しい物体をピサの斜塔から落とし、同時に投げ落とせば同時に地面に到達することを証明したと言われている。つまりガリレオは、地球で作用する重力の法則を理解していた。だが、この法則が惑星の運動にまで適用できるほど普遍的だとは思っていなかった。

物体の落下や、直線軌道から絶えず逸れて太陽に落下していく惑星の運動で生じる一定の変化を扱うには、新しい数学の道具が必要だった。あらゆる時間間隔において、速度が一定量ずつ変化する。軌道を計算するには、一つの時間間隔から次の時間間隔までのあいだに物体が進んだ距離を足し合わせる必要がある。現実には、物体はウサギのように飛び跳ねたりせず、なめらかに運動する。このなめらかさを数学的に記述するには、時間間隔の幅を非常に小さくして、それに伴って時間間隔の個数を多くしなくてはならない。それどころか、極限では幅をゼロにして個数を無限にする。これはまさに、アルキメデスがおよそ二〇〇〇年前に円積問題で用いたのと同じやり方だ！

バローはこれで名をなした。計算方法をさらに発展させる仕事はニュートンに残された。しかしこの探究に携わったのは、ニュートンだけではなかった。同じころ、ドイツの数学者ゴットフリート・ライプニッツ（一六四六〜一七一六）も同じような手法を考案していた。現在の視点から見れば、ライプニッツの手法にスイスのベルヌーイ家の兄弟、ヤコブとヨハンがさらに手を加えた方法のほうが、よく生きながらえている。しかしニュートンの時代には、愛国主義的な感情もあいまって、先取権をめぐる深刻な事態が生じた。ライプツィヒ出身のドイツ人がケンブリッジ出身のイギリス人よりも賢いなどということがあり得るのか？イギリス人に聞けば、答えはノーだ！

ニュートンは、すぐには自分の発見を公表しなかった。このせいで、さらに別の先取権の問題が生じた。ニュートンの手記を見る限り、彼は少なくとも本人としては満足できる程度に、そのような問題をすべて解決した。彼は手記で、自身の重大な発見はすべてウールズソープで過ごすことを余儀なくされた時期になし遂げたものだと明言している。その地で次から次へと数学や光学、それに天文学の大発見をしながら過ごした日々について、彼はこんなふうに記している。

これはすべて疫病の流行した一六六五年から一六六六年にかけての二年間で起きた。そのころ私は創造力の最盛期にあり、それ以降のどの時期にもないほど数学と哲学に専心していた。

ニュートンをひどく悩ませたもう一つの先取権論争というのは、惑星の軌道運動の説明に関するものだった。太陽がわれわれの系の中心天体であり、惑星がそれぞれの軌道を描いて太陽のまわりを回ることは、科学者のあいだではすでに広く認められていた。すでに見たとおり、その一〇〇年以上前にニコラウス・コペルニクスがそれを提案し、その後にヨハネス・ケプラーが楕円軌道とその軌道における運動の法則を発見した。惑星が遠心力で離れていかず軌道をたどり続けるように均衡を保つには、中心力の逆二乗則が必要だと考える人が現れ始めていた。このことは、円軌道については完全に自明だった。だが、惑星の長円軌道ではどうなのか。軌道の細長さは「離心率」と呼ばれ、著しくはないが、それでもゼロからはかなり隔たっている（つまり軌道は円ではない）。

ロバート・フック（一六三五〜一七〇三）は新たに選出された王立協会事務局長として、この問題についてニュートンと書簡でのやりとりを試みた。この問題に関する自身の解釈を説明したうえで、逆二乗の中心力がなぜ離心軌道に至るのかとニュートンに質問した。貴殿のたぐいまれな数学の才能で、この問題を解決できないだろうかと問うたのだ。

やりとりはしばらく続いたが、一六八〇年に突如として途絶えた。ちょうどこのころ、ニュートンは答えを見つけたが、その発見の功績を他人に分け与えたくなかったのではないかと推測されている。フックがニュートンに説明した内容についてはニュートンもおそらくすでに知っていたので、フックにその手柄を与える必要はなかった。どんな事情があったにせよ、ニュートンとのやりとりが断たれたのは、フックにとっておもしろくなかった。
その後の一六八四年、フックは王立協会の若手会員エドモンド・ハレー（一六五六～一七四二）をケンブリッジに派遣し、ニュートンに面会させることにした。アブラーム・ド・モアブルはこんなふうに記している。

しばらく話したところで、ハレーはニュートンに「太陽への引力が太陽からの距離の二乗に反比例するのなら、惑星はどんな曲線を描くと思いますか」と尋ねた。サー・アイザックはただちに、それは楕円になるはずだと答えた。喜びと驚きに打たれた博士は、どうしてそれがわかるのかと尋ね、さらにすぐさまどんな計算をしたのか教えてほしいと求めた。サー・アイザックは自らの論文を調べたが、その計算は見つからなかった。それでも計算をやり直して送ると約束した。

ニュートンは約束を守り、この年の一一月に計算をハレーに送った。ハレーはケンブリッジを再訪し、この発見を公表してさらに完全な形で記して王立協会の会員になるようにとニュートンを説得した。こうして、この発見に関するニュートンの先取権は保証された。重力の法則の発見について記した論文の最終版は、一六八四年の終わりか一六八五年の初めにロ

図2.2　ルネ・デカルト（左、クレジット：Wikimedia Commons）とエドモンド・ハレー（右、トマス・マレーによる肖像画をもとにしたジョン・フェイバーによる版画。クレジット：Institute of Astronomy of University of Cambridge）。

ンドンに到着し、今では長い表題で使われていたキーワードにちなんで「*De Motu*」（ラテン語で「運動について」の意味）の名で知られている。

さらにハレーは、執筆を続けてまったく新しい力学の体系を発表するようニュートンを説得した。ハレーはこの研究にかかる費用の一部を負担することに同意した。ニュートンが主著で手本としたのは、著名な哲学者で物理学者のオランダ系フランス人、ルネ・デカルト（一五九六～一六五〇）（図2・2）が一六四四年に発表した『哲学原理』だった。しかしニュートンはこの目標を存分に達成できず、さほど華々しくない『自然哲学の数学的諸原理』（『プリンキピア』）というタイトルでよしとした。

自分はこの問題の数学的な部分しか解けなかったと感じたからだ。デカルトは重力の背後にある理由を説明したが、ニュートンはこの著作を発表した一六八七年にはその説明をしていなかった。

デカルトの説明では、中心天体が周囲に空間の渦を作り、他の天体がこの渦に沿って動くとされた。太陽が大きな渦を作って惑星を動かし、惑星がもっと小さな渦を作って衛星を動かす。この説明は直感的に信頼できそうで、難なく理解できた。ニュートンの『プリンキピア』が刊行されたあとも、デカルトの説は人気を保った。『プリンキピア』は数学の素養を必要としたが、当時の科学者でそのようなものを備えている者は多くなかったのだ。

デカルトは特に代数学と幾何学を結びつけたことで知られている。それまでは幾何学が主要な学問だと考えられ、代数学は補助的な手法にすぎないと思われていた。しかしデカルトは、両者に対等な地位を与えた。今日使われている代数方程式の書き方の多くは、デカルトが生み出したものだ。ゴットフリート・ライプニッツと同じく、ニュートンもそこから出発し、今でいう微分学を築くことができた。数学におけるこの分野を創始した初期の人物の一人が、ニュートンの指導者だったアイザック・バローだ。微分法はニュートンの物理学において欠くことのできない道具となった。

ニュートンの失敗

　ニュートンの『プリンキピア』は、運動の法則を提示し、重力の法則の数学的形式を示した。しかしその巻末に付された「一般的注解」を締めくくる際に、彼は自分が重力の本質や、天体が互いを引きつけ合う理由を見出せていないことを認めざるを得なかった。重力とその法則のおかげでわれわれが「天体や海洋のあらゆる運動」やそれ以外にも多くの現象を記述できるようになっただけで十分だ、と彼は結論した。今日の科学においては、これはかなり満足のいく状況と見なされるだろう。

　しかしニュートンの時代には、この状況はさほど満足のいくものとは見なされなかった。当時の有力な物理学者でオランダ人のクリスティアーン・ホイヘンス（一六二九～九五）は、自分もニュートンの達成した数学的結果のすべてとは言わないまでも多くを生み出せたかもしれないが、そのアプローチが物理的直観を欠いていたので手を出さなかったと述べた。当時の見方としては、たとえば時計でぜんまいの力を針の動きに変えるにはいくつもの歯車が必要であるように、作用が伝わるには媒介物が必要だと思われていた。それから数十年、ニュートンは太陽と惑星のあいだで力を伝えるものは何なのか懸命に考えたが、惑星の運動において同時に摩擦を引き起こさないものを思いつくことはできなかった。そこで彼は、物体に関する見方を求めて古代の人々に目を向けた。

ニュートンは次のように述べた。重力は発生源から生じ、力をまったく失うことなく太陽や惑星の中心まで到達しなくてはならない。この力はそれが作用する物体の表面の大きさに応じて作用する（力学的な力の発生源と同様に）のではなく、それらの物体を構成する固体物質の量に応じて作用する。惑星や彗星の運動に摩擦抵抗を引き起こして運動を減速させることなく、十分にその中まで到達できるのは、霊的な発生源しかない。ニュートンはこの霊的な力の発生源を、まさに普遍的存在である神と同等のものと考えた。

すでにピタゴラスやプラトンは、世界が神聖な秩序をもち、「調和した数からなる世界の魂」によって保たれていると主張していた。この調和的な統治機能は「神の摂理と保護」のおかげだとされた。ニュートンは、プラトンを信奉する一派であるストア派の考え方が正しかったとして、彼らに目を向けさせた。彼らは自然を霊的なものと物質的なものという二元論でとらえていた。ニュートンは、物体の表面に作用することなく中心まで到達できるのは霊的なものだけだと述べた。ストア派の考え方によれば、万物に行き渡る霊的なものは「能動的な実体」であり、物質という「受動的な実体」を突き抜けて結びつけるとされた。ストア派は重力という概念を発見した功績者とされる場合があり、そうだとすると、重力理論の起源はプラトンまでさかのぼれる。

古典時代からニュートンの時代まで、ヨーロッパの知識人のあいだでこれらの概念が活発に論じられた。だから、ニュートンが能動的な実体の神聖性を認めたというのは理解に難くない。神の御心が宇宙の部品を形作り、作り直し、われわれが重力と呼んでいるものはこれなのだとニュートンは言った。現代のわれわれにとって、重力の性質に関するニュートンの説明よりも重要なのは、現実的な計算において重力を扱うにはどうしたらよいかという数学的理論だ。

ニュートンの物理学

『プリンキピア』に記されたなかで、とりわけ重要な概念の一つが万有引力だった。言うまでもないが、地球でわれわれを地面につなぎとめているのは引力だ。なんらかの力が働いて、遠く離れた月が地球を周回する。ここでも同じ力が働いているのだろうか。すでにホイヘンスは、円軌道にある物体がもつ中心に向かう加速度が、軌道速度の二乗を軌道半径で割ったものであることを発見していた。月の軌道速度と軌道の大きさは天文学的観測で特定できる。これによって、月が軌道に留まるためにはどれほどの向心加速度が必要かがわかる。

万有引力の法則が逆二乗則に従うことを証明するために、ニュートンは地表における地球の中心に向かう加速度と、月までの距離に等しい地球半径の六〇倍の距離で地球によって生じる加速度を比較した。われわれが地球から月の軌道に行けば、重力加速度は六〇の二乗すなわち三六〇〇分の一に下がるはずで、この重力加速度は地球に向かう月の円加速度と等しくなるはずである。ニュートンは地球半径の値を使って比較をおこない、逆二乗則を立証することができた。加速度が著しく低くなるので、リンゴが地上で一秒間に落下するのと同じ距離を月は一分間で落下する。

ニュートンは、運動に関する自身の研究を三つの力学法則にまとめた。第一法則はガリレオから借用したもので、デカルトもそれを使っていた。

Ⅰ．すべての物体は、外力によって強制的にその状態を変えられない限り、静止状態または等速直線運動を続ける。

外力の影響を受けると、運動状態が変化する。言い換えれば、物体は加速する。ニュートンは、第二法則で次のように述べている。

Ⅱ．運動の変化は、加えられた推進力に比例し、物体の質量に反比例する。その変化は、推進力が加えられた直線方向に生じる。

もっと簡単に言えばこうなる。

力＝質量×加速度

数学記号を使って、「$F=ma$」と表すこともできる。ニュートンの第三法則である作用・反作用の法則をもって、力学の基本法則が完成する。

Ⅲ．すべての作用には、大きさの等しい反作用が常に存在する。また、二つの物体が互いに作用する際の相互作用は常に大きさが等しく、互いに反対方向に働く。

つまり、一方の物体（「作用物」）が他方の物体に力を及ぼせば、他方の物体も「作用物」に対して大きさが等しく反対方向の力を及ぼす。

ニュートンはこうして、重力の法則が質量に依存していることを書き表した。ニュートンの第二法則によれば、力は作用を受ける物体の質量に比例するはずだ。たとえば地球が月を引きつける力は、月の質量に比例するに違いない。しかしニュートンの第三法則を踏まえて、月の視点でこのケースについて考えてみよう。月が地球を引きつける力は、地球が月を引きつける力と同じ大きさで方向は反対で、地球の質量に比例しているはずだ。つまり全体として、二つの天体のあいだで働く重力は、双方の質量に比例するはずである。つまり両天体の

「質量の積」に比例し、さらに両天体間の「距離の二乗に反比例」する（数学記号を使えば、$F=GmM/r^2$と表現できる。ここでmとMは二つの質量であり、rは両者間の距離、Gは実験で決定される定数である）。

存在し得る最良の世界

一八世紀、ニュートンの提案した新たな法則は広く支持され、それに対する新たな見方が生まれた。一七四四年、ある重大な展開がフランスの数学者ピエール・ルイ・モーペルテュイ（一六九八〜一七五九）（図2・3）から始まった。彼は二点間の運動、たとえば点Aと点Bのあいだの運動が「最小作用の原理」と呼ばれる一般原理から導き出せると指摘した。この原理はレオンハルト・オイラーとジョゼフ＝ルイ・ラグランジュによって定量化され、一八三四年にはアイルランドのウィリアム・ローワン・ハミルトン（一八〇五〜六五）（図2・4）も定量化をおこなった。この原理では、点Aと点Bのあいだで取り得るすべての経路のうち、自然は「作用」と呼ばれる量が最小となる経路を選ぶとされる。ハミルトンの定式化（現在ではこれだけが用いられている）では、作用はエネルギーと時間の積である。つまり、自然はこれらの量を節約しようとするのだ。

例を使って最小作用の原理を説明しよう。町の中で、ある住所から別の住所へ、たとえば

図2.3　ピエール・ルイ・モーペルテュイ（左、Wikimedia Commons）とレオンハルト・オイラー（右、ジョゼフ・フレデリック・オーギュスト・ダルベによる油絵。クレジット：Musée d'art et d'histoire, Genève）。

図2.4　ウィリアム・ローワン・ハミルトン（左、Wikimedia Commons）とジョゼフ=ルイ・ラグランジュ（右、Wikimedia Commons）。

自宅から職場まで、コストを最小に抑えて車で移動しなくてはならない。燃料だけでなく時間にもコストがかかる。最短のルートが必ずしも最良とは限らない。というのは、交通信号が多ければ、時間のコストが増える可能性もあるからだ。遠回りだが行程の一部で高速道路を使うほうが、燃料の消費量が多くても、よいルートとなる可能性もある。車に小さなコンピューターを積んで、取り得る全ルートのコストを計算し、GPSに誘導してもらうという手もある。

この例では、GPSを使わず、別の要素を考慮に入れる選択肢もある。物理系において、最小作用の原理は、好むと好まざるとにかかわらず最善の道を選択することを要求する。つまり、われわれは自然の法則を扱っているのだ。

そんなわけで運動する物体は、あらゆる可能性を探ったうえで、点Aから点Bへ移動するのに最良の方法を選んでいるらしい。古典力学では、これは軌道を計算する一つの代替方法にすぎなかった。行程の各点でニュートンの方程式を使うという古いやり方が標準だと考えられていたかもしれない。その場合、行程が終わるまで終点Bの位置を知る必要はない。最小作用の原理によれば、出発点と終着点の位置によって、どのような運動が生じるかが決まる。

では、二つの原理のどちらが正しいのか。生じ得るすべての軌道を試して「最良」のもの法を考える方法を選ぶ最小作用の原理か、それとも厳密に各点における局所的な力の影響だけを考える方法か。「量子力学」が生まれる前、われわれには答えがなかった。一九三二年、イギリスの物理学者ポール・ディラック（一九〇二～八四）が、じつは運動する物体はすべての軌道を試していると指摘した。巨視的な物体では、このことはさほど明白ではない。というのは、試すべき距離間隔の単位はプランク定数に関連していて、互いのごく近くにある軌道だけを考慮すればよいからだ。プランク定数とは、ドイツの物理学者マックス・プランク（一八五八～一九四七）が最初に導入したもので、作用を測るための自然単位であり、日常的に使用するにはきわめて小さな量である。アメリカのリチャード・ファインマン（一九一八～八八）がこの考え方をさらに発展させ、今では実際に「最良」の軌道の探索が自然界でおこなわれることが広く受け入れられている。*

数学的な探索では、ラグランジュ関数と呼ばれる量を計算する。これは、物体の速度による運動エネルギーと、物体の高さによるポテンシャルエネルギーとの差である。たとえばボールを坂の上に持っていった場合、ボールが静止しているあいだは運動エネルギーは存在しないが、ポテンシャルエネルギーは存在する。ボールが坂を転がり下りると、ポテンシャルエネルギーは減少するが、ボールが速度を増すことによってポテンシャルエネルギーの減少と同じ率で運動エネルギーが増加する。運動エネルギーを正確に表現すれば、「二分の一×

質量×速度の二乗」となる（力学の試験で、運動エネルギーは質量と速度の二乗に正比例し、二に反比例するなどと答えたら、満点はもらえない）。他の物理系ではラグランジュ関数が別の形で定義される場合もあるが、大事なのはラグランジュ関数が空間のすべての点と時間のすべての瞬間において計算できるということだ。点Aから点Bまでのあいだに生じ得るすべての軌道についてのラグランジュ関数を使って、各軌道の作用を計算する。そのなかで、作用が最小となる軌道を見つければよい。これで、物体が点Aから点Bまで移動する経路を正確に知ることができる。

少なくとも形式的には、こちらのほうがニュートンの運動法則よりもはるかに単純だ。ニュートンの三つの法則は一つの規則に置き換えられる。最小作用の原理は、存在し得るあらゆる世界のうちでわれわれの世界が最良だという言葉で表現されることもある。

ラグランジュ関数という量を実際に発見し、最小作用の原理を用いて運動の法則を導き出すことができたのは、ウィリアム・ローワン・ハミルトンのおかげだ。彼はダブリンで生まれ、その地で暮らした。トリニティーカレッジで学び、そこでアイルランド王室天文官のジョン・ブリンクリーに才能を見出された。ブリンクリー自身は、イギリス王室天文官のネヴィル・マスケリンから教えを受けていた。ブリンクリーはハミルトンについて「この若者は彼の世代で最高の数学者だと断言できる」と記している。だとすれば、ハミルトンがまだ在学中だった一八二七年に天文学教授に任命されたのも不思議ではない。このおかげで彼はダンシンク天文台に居住することが許され、実際にそれ以降の全生涯をそこで過ごした。退屈な生涯と思われるかもしれないが、科学の研究という点で言えば、きわめて独創的で実りの多い生涯だった。

光よあれ

距離が二倍になれば重力が四分の一に弱まり、距離が四倍になれば重力が一六分の一にな

＊ 量子力学は、原子レベルの現象を説明するために構築された新たな力学の体系である。そこでは作用を測るのにプランク定数が格好の単位になっている。量子力学を最初に発展させたのはデンマークのニールス・ボーア（一八八五～一九六二）で、彼は軽い電子が重い原子核のまわりで軌道を描く原子モデルを考案した。このモデルは、中心に位置する重い太陽のまわりを軽い惑星が巡る太陽系と似ていた。しかし程なくして、ニュートンの法則が適用できないことが明らかになった。一九二五年ごろ、ドイツのヴェルナー・ハイゼンベルク（一九〇一～七六）、マックス・ボルン（一八八二～一九七〇）、オーストリアのエルヴィン・シュレーディンガー（一八八七～一九六一）らが、新たな法則を続々と生み出した。このモデルのもつきわめて重要な特徴の一つは、物体が確率の波で表現されることだ。この波は互いに干渉することがあり、互いを増幅することもあれば打ち消し合うこともある。波が強い部分には、粒子が存在する可能性が高い。物体の位置が実際に観測される場合を除き、物体が実際にそこにあるという記述は意味を失う。つまり、点Aから点Bに移動する粒子の位置を特定することはできず、点Bに到着して検出器で検出されたときにはじめて位置が確定する。

る……という重力の逆二乗則の背後にある根本的な理由とは、どんなものなのだろう。じつは、庭で一辺の幅がタイル四枚分の正方形の区画にタイルを敷く場合、四枚ではなく一六枚のタイルが必要なのと同じ理由である。つまり、正方形の面積は一辺の二乗だということだ。少なくとも、一九世紀の初頭に電気力と磁力の研究をしていたイギリスのマイケル・ファラデー（一七九一～一八六七）には、このことが明らかとなった。フランスのシャルル＝オーギュスタン・ド・クーロン（一七三六～一八〇六）は、電気力もニュートンの重力の法則と同じく逆二乗則に従うという点で、ニュートンの力を強くしたようなものであることを証明した。デンマークのハンス・クリスティアン・エルステッド（一七七七～一八五一）は、それまでまったく別のものと考えられていた電気と磁気にじつはつながりがあることを示した。フランスでは、アンドレ＝マリ・アンペール（一七七五～一八三六）がいち早くこの関係について の理論を練り上げた。

ファラデーの生み出した最も重要な考えは、物体間で力が伝わる仕組みに関する新たな解釈だった。彼は力線が空間を貫くのを見て取った。ファラデーにとって、力線という概念は磁石を用いた実験から自然に生まれたものだった。棒磁石の上に紙を広げ、そこに針状の鉄粉をばらまくと、磁石の位置に応じて一定の方向に鉄粉が線を描くことがわかった。磁石の両極が磁力線で結ばれていて、鉄粉がこの力線と平行に並ぶことによって線が視覚化されるのだとファラデーは考えた。彼にとって、これらの磁力線は目には見えなくとも実在するものだった。

これがどう逆二乗則につながるのか。力の強さは「タイル」を通過する力線の数で測れる。線の発生源を取り囲む球面をタイルで覆うとしよう。この場合、半径が大きくなれば表面積は半径の二乗に比例して広がるので、それに伴ってタイルの枚数が増える。線の本数は増えないので、タイル一枚あたりの線の通過本数は半径の逆二乗で減少する。

しかしこの概念は数学的でなかったため、ほとんどの科学者から拒絶された。それでも重要な例外が二人いた。ファラデーより年下の仲間でケルヴィン卿としても知られるウィリアム・トムソン（一八二四～一九〇七）と、ジェイムズ・クラーク・マクスウェル（一八三一～九七）は、力線を数学的に記述する方法を見出した。

ファラデーは、重力も同様に扱えると考えた。なんらかの不可解な理由で惑星が太陽のまわりをどんなふうに回るべきかを理解しているなどと訴えるのではなく、惑星を軌道上で誘導する「重力場」というものを導入した。太陽が自らの付近に重力場を生成し、それを感知する惑星やその他の天体がその作用に従ってふるまう。同様に、荷電した物体は周囲に「電場」を生成する。そして別の荷電した物体がその電場を認識して反応する。また、磁石から生じる「磁場」というのもある。

マクスウェルは、クーロン、アンペール、ファラデーが別個に発見した法則を合わせて、電気と磁気を電磁気という一つの現象として扱う「マクスウェル方程式」にまとめた。マクスウェル方程式から、振動する電場と磁場がマクスウェルの計算した高速で空間を進むことが導き出せる。その速度は測定された光の速度に非常に近かった。マクスウェルはこう記している。

結果が一致することからして、光と磁気が同じ物質から生じる作用であることと、光は電磁力の法則に従って場を通じて伝播する電磁的な擾乱であることが示されたと思われる。

つまり、光は伝播方向に対して垂直に振動する電場と磁場で構成されているのだ。一八八七年、ドイツの物理学者ハインリヒ・ヘルツ（一八五七〜九四）は驚くべき実験をおこない、「電磁波」に関するマクスウェルの仮説を吟味した。その結果、「電波」という別の形態の電磁放射を生成し検出することに成功した。

今や、最小作用の原理を電磁力にも拡張して適用することができる。この場合、ラグランジュ関数は空間内の各点における磁場と電場のエネルギーの差を取ることで得られる。この定式化は、すべての電磁現象の完全な記述へと一般化することができる。

光の速度が有限であることに最初に気づいたのは、デンマークの天文学者オーレ・レーマー（一六四四〜一七一〇）だった。パリ天文台で働いていた一六七六年、彼は木星の四大衛星の運動を研究し、特に最も内側に位置するイオに着目し、季節によってイオが木星の背後からあまりにも早く現れたり、逆にあまりにも遅く現れたりすることがあるのに気づいた。ケプラーの法則が正しいのなら、このようなタイミングのばらつきは起こり得ないはずだ。光によって伝えられるこの出現のメッセージが木星からわれわれのもとへ届くまでに、いくらかの時間がかかることに彼は思い至った。この時間は、地球と木星が太陽をはさんで向かい合う位置にあるときに最も長くなり、地球と木星が太陽に対して同じ側に位置するときに最も短くなる。

光の速度に関するこの最初の測定は、かなり正確だったことが今ではわかっているが、当時の科学者たちからは認められなかった。やがてレーマーはデンマークに帰国したが、この重大な発見にふさわしい学術的な職に恵まれず、研究以外で生計を立て、最後にはコペンハーゲンの港湾管理者となった。光の速度が有限であることを示す決定的な証拠をつかんだのは、イギリスのジェイムズ・ブラッドリー（一六九三〜一七六二）だ。彼は一年間に天空の「固定された星」の位置に生じる影響にもとづいて、光の速度の有限性を証明したのだった。

この成果は一七二九年一月、彼のかつての指導者で庇護者でもあったエドモンド・ハレーによって王立協会に伝えられた。一年間に「固定された」星が天空で示す見かけ上の運動は、地球が太陽のまわりで年周運動をしていることの最終的な論証でもあり、コペルニクスの世界像が正しいことを示す最終的な論証でもあった。

相対論の誕生

ニュートンの宇宙には、原理的にこの三次元の空間のどこでも同期した時計で測定できる普遍的な時間が存在する。長いあいだ、この原理に疑念を抱く必要などなかった。問題が起きたのは、一八八七年にアメリカの物理学者アルバート・マイケルソン（一八五二〜一九三一）とエドワード・モーリー（一八三八〜一九二三）が、光が最も高速でやって来る方向を調べることによって、地球が宇宙を進む際の運動を測定しようとしたときだった。ふつうは、自分の進んでいく方向からこちらへ向かって来る光が最も速く見えるはずだと思うだろう。空気の中を進む際の日常的な経験にもとづけば、そうなる。ところが、実験ではそうならなかった。測定装置の運動とは無関係に、光は同じ速度で進むのだ。

この重大な結果を理解するには、空間と時間の性質についてまったく新しい考え方を導入する必要があった。これをやったのが、ドイツ系スイス人の物理学者、アルベルト・アインシュタイン（一八七九～一九五五）だ。アインシュタインはドイツで生まれ、ミュンヘンで初期の教育を受けた。数学と物理学が得意で、独学によって同級生よりもはるかに先を進んでいた。たとえば一二歳で、あの有名なピタゴラスの定理の証明を独自に発見した。一五歳のとき、アインシュタインの一家はイタリアに移り、電気機械を扱う会社を設立した。アルベルトはその会社で働きながら、余暇には独学を続けた。しかし高等教育機関に入学するには、高校の卒業証書が必要だった。彼はスイスのアーラウの学校に一年間在籍し、卒業試験に合格した。ほとんどの科目で最高点を取ったが、苦手だったフランス語ではそれを逃した。その後、チューリヒ工科大学に進学した。

一九〇〇年、彼は二一歳で大学を卒業した。研究を続けたかったが、彼の教師たちは彼を怠惰だと思っていて、研究を続けるには向いていないと考えた。そのうえ、これが問題の核心だったのかもしれないが、彼は物理学教授のハインリヒ・ヴェーバーにしかるべき敬意を示さず、慣例に従った「ヴェーバー教授」ではなく「ヴェーバーさん」と呼んでいた。二年間、臨時雇いの職に就いたあと、アインシュタインはようやくベルン特許庁の技官となった。仕事は学術的ではなかったが、彼には都合がよかった。アインシュタインはそこで働きながら、チューリヒ大学で博士号を取得した。指導教官のアルフレート・クライナーは、最終論文に関する主たる所感として「短すぎる」と述べた。アインシュタインが一文を追加すると、クライナーはそれで合格とした。

アインシュタインの初期のキャリアには、一九〇五年の奇跡を予見させるようなものは何もなかった。しかし一九〇五年、定評のある学術誌《アナーレン・デア・フュジーク》に三本の論文が掲載され、そのおかげでアインシュタインはおそらく二〇世紀で最も有名な科学者となった。* これらの論文は、ブラウン運動、「光量子」、特殊相対論を扱っていた。最初の論文では、当時は決して広く受け入れられていなかった、物質が原子で構成されているという見方を支持する重要な主張がなされた。二つ目の論文では、光の性質に関する新たな解釈が試みられ、最も有名な三つ目の論文では、空間と時間という概念について斬新な議論が展開された。これがのちに、物質の中には莫大なエネルギーが潜んでいるという予想につながった。この研究において彼は、パズルのピースを完全に組み合わせることができなかったアンリ・ポアンカレやオランダの物理学者ヘンドリック・ローレンツ（一八五三〜一九二八）の足跡をたどった。

アインシュタインの研究は人目を引かなくはなかったが、専門家のあいだで広く知られるまでには時間がかかった。彼は一九〇八年にベルン大学の講師に任命されたが、大学でのキャリアを本格的にスタートさせたのは、一年後にチューリヒ大学の准教授になってからだった。一九一一年にはプラハに移った。プラハで過ごした時間は、アインシュタインのキャリアにおいて大きな意味をもった。ここで助手のゲオルク・ピックの助けを受けて、新たな数学的方法を学ぶことができたからだ。これは彼が物理学において次の大きな一歩を刻むのに不可欠だった。

わずか一年でアインシュタインはスイスに戻り、チューリヒにある母校でマルセル・グロスマンとともに一般相対論の構築に乗り出した。これはニュートンの理論を改良した、新たな重力理論である。このころにはアインシュタインの名は広く知られており、一九一四年にはベルリンのカイザー・ヴィルヘルム研究所の物理学部門の責任者やプロイセン科学アカデミーの会員になるよう求められた。この科学アカデミーで、彼は一九一六年に一般相対論の基礎を発表した。一九一九年の皆既日食の際、アーサー・エディントン（一八八二～一九四四）が編成したイギリスの遠征隊は、アインシュタインが予測したとおりの光の屈折を観測し、彼の理論をニュートンの理論に対する真のライバルと認めた。

ドイツでヒトラーが権力を掌握したので、アインシュタインはやむなくアメリカへ移住した。一九三四年、ニュージャージー州プリンストンに落ち着き、そこで亡くなるまで単一の

＊　一九〇五年の奇跡の話は、ウォルター・アイザックソン著『アインシュタイン――その生涯と宇宙』（上下巻、二間瀬敏史監訳、関宗蔵・松田卓也・松浦俊輔訳、武田ランダムハウスジャパン）をはじめとして、さまざまなところで語られている。

理論的枠組みのもとで電磁力と重力を統一する研究に取り組んだが、成功には至らなかった。彼のみならず、これまでに誰も成功していない。

アインシュタインは特殊相対論において、観測者の運動状態とは無関係に光の速度は定数 c であるとしたマイケルソンとモーリーの観察を受け入れた。彼はその理由を問うことはせず、この奇妙な事実から生じる帰結を明らかにしようとした。空間や時間とは何なのか。光の速度が一定だということは、日常生活においては理にかなわない。光の速度が万人にとって等しくなり得るのは、今まで誰も考えなかった形で空間と時間が結びついている場合だけだ。

空間と時間の絡み合いが意味するのは、われわれが特殊な四次元の世界で暮らしていると
いうことだ。時間の性質は、三つの空間次元（縦、横、高さ）とは異なる。その理由は、距離が定規で測定できるのに対して時間は時計で計測するというだけではない。アインシュタインを指導した数学教授のヘルマン・ミンコフスキーは、一九〇八年にこの見解についてこんなふうに説明した。

それ以来、空間そのものも時間そのものも消え去ってただの影となり、二つが混ざり合ったものだけがそれ自体として存在するようになった。

定数cは、すでにマクスウェル方程式に現れている。おもしろいことに、最初の相対論はマクスウェルの電磁気学であり、これは相対論そのものより前に構築されていた。マクスウェルがあの有名な方程式を考案したとき、彼自身はそこに相対論という宝が潜んでいるのに気づいていなかった。

アインシュタインは一九〇五年に三つの根幹的な論文を発表してまもなく、質量とエネルギーとのあいだに存在する、きわめて特殊で思いがけない関係へと、相対論がつながることを見抜いた。相対論は、あらゆる物質が次の式で表される隠れたエネルギーをもつことを示唆する。

エネルギー＝質量×光速の二乗（数学記号を用いれば、$E=mc^2$）

光速は大きな値なので、この式はほんの小さな物質のかけらでも膨大なエネルギーを保持していることを意味する。一グラムの物質を余すことなくエネルギーに変換できれば、一万バレルの石油を燃やしたときに放出されるのと同量のエネルギーが得られる。核エネルギーの膨大な力は、原子核の質量のごく一部を解放してエネルギーに変換することで生じる。制御された核エネルギーの解放に初めて成功したのは、一九四二年にシカゴでそれをおこなったイタリアの物理学者エンリコ・フェルミと彼のグループだ。それ以来、原子力は人類が利用できる主たる資源の一つとなっている。太陽のエネルギーも、これと同じ仕組みで生み出される。

幾何学と重力

ニュートンの空間のとらえ方は、ユークリッド幾何学にもとづいていた。特殊相対論においても、四次元の時空のうち空間にかかわる部分はユークリッド的である。紀元前三〇〇年ごろにアレクサンドリアで活動したユークリッドは、幾何学の体系を構築した。これは現在でも数学教育の一部となっている。彼の生み出した幾何学は、五つの「明らかに真」である公準にもとづいており、そこから四六五個もの定理が導き出され、幾何学の基本的な知識となった。五つの公準のなかで最も広く議論されているのは五つ目の公準で、それは次のような内容だ。

> 平面上の任意の点を通って、同じ平面上の任意の直線に対して平行な直線を一本だけ引くことができる。

ユークリッドと彼の弟子の多くは、この「平行線公準」に確信がもてなかった。直感的に

図2.5　カール・フリードリヒ・ガウス（左、クレジット：Wikimedia Commons）とアルベルト・アインシュタイン（右、Wikimedia Commons）。

正しいと思われるが、実験して確かめることができない。現実として、われわれが扱うのは常に直線の限られた一部だけであり、直線全体を見ることはできない。それでも、他の四つの公準から推論できないだろうか。実際に二〇〇〇年ものあいだ、数学者は第五公準が他の公準から示されるという証明を試みたが、すべて失敗に終わった。

一九世紀まで、第五公準が別の公準で置き換えられることは証明されず、代わりにわれわれになじみのあるものとは異なる幾何学的関係をもつ、別の体系が生まれた。第五公準をめぐる数々の可能性のなかでも、特に興味深い事例が二つある。一つはドイツのカール・フリードリヒ・ガウス（一七七七〜一八五五）（図2・5）、ロシアのニコライ・ロバチェフスキー（一七九二〜一八五六）、ハンガリーのボーヤイ・ヤーノシュ（一八〇二〜六〇）がそれぞれ別個に発見した「双曲幾何学」、もう一つはガウスの指導を受けたドイツ人のゲオルク・リーマン（一八二六〜六六）の考案した「球面幾何学」である。ユークリッドの「平面幾何学」以外に、一様かつ等方な空間、すなわちすべての場所と方向が等価である空間を表現できるのはこの二つだけだ。

ガウスは「非ユークリッド幾何学」という用語を考案したが、「自らを批判にさらすようなことにかかわるのを何よりも嫌った」ので、このテーマについては何も公表しなかった。彼は一八二四年の私信でこんなことを記している。

（三角形において）三つの角の和が一八〇度より小さいという仮定から、われわれの幾何学とはずいぶん異なるが、完璧に一貫性があって興味深い幾何学に至る。構築した私自身、すっかり満足している。

リーマンは、非ユークリッド幾何学で計算に必要な数学的方法を考案した。この研究は、エンリコ・ベッティ（一八二三〜九二）、グレゴリオ・リッチ＝クルバストロ（一八五三〜一九二五）、トゥーリオ・レヴィ＝チヴィタ（一八七三〜一九四一）によってイタリアで続

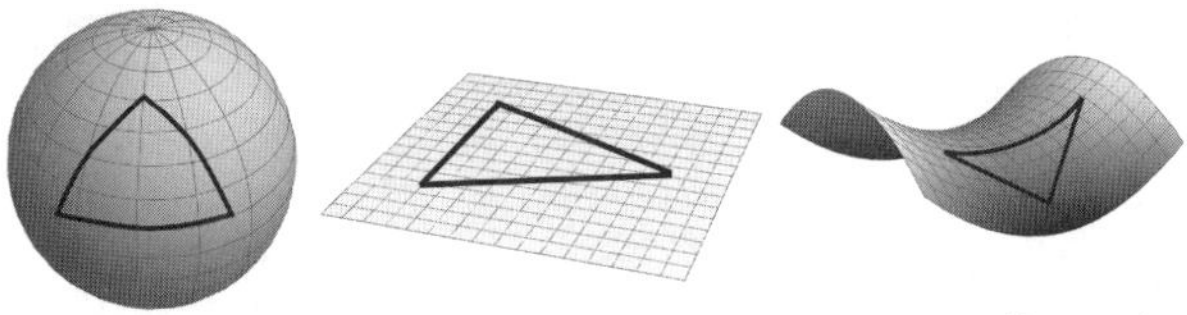

図2.6　さまざまな幾何学的空間。三角形の内角の和が（左から右へ）180度より大きい（プラスの曲率）、ぴったり180度（曲率ゼロ）、180度より小さい（マイナスの曲率）。

けられた。アルベルト・アインシュタインは、幾何学と重力を結びつける自らの理論のために必要な数学的方法を、レヴィ＝チヴィタから学んだ。数学のこの分野は大学の教科課程に入っておらず、アインシュタインでさえ学ぶのにかなり時間がかかった。

非ユークリッド幾何学を視覚化する一般的な方法は、面を例として使うことだ。四次元の空間を想像するのは難しい。ましてやその曲率が意味することを考えるのは、困難を極める。われわれの脳は、そのような問題に取り組むのに慣れていない。そこで最善の策は、二次元の面だけに目を向けることだ。面の外部に第三の次元をもたず、第三の次元の意味さえ理解していない者は、面上で幾何学的測定をすることによって全体の幾何学的形状を知るしかない。三角形を描いて、内角の和を測定する。結果が一八〇度を超えるなら、自分が球面上に住んでいるとすぐにわかる。あるいは円を描いて測定してもいい。直径に対する円周の比がπより小さい場合、自分が球面幾何学の世界に住んでいることを知るだろう（図2・6）。

平面は二次元のユークリッド空間の一例だ。われわれにおなじみのユークリッド幾何学の法則は、この幾何学的空間においてのみ有効である。ここでは三角形の内角の和はきっかり一八〇度で、円の半径（r）に対する円周（s）の比はぴったり2π（$s=2\pi r$）であり、ある点を通って別の直線と平行な直線は一本だけ引ける。

アインシュタインによれば、重力が生じる根本原因は時空の歪みだ。物質が周囲の空間を歪め、物体がこの歪みに反応することによって、引力が存在するように見える。

既知の時空の幾何学から、重力以外のいかなる影響も受けない物体の軌道を計算することができる。アインシュタインは重力を力と見なさなかった。平坦な時空では、力を受けない運動は直線を描くが、歪んだ時空では、力を受けない運動は実質的に閉じた軌道を描く。たとえば、太陽を周回する惑星について考えてみよう。惑星は可能な限り直進するが、太陽が時空を歪めているので、軌道は楕円になる。水平に広げてぴんと張ったゴムのシート（「平坦な空間」）で、これを説明することができる。シートの中央に鉄球を置くと、表面にくぼみが生じる。次に、シート上でビー玉を転がす。しかるべき方向に押し出せば、軽いビー玉は大きな鉄球のまわりを転がり、楕円軌道を描くかもしれない。中央からビー玉を引きつける力が働いているように見えるが、この閉じた軌道を生じさせているのは、じつはシートの形状なのだ（図2・7）。

太陽を周回する惑星の運動については、ニュートンの理論とアインシュタインの理論はほ

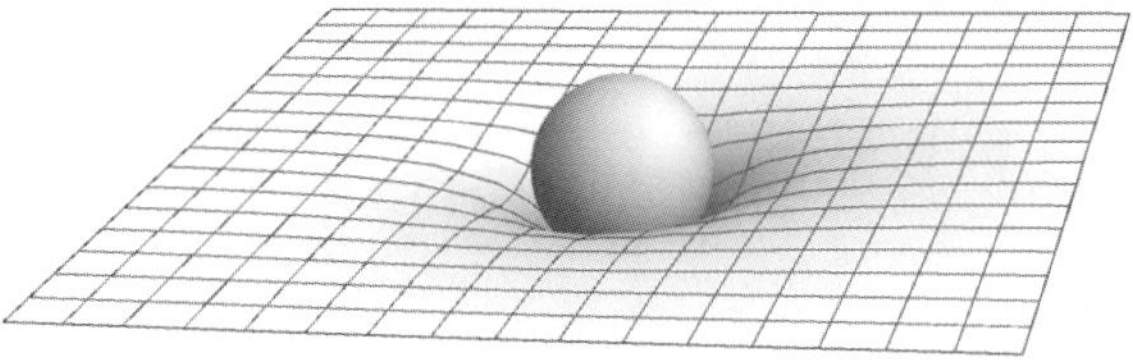

図 2.7　物質が周囲の空間を歪める。

ぼ同じ結果をもたらす。最も重大な違いを示すのは水星だ。水星の軌道の長軸は、他の惑星から影響を受けてゆっくりと歳差運動をする。しかしアインシュタインの理論では、ニュートンの理論よりも一世紀あたり四三秒角大きな歳差運動が予想される。実際、このわずかな歳差運動の差はすでに観測されていたが、当時はこの問題は未解決だった。

水星の運動の説明で、アインシュタインの新しい重力理論は最初の成功を収めた。重力から生じる結果としては、光線が太陽の表面付近を通過するときに屈折する現象も挙げられる。この現象のせいで、太陽の背後の恒星は、通常の位置からずれて見える。通常、太陽と背後の恒星を同時に見ることはできないが、皆既日食の最中にはそれが可能になる。一九一九年の日食の際、予想どおりの幅で恒星の位置のずれが検出されると、それはアインシュタインの勝利として称賛された。

この決定的な観測をしたのが、ケンブリッジ天文台の台長アーサー・エディントンである。彼は良心的兵役拒否者として第一次世界大戦で従軍せず、今ではよく知られている日食観測の遠征隊を編成することで刑務所行きをなんとか逃れた。アインシュタインの一般相対論を知り、可能な限りあらゆる文献を入手したが、「敵の文献」を読むべきではないということは忘れなかった。この制約にもかかわらず、彼はこの分野の有力な専門家の一人となった。そこで、この理論を検証しようと遠征を計画するのは当然だった。彼の活動には強い反対もあった。というのは、彼はイギリスのニュートンよりもドイツのアインシュタインを支持していると見られたからだ。王立協会の会合で、一般相対論を熟知しているが懐疑的だったフェローが、エディントンの熱意を鎮めたいと考えた。そこでエディントンに、君はこの理論を理解している三人のうちの一人だと思うのかね（他の二人というのは明らかにアインシュタインと、このフェロー自身だった）と問うた。エディントンが答えないので、フェローは彼に、臆せず答えよと迫った。するとエディントンはこう答えた。「いえ、三人目は誰かと考えていたのです」

一般相対論では、時間と空間を別々に扱うのではなく、「時空」として扱う。そのため、作用は軌道の飛行時間にわたってだけでなく四次元の時空にわたっても計算される。点Aから点Bへ行く場合、時空上で構成される量はスカラー曲率と呼ばれる（リッチ＝クルバストロにちなんでリッチスカラーとも呼ばれる）。これをラグランジュ関数として用いると、ニュートンの重力の法則の代わりにアインシュタインの重力の法則を導くことができる。こうして時空の曲率が数学的に重力の法則に組み込まれる。二次元の球面幾何学を記述する場合、スカラー曲率は2を球の半径Rの二乗で割った値（$2/R^2$）である。三次元では、2が6に替わる（$3\times(3-1)\times(3-2)=6$となる）。一九一五年、ドイツの物理学者ダフィット・ヒルベルト（一八六二～一九四三）は、この作用を使う定式化に気づいた。アインシュタインとほぼ同時であった。この定式化によって、重力の法則の記述はきわめて単純になった。「物体はスカラー曲率を可能な限り小さくするように運動する」と表現できるのだ。

重力における最小作用の原理の発見には、おもしろい歴史がある。アインシュタインは一九一四年にマルセル・グロスマンと共同で最初にこの原理を提案したが、この原理から重力の法則を導き出したのは一九一五年一一月四日だった。しかしこの定式化も完全に正確ではなく、一一月二五日にアインシュタインは重力方程式の改訂版を発表した。そのあいだの一一月二〇日、ダフィット・ヒルベルトは正しい重力の法則に加えて最小作用の原理からの導出も記した論文を出版するために発送していた。ということは、一般相対論を発見したのはアインシュタインではなくヒルベルトだったのだろうか。ヒルベルト自身はそんなことをいっさい主張していないが、理論の構築におけるヒルベルトの貢献を認めて、この作用は「アインシュタイン＝ヒルベルト作用」と呼ばれている。一方、理論全体はアインシュタインの功績とされる。じつのところ、一般相対論の正しい方程式を最初に書いたのがヒルベルトとアインシュタインのどちらだったのかは定かでない。というのは、ヒルベルトは一二月に自分の論文を印刷するにあたって修正したが、その修正は残っておらず、科学史家が真相を確かめることはできないのだ。

一九一七年、アインシュタインはアインシュタイン＝ヒルベルト作用に新たな追加をおこなった。彼は一般相対論の原理に反することなく、この作用に定数を追加できることに気づいた。この定数は、宇宙に存在する物体のあいだで斥力を生じさせる効果をもつ。重要なのは、この斥力がまず宇宙規模でのみ、銀河間の斥力として生じることだ。彼はこの定数を導入することで、無限に広がる静的で永久不変の宇宙のモデルを作ろうとした。この考えは魅力的だったが、まもなく宇宙の膨張が発見されたために否定されてしまった。このとき、アインシュタインは斥力への興味を失った。しかし最近ではこの斥力が再び脚光を浴びていて、今では「暗黒エネルギー」と呼ばれている。これについては、第6章で銀河を扱う際に論じる。

『プリンキピア』の刊行から三〇〇年以上にわたる進展を経て、ニュートンの重力の法則と運動の法則は、たいていの天文計算をするにはほぼ十分だ。確かに一般相対論のほうがもっと正確で、これを用いなくてはならない場合もときにはあるが、その場合もふつうはニュートンの法則への小さな修正とされる。しかし原子レベルでは、われわれは別の問題に直面する。大きな物体の極限では、原子レベルの理論がニュートンの法則に収束するのだ。

しかし現在では、ニュートンの主たる哲学的問題には答えが出ている。リーマンが推測したように、物理的な特性をもつ空間自体が重力の媒体として働くのだ。問題は、ニュートンの力が物理的な物体の内部にどうやって入り込めるのかではない。ニュートンの神聖なる霊も、ストア派の能動原理も必要ではない。

第3章
彗星からカオスへ

一八世紀の初頭に戻ろう。まだ誰も「ラグランジュ関数」や「量子力学」、「一般相対論」という言葉を聞いたことのなかった時代だ。量子力学で生じる三体問題については、本書で扱わない。一般相対論については、主に最終章で論じる。今日ではラグランジュ関数を使う解法が中心となっているが、それは技術的な観点から見てのことである。ここでわれわれは技術的な詳細に立ち入る必要はないし、そもそも数学を大々的に使わない限り、解法の説明は不可能だ。そんなわけでここからは、ニュートン以降に生じた問題のいくつかを記述的レベルで扱い、なし遂げられた成果を見ていく。

大均差†

早くも一六二五年にケプラーはティコ・ブラーエとプトレマイオスによる観測結果を比較して、観測された木星と土星の位置がそれぞれの運行に関する既知の値と一致しないことを指摘した。木星の動きは速すぎ、土星の動きは遅すぎた。エドモンド・ハレーは、二つの惑

図 3.1　太陽（左）と惑星（左から順に水星、金星、地球、火星、木星、土星、天王星、海王星、冥王星）からなる太陽系。サイズの比率は正確ではない。現在、冥王星は正式には惑星と見なされていない。（クレジット：NASA）

星の示す規則性からの変動が惑星どうしの引力によるものだと考えた。イギリス王室天文官のジョン・フラムスティード（一六四六〜一七一九）もこの変動を確認したが、定量的な説明はできなかった。

これらの変動から、このうえもなく驚くべき結論が引き出された。惑星の速度が時間の経過とともに増している場合、その惑星は運動の中心に近づいているはずだということが知られている。一方、速度が低下している場合には、惑星が太陽から遠ざかっている。このことから、やがて太陽系は特に目立つ二つの惑星を失うと推測された。木星は太陽に落下し、土星は宇宙の深淵へ投げ出されると考えられたのだ（図3・1）。

オイラーとラグランジュは「木星と土星の大均差」と呼ばれるこの問題について、太陽‐木星‐土星の三体問題を検討

† （監訳注）"The great inequality". 訳語は確定していない。

することで解を見つけようとしたが、果たせなかった。太陽系を安定に保つような引力の相互作用というものが存在し得るのだろうか。観測されたとおり、木星が本当に高速で太陽に接近しているのなら、まもなく地球の軌道に達し、われわれは太陽という中心星の放つ安定した光や熱を享受する快適な環境から追い出されてしまうはずだ。

次にフランスの数学者ピエール゠シモン・ラプラス（一七四九〜一八二七）が登場し、一七八五年にある説明を考えた。土星が太陽のまわりを二周するあいだに木星は五周するので、木星は五周ごとにいつも軌道の同じ場所で土星からわずかな影響を受ける。この回以外の四周では、土星を追い越す箇所がそれぞれ異なるので、平均するとその影響は打ち消される。しかし、五周ごとに同じ箇所で生じる影響は蓄積される。これは共鳴と呼ばれる。ラプラスによれば、この共鳴によって木星と土星の軌道速度に周期的な変動が生じる。ある程度の時間が過ぎると、木星の速度は遅くなり、土星は速くなる。速度の増減の入れ替わりは九二九年周期で起こる。古代と現代の観測結果はいずれもこの説明に合致しており、長期的な動向を確かめる必要はない。少なくとも数千年間は、われわれが惑星の摂動に出会うおそれはない。

本当に逆二乗則なのか

図3.2　アレクシス・クロード・クレロー（左、Wikimedia Commons）とピエール＝シモン・ラプラス（右、Wikimedia Commons）。

ニュートンが逆二乗則を発見してから七〇年後、重力の法則がじつは中心体からの距離の逆二乗プラス逆四乗であるという主張がなされた。これは誰かの単なる軽率な思いつきではなく、一七四七年にフランスの数学者で天文学者でもあったアレクシス・クロード・クレロー（一七一三〜六五）（図3・2）という著名な専門家によって、パリ科学アカデミーで発表されたものである。彼の主張は、地球、月、太陽の三体問題という有名な難題にもとづいていた。すでにそのころ、この問題は同時に解く必要のある四つの方程式として定式化されていた。

問題は、月の軌道の長軸が九年周期で一定の速さで回転するのはなぜかという点だった。長軸とは、軌道上で月が地球に最も接近する点と地球から最も遠く離れる点を結ぶ線である。この二点は軌道極点と呼ばれる（これと関係した用語で、最も遠く離れた点を指す「遠点」というのがあったことを覚えているだろうか）。原理上、月の軌道極点の移動周期は簡単に観測できる。空に見える月の大きさを追跡すればよいのだ。最も近い点では月が最も大きく見え、最も遠い点では最も小さく見える。軌道の離心率が〇・〇五の場合、一目でわかるほどの大きな違いはない。しかし日食の際には、太陽と月の相対的な大きさを簡単に比較できる。すでにバビロニア人が特定した周期から、長軸の運動を推測することができる。また、天空を進む月の速度を利用すれば、月が最も接近する時期をケプラーの第二法則から特定することもできる。

ニュートンは、観測された軌道極点の運動を半分しか説明できなかった。クレローは一〇年にわたってこの問題の計算を何度も繰り返し、軌道極点の正確な回転速度を決めるには、標準的なニュートンの法則に逆四乗（$1/r^4$）の力を足す必要があると推定するに至った。クレローは、このような修正が大きな意味をもつのは、たとえば地球と月のように比較的近距離で引力を及ぼし合う天体を扱う場合だけであり、太陽と惑星のあいだで働く引力についてはほぼ影響しないので、この追加が発見可能となるのは規模が小さい場合だけであると指摘した。

クレローの研究は、一八世紀の科学の中心地だったロンドンやベルリンなどですぐさま知られるようになった。予想されるとおりロンドンでは愛国主義的な理由から否定的な反応が見られ、他の場所でも批判が現れたが、それらに妥当な根拠はなかった。偉大な数学者のオイラーはベルリンで、確かにニュートンの法則は間違っているかもしれないが、彼自身が大均差や月の軌道極点の運動について研究していた際に、すでにこの事実を発見していたと記した。さらにオイラーは、クレローが提案したニュートンの法則への修正は誤っていると主張した。それからこの二人の偉大な数学者が交わしたやりとりは、両者のあいだで激しい軋轢と反目を引き起こした。

　一七四九年、二人のあいだに戦線が確立したころに、クレローがパリのアカデミーでさらなる発表をおこない、今度はニュートンの逆二乗則だけを使って月の軌道極点問題を解決したと主張した。彼はこう記している。*

> この件で他の者に先手を打たれてはならぬと、私は自分の新しい解を入れて封をした小包をロンドンへ送り、私が頼むまでは開封しないようにと〔王立協会会長の〕フォークス氏に依頼した。そしてこちらの〔パリの〕アカデミーでも、同じ手はずを整えた。こ

* Siegfried Bodenmann, "The 18th-century battle over lunar motion," *Physics Today*, January 2010.

んなことをしたのは、私の解を訂正したなどと他の人に吹聴されるのを防ぐためだった。

当時、クレローは自分の出した結果を秘密にしていた。彼はニュートンの敵対者からニュートンの主たる擁護者へと立場を変えていたが、その変節について詳しく説明することはなかった。

このゲームに参戦したフランスの数学者ジャン・ル・ロン・ダランベール（一七一七～八三）は、クレローの主張を耳にして、クレローがかの有名な発表をしたのと同じアカデミーの会合で、軌道極点運動についてすでに出していた自らの説明を撤回した。彼はさらに、研究について記してベルリンのアカデミーに送ったばかりの手紙も撤回した。それでも、名声を手に入れることはあきらめなかった。月を動かす追加の力は磁力だと主張していたダランベールは、クレローが正しいかどうかを判断する権利を留保した。彼は一七五一年に刊行されたフランスの百科事典の編集者を務めていたので、自らをニュートンの法則の慎重な信奉者として位置づける機会を得た。彼の執筆した記事からは、地球－月－太陽からなる系の三体問題に対する正しい解を最初に発見したのは自分だという印象が感じられる。実際にそのとおりなのだが、いつ発見したのかを明確に示す記録はない。

歴史における興味深い注釈として言うと、この問題に対する正しい解がのちに、ニュートンの死後に彼の論文から見つかった。ニュートンは『プリンキピア』のある版で示した三体問題の扱いを次の版で改良していた。その解をおそらく最新版に掲載するつもりだったのだが、それは実現しなかった。実際、『プリンキピア』で取り上げられた事柄に充てられたページをそれぞれ数えれば、月に関する問題が中心的なテーマであり、この著作全体の目玉だったことは明らかだ。

クレローの発見についての完全な説明がなかなか示されなかったので、しびれを切らしたオイラーは、それについて知る手立てを画策した。彼はかつて自分が働いていたサンクトペテルブルク帝国科学アカデミーで、月の運動がニュートンの理論と一致するかどうかをテーマとした懸賞を企画し、クレローとダランベールに伝えた。公には伏せられていたが、オイラー自身が論文の審査をすることになっていた。情報を入手するのに、なんとも巧妙なやり口を考えたものだ。当時、科学者にとって懸賞金は貴重な収入源だったので、クレローは応募することに同意したが、ダランベールは応募しなかった。クレローは賞金を獲得し、彼の論文は一七五三年に発表された。オイラーは問題への取り組みを再開し、クレローの受賞論文と同じ号の学術誌に掲載させることを望んだが、その目論見は成功しなかった。その結果、クレローの論文が明らかに他の誰よりも早く印刷物として公開された。そんなわけで、彼は科学におけるこの根本的な発見の先取権を主張することができた。

クレローの解は原理的に正しかったものの、運動の八五パーセントしか説明できず、残りの一五パーセントは説明できなかった。クレローは、まず『プリンキピア』で示された軌道を用い、それに詳細を加えて修正するという、段階的な方法をとった。これにより、いわゆる二次理論が得られる。クレロー、ダランベール、オイラー（およびニュートンの未発表の覚書）は、ここまで到達していた。軌道極点運動で残りの一五パーセントを説明するには、明らかにこのプロセスを繰り返す必要があった。つまり、二次の解を前提として、それを改良する手立てを考えるのだ。その結果、非常に複雑な規則によって前段階の数値に次々と補足を加えるという無限級数解が得られる。

後年、オイラーと彼の率いるサンクトペテルブルクのアカデミー会員チーム（息子のヨハン・アルブレヒト・オイラー、ゲオルク・ヴォルフガング・クラフト、アンデルス・ヨハン・レクセル）が、大きな貢献をなし遂げた。一七七二年に現代的な月行表を発表したのだ。月行表を初めて発表したのはプトレマイオスだったが、じつは彼より一〇〇〇年も前に、バビロニア人が独自の月行表をもっていた。月行表とは、簡単に言えば、特定の時点に予想される月の位置と相を示す数表である。バビロニア人にとって、これは何世紀もかけて月を追跡した、長きにわたる苦心の成果だった。ギリシャ人は観測結果を定性論と結びつけた。彼らはすでに軌道極点運動の周期を小数点以下第四位の精度で把握していた。したがって、説明できない部分が一五パーセントも残っているのは、定量的説明が完璧からはまだ程遠い状態だったということだ。

この分野で有名な研究者としては他にも、ニュートンの説を支持したピエール＝シモン・ラプラス、そしてラグランジュがいた。一七九九年から一八〇五年にかけて発表されたラプラスの『天体力学概論』も月の運動を扱い、それ以前よりも高次で月の軌道を構築した。彼は太陽系が長期的には安定であることを証明して、著名人の仲間入りを果たした。木星と土星の大均差と同じように、永遠とも言える期間、太陽系内の天体が互いの摂動を相殺しあうことを示したのだ。ラグランジュは力学全体に対する独自の新たなアプローチを用いて、同じ結果をきわめて簡潔に証明した。ラグランジュ関数を使った方法が手際よいことは、すでに見たとおりだ。

フランスの天文学者シャルル＝ウジェーヌ・ドロネー（一八一六〜七二）は、月の問題を完璧に解決した。彼の最終的な表式は四六〇個の項が連なっていて、完全に記述するのに五三ページを要した。マーティン・グッツウィラー*がいみじくも述べたとおり、ドロネーの業

* Martin C. Gutzwiller, "Moon-Earth-Sun: The oldest three-body problem," *Reviews of Modern Physics*, Volume 70, April 1988.

績は、計算機の助けを借りずに一人の人間が到達できる限界を示している。アプス線回転に関する彼の数値の誤差は一万分の一レベルであり、古代の観測者たちの精度と変わらなかった。するべき仕事がまだあることは明らかで、とりわけ月へ飛行する時代にこれではとうてい不十分だ。アメリカ航海暦局に勤務するアメリカ人のジョージ・ウィリアム・ヒル（一八三八～一九一四）は、ドロネーの成果を改良し、コンピューター時代が訪れる前に精度を大幅に上げることに成功した。ポアンカレはヒルの論文集に寄せた序文で次のように述べている。

それ以降に科学がなし遂げた進歩のほとんどの芽を、この論文集に見出すことができる。

イギリスの天文学者アーネスト・ブラウン（一八六六～一九三八）による月行表は、ヒルの説にもとづいており、月の研究における新たな標準となった。ブラウンはイェール大学に勤務していた一九一九年、この月行表を発表した。新しい月行表はきわめて正確だと思われていたが、一九二五年一月の日食の際に弱点が露呈した。ニューヨーク市での観測により、日食が予想よりも四秒遅れて起きたことが判明したのだ。四秒の誤差など大したことではないと思われるかもしれないが、専門家にとっては根本から考え直すべき事態だった。現代の手法を用いることで、これまでに精度は少なくとも一〇〇倍は向上したが、この場合、古典的な三体問題をはるかに超えてしまう。高い精度を追求する場合、他の惑星から受ける影響や、地球が完全な球体ではないことによる影響、潮汐作用による影響、アインシュタインが導入した逆二乗則からのわずかなずれなどを忘れてはならない。

この話は単に科学史の興味深い一場面で、現実的な重要性などないと思われるかもしれないが、じつはそうではない。一八世紀には、月の運動を理解することに商業の面から大きな関心が寄せられていた。その重要性を如実に示す出来事として、イギリス議会は一七一四年の経度法で二万ポンドの褒賞金を約束した。海上の船などの位置を地理経度で〇・五度の精度（赤道付近でおよそ五〇キロメートルの誤差に相当する）で特定できた最初の者に、褒賞金を与えるというのだ。外洋で「道標」となるのは、空の星や月、太陽だけだ。当時、この問題に対する唯一の現実的な解決策には、正確な月行表が必要だと考えられていた。月行表により、世界時（グリニッジ標準時）における特定の瞬間に、動かない恒星に対して月が空のどこに位置するかを正確に知り、そして「月の時計」から時刻を読み取れれば、あとはそれを現地の時刻と比較して、その差から経度を計算するだけだ。最終的にオイラーは、彼自身の月運動論にもとづく月行表に対し、経度委員会から三〇〇ポンドの褒賞金を授与された。ただしその月行表は、じつはゲッティンゲンのトビアス・マイヤー（一七二三〜六二）が一七五五年に計算してグリニッジに送ったものだった。マイヤーの死後、彼の妻は一七六三年にイギリス議会の基金から三〇〇〇ポンドを授与された。

王室天文官のジェイムズ・ブラッドリー（一六九三～一七六二）の弟子だったネヴィル・マスケリン（一七三二～一八一一）も、褒賞金を目指して参戦した。彼は一七六三年に『英国航海者ガイド』で、月にもとづく経度計算法を発表した。この方法が実際にどれほど有効かを調べるため、経度委員会はマスケリンをバルバドスに派遣した。首都ブリッジタウンの経度を計算させることで月を利用する彼の方法をテストし、ジョン・ハリソン（一六九三～一七七六）のクロノメーターである第四号タイムキーパーと精度を比較したのだ。イギリスの時計職人ハリソンの時計は、高い精度を誇るすぐれた時計として知られていたが、長期の航海という条件下ではまだテストされていなかった。バルバドスへの航海によるテストは一七六四年におこなわれ、結果は一七六五年の初頭に経度委員会の会合で発表された。ハリソンのクロノメーターは八〇〇〇キロメートルを超える航海のあと、一六キロメートル未満の誤差でブリッジタウンの経度を示したことが明らかにされた。一方、マスケリンの方法では、四八キロメートルほどの誤差が生じた。当然ながら、マスケリンは褒賞金を要求できる立場になく、ジョン・ハリソンが基金の大部分を受け取った。

ハレー彗星

空に現れる彗星は、太古の時代から人々を驚かせてきた。彗星をめぐる最初の系統的な記録は中国で始まり、のちに朝鮮や日本でも始まった。特にこの任務のために、皇帝から観測者が任命された。中国では、彗星は尾がどれほど目立つかによって「毛のふさふさした星」や「ほうき星」と呼ばれた。その名前については、こんなふうに説明されていた。*

彗星は、その動きがほうきと似ているので彗星（ほうき星）と呼ばれる。ほうきが古いものを掃き清めて新しいもののために場所を空けるように、彗星も変化の前触れとなる。天上人たる皇帝たちが彗星を警戒するのも道理なのだ。彗星が現れたせいで退位した皇帝もいる。

中国の天文学者は、彗星の出現を追跡しただけでなく、その現象についてある程度まで理解していた。彗星の尾が常に太陽とは反対側を向いていることについては、遅くとも西暦六三五年には認識されていた。ある天文学書には、次のように記されている。

* Richard Stephenson and Kevin Yau, "Oriental tales of Halley's Comet," *New Scientist*, Sept 1984.

宮廷天文学者らの説明によれば、ほうき星の本体は自ら光を放たず、太陽から光を受けている。そのため、晩に姿を見せればその尾は東を向き、朝には西を向いている。太陽の南か北に位置している場合、尾は太陽とは反対側を向く。

三体問題の初期の重要な応用の一つは、彗星の軌道の計算だ。氷でできた彗星の本体は、惑星よりもはるかに小さく、直径はわずか数キロメートルだ。彗星が惑星付近を通過しても、質量が小さすぎるので惑星には影響を与えない。一方、彗星は惑星への接近によって大きな影響を受ける可能性がある。つまり、太陽と惑星と彗星の三体問題が生じる。

彗星の軌道は円からはほど遠く、たいていはほぼ放物線と言えるほど細長い軌道となっている。惑星が太陽系の共通平面の近くに位置するのとは対照的に、彗星の軌道面はこの平面に対してほぼランダムな方向を向く。

彗星の現在の軌道が初期の軌道と同じである可能性は低い。典型的な軌道では、彗星は太陽系の惑星のうちで最も外側を公転する海王星と比べて一〇〇〇倍も太陽から離れたところまで行く。しかし惑星の領域、特に巨大な木星の重力場に入ると、その軌道には容易に摂動が生じる。軌道が縮まり、彗星が長期にわたってもっと小さな軌道に閉じ込められることもある。逆に、摂動によって速度が増し、太陽系から完全に脱出することもある。彗星の軌道が最初は太陽系の平面上にあったとしても、惑星からの摂動によりその平面から投げ出され、今日観測されているような軌道になったとも考えられる。

惑星領域にとらわれた彗星の好例が、ハレー彗星だ。この彗星の発見をめぐる物語は、ニュートンにまでさかのぼる。彼は数夜にわたって空の彗星を観測したあとで、その軌道を計算する方法を示した。この方法を用いて、ハレーはそれ以前の数世紀に発見された彗星の軌道を計算し始めた。彼は特に、一五三一年、一六〇七年、一六八二年に出現し、ほぼ同じ軌道をもつように思われた彗星に着目した。そして一七〇五年、彼はこれらが同一の彗星であり、七六年周期で細長い軌道を描きながら太陽のすぐそばまで接近すると結論した。また、一三〇五年、一三八〇年、一四五六年に観測された彗星に関する情報も、同じ彗星の軌道と一致した。そこでハレーは、この彗星が一七五八年にも再び観測されると予想した。

ハレー彗星について信憑性のある最初の記述は、紀元前二四〇年に残されている。かの有名な秦の始皇帝による治世の七年目に、ほうき星が記録されているのだ（図3・3）。ハレー彗星に関する詳細な記録は紀元前一二年に始まり、それ以降、連続二七回の再来が途切れることなく記録されている（図3・4、3・5）。次回の再接近は二〇六一年と予想されている。西洋の観測者が中国よりも正確な情報を提供するようになったのは、一四五六年の再

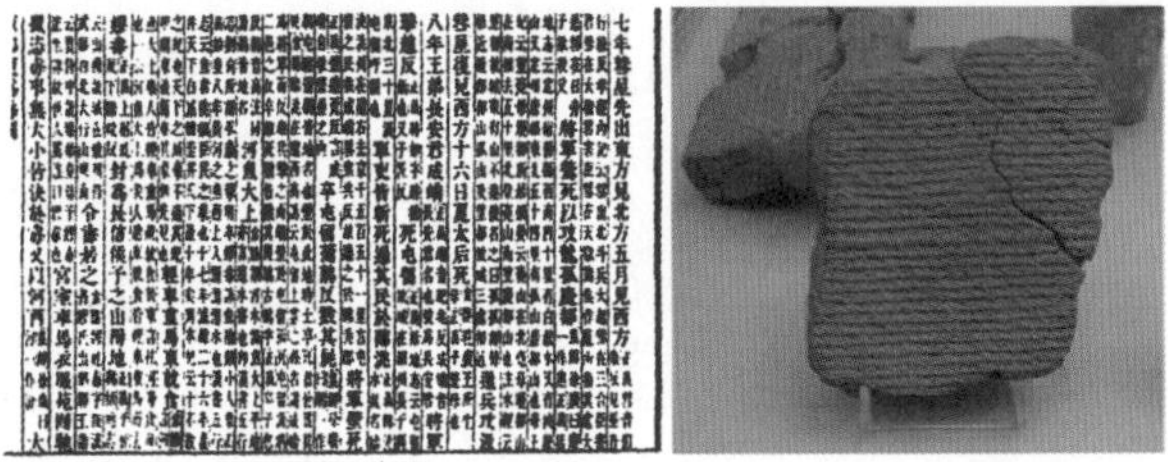

図 3.3　中国の天文学者による紀元前 240 年のハレー彗星に関する報告（左）と、紀元前 164 年 9 月 22 日から 28 日までバビロン（イラク）で粘土板に楔形文字で記されたハレー彗星の観測記録（右）。大英博物館所蔵。（Wikimedia Commons）

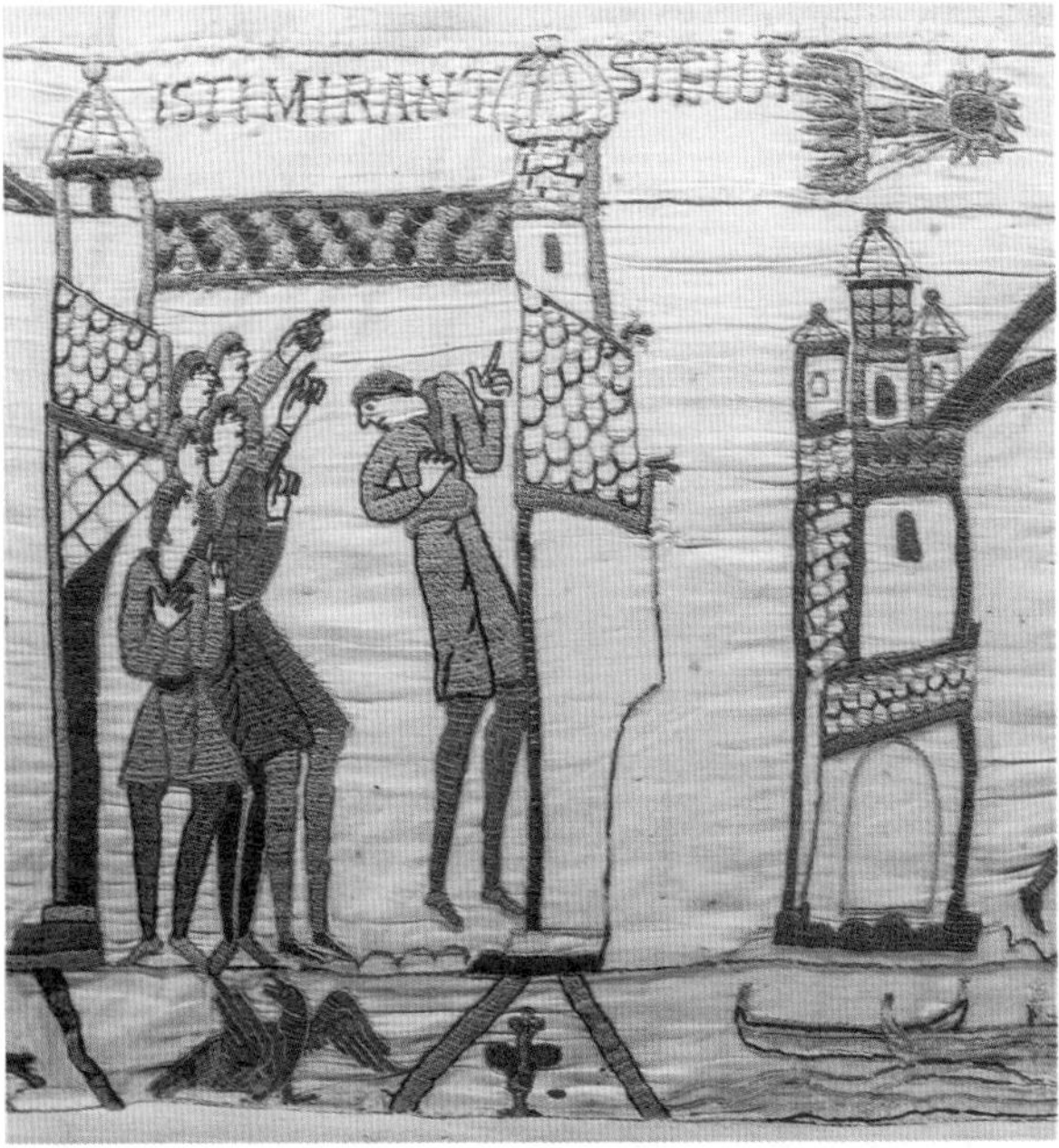

図 3.4　1066 年に出現したハレー彗星がバイユーのタペストリーに記録されている。（Wikimedia Commons）

図 3.5　ジョット作『東方三博士の礼拝』（1305 年頃）。ジョットはこの絵を制作する 4 年前に目撃されたハレー彗星をモデルにして、ベツレヘムの星を描いたとされる。（Wikimedia Commons）

接近のときだった。これはイタリアのパオロ・トスカネッリ（一三九七〜一四八二）が一カ月にわたってハレー彗星の位置を一度未満の精度で観測した成果だった。

トスカネッリの正確な製図能力は、彗星以外にもさまざまに活かされた。何よりもまず、彼は地図製作者として当時の最も正確な世界地図を作成した。ヨーロッパと中国を地図上で結びつけるために、これらの地理的領域を隔てる地上距離を推定し、そこから中国や日本の経度を特定した。彼は日本の経度を現在のメキシコと同じ経度とした。この認識から、彼は画期的な結論に至った。大西洋を横断するのが極東へ行く最短ルートだと考えたのだ。彼がこの考えをきわめて巧みに宣伝したおかげで、クリストファー・コロンブスはそれに心を奪われ、トスカネッリの地図を味方にしてかの有名な探検に乗り出した。トスカネッリは天文学では大きな業績を残していないが、科学の系譜でコペルニクスの先祖にあたるヨハネス・レギオモンタヌスといった年下の天文学者に大きな影響を与えた。

コロンブスによるアメリカ大陸の発見をはじめとする大がかりな探検は、天文学の知識なくしては実現し得なかった。前に見たとおり、海上で位置を特定するには天文表が必要だった。コロンブスは、レギオモンタヌスが自身の師であるオーストリアのゲオルク・フォン・プールバッハ（一四二三〜六一）による研究をもとにして作成したものを使った。一四五七年にプールバッハとレギオモンタヌスは、アルフォンソ天文表（43ページの傍注を参照）による月食の予測に八分の誤差があるのに気づいた。前述したとおり、月の運行についてこれだけの誤差があると、海上での位置特定の誤りにつながる。といっても、その誤差はおよそ五〇キロメートル以内にとどまる。プールバッハの天文表により、位置特定の精度はいくらか向上した。トスカネッリによる世界地図の作成と比べて、もちろん天文学における精度は桁の違う話ではある。

レギオモンタヌスとプールバッハもハレー彗星を観測した。プールバッハはその観測結果にもとづいて、ハレー彗星が地表から少なくとも七五〇〇キロメートルは離れたところにあると述べた。これは下限の値として間違ってはいないが、あまり意味はない。というのは、実際は億キロメートルを単位として測るべき距離だからだ。当時、真の距離を突き止めるのは不可能だった。

一七五八年のハレー彗星の回帰が近づいたころ、クレローは惑星がもたらす摂動によって軌道が変わり、彗星が予測どおりに再来しないかもしれないことに気づいた。そこで二人の助手（一人はのちに著名な天文学者となるジョゼフ＝ジェローム・ド・ラランドだった）とともに、急いで惑星の影響を調べる計算に取りかかった。この計算は、現代のコンピューターを使うやり方とよく似た方法でおこなわれた。軌道について一度に少しずつ、各時点で合力を記録し、それから彗星の速度と力によって決定される方向にまた少し進む、というやり

図 3.6　1986 年のハレー彗星。（Wikimedia Commons/NASA/W. Liller）

方だ。計算が終わる前に彗星が到来してしまうのではないかとクレローは危惧したが、幸運にもその事態は避けられた。この計算（一七五八年の秋に完了した）により、彗星の出現が予測よりも一年以上遅く、太陽に最も接近するのは翌年の三月だと予測された。結局、彗星は一七五八年の年末近くにパリでジョゼフ・ニコラ・ドリスルの指示を受けて観測をおこなっていたフランスの天文学者シャルル・メシエ（一七三〇〜一八一七）によって発見された。三月一三日に太陽に最接近し、これはクレローが計算した時期の範囲内だった。ハレーの予測はかなり正確で、それがクレローの計算で補完され、ニュートンの理論の勝利と見なされた。

ハレー彗星はハレーにちなんで名づけられ、命名後の一八三五年、一九一〇年、一九八六年に太陽近傍を訪れた際には、その追跡に強い関心が寄せられた（図3・6）。軌道の計算方法はこの二〇〇年で改良され、一九八六年の出現時には、到来時刻が五時間の精度であらかじめわかったほどだった。重力以外のいかなる力も軌道に影響を及ぼさなければ、さらに正確な到来時刻がわかるだろう。彗星からはガスが蒸発して巨大な尾を形成する。このガスの流出が小さなロケットのように作用して、彗星をいくぶん予測不可能な形で軌道から逸脱させることも少なくない。

レクセルと天王星の発見

木星からの摂動によって、彗星の軌道に興味深い変化が生じる可能性がある。一七七〇年、シャルル・メシエは新しい彗星を発見した。この彗星は地球に向かってほぼ直進し、地球から二〇〇万キロメートルをわずかに超えるところを通過した。これは地球から月までの距離の六倍に相当する。太陽系のスケールでは、これは至近距離と言える。彗星は、月の直径に相当する距離をわずか一七分で移動した。通常の天体の運動と比べれば、とてつもない速度だ。言うまでもなく、これは彗星がかつてないほど地球に近づいたせいだった。

フィンランドの天文学者アンデルス・レクセル（一七四〇～八四）は、この彗星の軌道を計算し、その軌道周期がわずか五・六年であることを突き止めた。これは、短周期彗星と呼ばれる彗星の最初の例だった。この彗星が去ってから一〇年経っても戻ってこなかったため、レクセルは理由を探り始めた。彼の計算によれば、一七七九年にこの彗星が木星の近くを通過したのに伴って軌道が変化し、地球に接近しなくなった。現在、この彗星はレクセル彗星と呼ばれている。

アンデルス・レクセルはトゥルク大学にて、ニュートン物理学に精通した優秀な数学者のマーティン・ワレニウスから指導を受けた。卒業後はスウェーデンに移り、ウプサラ海洋学校ですぐに昇進して教授の職に就いた。しかし若きレクセルはこれで満足せず、サンクトペテルブルクのオイラーに手紙を書き、ロシア科学アカデミーで働かせてもらえないかと問い合わせた。自己紹介として、書いたばかりの論文の原稿を手紙に添えた。

オイラーはその論文に感銘を受け、レクセルをすぐさま採用すべきだと、アカデミーの所長であるオルロフ伯爵に進言した。しかしオルロフは、これほどすばらしい論文を本当にレクセルが自分で書いたのかと疑念を抱いた。それに対し、オイラーはこう応じた。「仮にこれを書いたのがレクセルでないなら、書いたのはダランベールか私のはずです。これほどのものを書ける者は他にいませんから」。こうしてレクセルは採用された。彼はオイラーの非常に優秀な同僚として、学究生活のほとんどをアカデミーで過ごした。

レクセルはトゥルク大学でも五年間、数学教授の職を与えられていた。ところが彼は何度も休職を申請し、職務を果たさなかった。代わりに自らの給与の半分で代理教員を雇って仕事をさせ、残りの半分は天文機器の購入費として寄付した。一七八〇年、彼はフィンランドに帰国するかどうかの決断を迫られた。そのとき、サンクトペテルブルクのアカデミーが彼に抗いようのない提案をした。アカデミーの費用でヨーロッパの研究機関を訪れる旅行に派遣するが、その条件として各機関での活動に関する報告を定期的に送ることと、トゥルク大学の教授職を辞任することを求めると言ってきたのだ。当時としては異例のこの申し出を、レクセルは喜んで受け入れた。一七八〇年の夏にロシアを発った彼は、まずベルリンへ向かい、そこで親しい研究仲間のヨハン・ベルヌーイ三世とともに過ごした。一カ月後にはドイツのいくつかの研究機関を経てパリに至り、フランス科学アカデミーの活動に加わって、若きピエール゠シモン・ラプラスらと交わった。

一七八一年三月、レクセルはロンドンに移った。この地は多くの点で旅のハイライトとなった。というのは、イギリスの天文学者ウィリアム・ハーシェル（一七三八〜一八二二）（図3・7）が同じ三月に新しい彗星を発見したという報告を聞いたからだ。当時の軌道計算の第一人者として、レクセルは春のあいだに観測結果にもとづいてその軌道を計算しようと決めた。六月にはパリの同僚に手紙を送り、これは彗星ではなく、土星の軌道の外側にある未知の新たな惑星だと報告した。こう考えたのは、その軌道が太陽系の平面にあり、半径

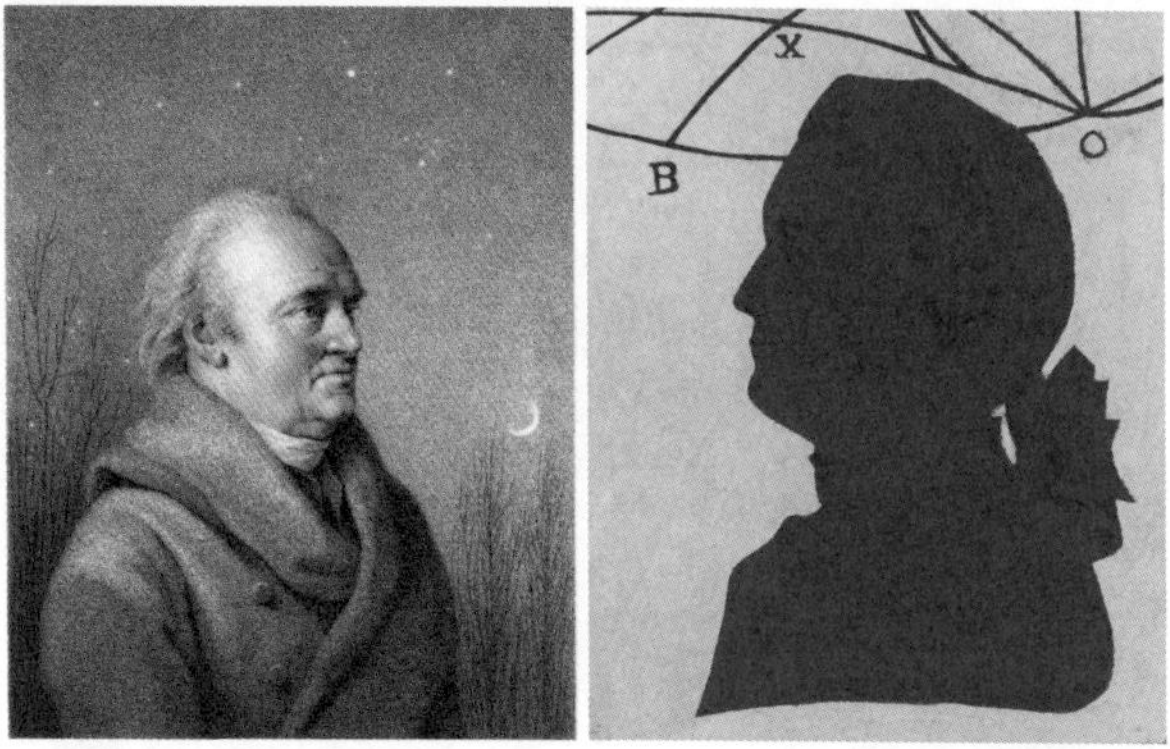

図 3.7　ウィリアム・ハーシェル（左、ジェームズ・ゴドビーによる版画、フレデリック・レーベルクが公開。1781 年に天王星が発見されたふたご座の星々を背景にハーシェルが描かれている。クレジット：Institute of Astronomy, University of Cambridge）とアンデルス・レクセル（右、ソフィア・サーリによる花崗岩のレリーフ、クレジット：University of Turku）。

が一九天文単位（一天文単位は太陽のまわりを公転する地球の軌道半径に相当）の円を描いており、土星の軌道の九・六天文単位をはるかに上回っていたからだ。しかし観測期間がまだ短すぎて最終的な結論を出すには至らず、ハーシェルを含むほとんどの天文学者はこの天体を彗星と考えていた。

一七八一年一二月、サンクトペテルブルクに戻ったレクセルは、ドイツで働いていたモラヴィア（現在のチェコ）の天文学者クリスチャン・マイヤー（一七一九〜八三）から、一七五九年にある恒星を観測したが、それから消え失せてしまったという話を聞いた。レクセルは、マイヤーの言う恒星がじつは恒星ではなく、未知の惑星だと考えた。消えたのではなく、いわゆる「固定された星」に対して惑星がするように、空を移動していたのだ。レクセルはマイヤーの星が実際にはハーシェル彗星と同一の天体だと考え、この非常に長期にわたる軌道の情報を使って、この天体の惑星的な性質を確定することができた。その成果が天文学界に伝えられると、ハーシェルらはマイヤーの星とハーシェル彗星がじつは同じものだと認めた。古代以来、新しい惑星が発見されたのはこれが初めてだった。じつはこの新しい惑星を最初に観測したのはマイヤーではなく、すでにジョン・フラムスティードが一六九〇年にそれを記録していたのだが、その真の性質に気づいていなかったことが、のちの研究で判明した。フラムスティードはこれを「34タウリ」（おうし座の三四番目の星）として星図に記載していた。

ここで興味深い問いが生じる。この新しい惑星を発見したのは誰なのか？ 科学史家のトマス・クーンは、重大な発見を特定の一人の功績とするのが難しい最たる例として、この一件を引き合いに出している。フラムスティードは正体を知らずにこの星を最初に観測して記録したが、それが惑星であることを証明するにはマイヤーの観測が不可欠だった。一方、ハーシェルが天空におけるその天体の運動を発見したことで、科学界が動きだした。レクセルは（おそらく）その惑星の性質を最初に文字で記した手紙を書いた人物であり、科学論文でそれを最初に証明したのも彼だった。最初に観測するのと、最初に理解するのでは、どちらが重要なのか。また、そのときたまたま軌道計算の第一人者がロンドンにいなかったなら、話は少し違った展開になっていただろう。すでに見たとおり、これは、レクセルをめぐってトゥルク大学とサンクトペテルブルクのアカデミーが争ったことから生じた、幸運な結果だった。

この新しい惑星を命名する段になると、発見者をめぐる問いは無為な想念では済まなかった。イギリス人はこれがイギリスによる発見だと固く信じ、国王ジョージ三世にちなんで「ゲオルギウム・シドゥス」（ラテン語で「ジョージ星」の意）と名づけることを提案した。一八五〇年までこの名を使ったが定着しなかったので、イギリス人もこれを使うのをやめた。「ジョージ」やそのラテン語版は、ギリシャ・ローマの神々である水《メルクリウス》星、金《ウェヌス》星、火《マルス》星、木星《ユピテル》、土《サトゥルヌス》星とはいささか趣が異なる。レクセルは、既知の惑星のリストに加えるのにふさわしい「ネプトゥヌス」（海神）のほうが気に入っただろうが、最終的に「天王星《ウーラノス》」という名前が定着した。ウーラノスは神話のユピテルの父なので、十分に正当な名だ。

のちに「ネプトゥヌス」というすばらしい名を使う機会がもう一度訪れた。実際、レクセルはすでに次の外惑星の発見に至る道を進んでいて、これがやがて「海王星《ネプチューン》」と呼ばれることになる。彼は、天王星が予測どおりの位置に存在せず、概して予測より先んじているのに気づいた。これは別の未知の外惑星が天王星にさらなる引力を及ぼしているからだとレクセルは考えた。ここでも太陽、天王星、未知の惑星からなる三体問題が生じている。残念ながら、レクセルはそれからまもなくわずか四四歳で亡くなり、この問題は未解決のまま残った。

レクセルはおそらく、三体問題が初期条件に対してきわめて高い感度をもつことを最初に認識した科学者だった〔初期条件への極度の敏感さはカオス系の特徴〕。このことは、レクセル彗星の軌道計算に関連して彼自身が記した未発表のコメントからよくわかる。レクセルは、一七七九年に木星と遭遇してからこの彗星がどこに行ったかを知ることはできないと気づいていた。おもしろいことに、一八世紀末にはニュートン力学の非決定論的な性質がすでに知られていたが、クレローらの決定論が支持を広げたことですっかり影が薄くなってしまった。レクセルの名は、小惑星に与えられている。

海王星の発見

次の世紀、フランスの天文学者ユルバン・ルヴェリエ（一八一一～七七）は、レクセル彗星の軌道に関する問題と外惑星の探索に取り組んだ。彼はパリのエコール・ポリテクニークにてジョゼフ・ルイ・ゲイ=リュサック（一七七八～一八五〇）のもとで化学を学び、卒業後も彼の助手として研究を続けた。彼は化学の実験助手のポストをめぐって、ヴィクトル・ルニョーに負けてしまった。数学が得意だったルヴェリエは、代わりにフェリックス・サヴァリーのもとで働く天文学の観測助手職に応募し、一八三七年に採用された。こうして彼は天文学者となり、成功を収めた。

彼が最初に研究した問題は、太陽系の安定性だった。それから彗星の研究を続けた。パリ天文台の天文学者フランソワ・アラゴ（一七八六～一八五三）は、天王星の軌道に見られる不規則性の調査をルヴェリエに依頼した。その研究の結果、彼の計算にもとづいて海王星が発見された。この発見により彼は国際的な名声を得て、一八五四年にアラゴの後任としてパリ天文台の台長に任命された。

前述のとおり、天王星は予測された軌道を保っていないことが観測で明らかになった。一八三〇年には予測された軌道から二〇秒角ずれており、一八四五年には、ずれが二分角に達していた。これは既知の惑星による摂動だけでは説明できなかった。ということは、重力によって天王星の運動に摂動を起こす未知の惑星が存在するに違いない。

一八四五年にルヴェリエは、未知の惑星がどこにあれば天王星について観測されたこの予想外のふるまいが生じるかを計算し始めた。計算は複雑だった。一八四六年の春には結果が得られたが、この予測が正しいかどうかを確かめられる人材がフランスでは見つからなかった。そのとき、彼はベルリン天文台で助手を務めるヨハン・ゴットフリート・ガレ（一八一二～一九一〇）から最近、博士論文を受け取ったことを思い出した。ルヴェリエは論文を送

図3.8　ユルバン・ルヴェリエ（左、Wikimedia Commons）、ヨハン・ゴットフリート・ガレ（中、Wikimedia Commons）、ジョン・クーチ・アダムズ（右、トマス・モグフォードによる絵画をもとにしたサミュエル・カズンズによる版画。1851年、ロンドンにて発表。クレジット：Institute of Astronomy, University of Cambridge）。

ってくれたことへの礼状を送り、空の特定の位置に新しい惑星が存在するかどうか確認してもらえないかと尋ねた（図3・8）。

一八四六年九月二三日にガレは手紙を受け取り、天文台長ヨハン・フランツ・エンケ（一七九一～一八六五）のもとに赴き、その日の夜に望遠鏡を使用するための許可を求めた。しかしエンケは「われわれの観測計画は長期的なものであり、成否の不明な企てのために中断することはできない」と言って拒否した。しかし改めて考えたところ、その夜は自分の誕生会の予定があり、観測時間を使えないことに気づいた。そんなわけで許可が下りた。

そこでガレは博士課程学生のハインリヒ・ルイス・ダレスト（一八二二～七五）に相談した。ダレストは、自分たちが探索しようとしている天空域の正確な星図がちょうどベルリンで完成したところだったのを思い出した。運がよかった。というのは、そのような星図など存在しない領域がほとんどなのだ。観測には二人の人手が必要なので、ダレストは自ら志願してガレとともに観測することにした。一人は望遠鏡を覗いて見える星を記録し、もう一人はその星が星図に記載されているかどうかを確かめる。観測を始めて一時間と経たないうちに、ガレとダレストは星図に記されていない星を見つけた。あとは待機して、この星が惑星のようにゆっくり動くかを確かめるだけだ。ガレから知らせを受けたエンケはパーティーを抜け出し、夜が明けるまでこの新しい星が運動するかどうか見守った。明確な運動は観測できなかったが、翌晩に同じ天文学者たちが再び望遠鏡で観測すると、新しい星は明らかに前夜から位置を変えていた。新たな惑星、まもなく海王星と命名される星が発見されたのだった。

同じころにイギリスでも同様の探索がおこなわれたが、いくつかの不運が重なり、海王星の発見には至らなかった。ケンブリッジ大学の学部生だったジョン・クーチ・アダムズ（一八一九～九二）は、ルヴェリエと同様の計算に取り組み、卒業後の一八四五年に完了した。彼は計算結果をケンブリッジ天文台の台長ジェイムズ・チャリスやグリニッジ天文台の王室天文官ジョージ・ビデル・エアリーに伝えた。しかし、いずれもこの惑星を探索するための具体的な手を打たなかった。やがてエアリーはルヴェリエの研究成果についても知り、ようやく観測を始めた。一八四六年八月、ケンブリッジのチャリスはその領域の星図を作成したが、悪天候のため星のリストを再検証することができなかった。その後、新しい惑星が発見されたという知らせがドイツから届いた。あとから考えれば、チャリスの星図には海王星が記されていたのだが、この時点ではその科学的新規性が見過ごされていた。

イギリスの取り組みの妨げとなった要因はいくつかある。第一に、アダムズは天文学界でまったく無名の存在だったので、当初、彼の出した予測にはあまり価値が認められなかった。エアリー自身も、ニュートンの力の法則が天王星の距離では成り立たず、そのせいで天王星が奇妙な運動をするのだと考えていて、未知の外惑星のせいだとは思わなかった。やがてエアリーはアダムズの計算の重大さに気づいたが、この天空域の最新の星図をもっていなかったため、ケンブリッジで星図を作成するのに余分な時間がかかった。また、チャリスは一八四六年八月におこなった二回の観測で天王星の動きを見られたはずだったが、比較作業に飽きて早々にやめてしまった。さらにイギリスの天候が観測には不向きだったということもあるが、これはもちろん想定内だ。

海王星を計算で予測された座標からわずか一度未満の誤差で発見したことは、三体問題における偉業と認められた。じつのところ、この発見はたくさんの幸運にも恵まれていた。海王星は、ルヴェリエやアダムズが想定していたよりも太陽にかなり近い位置にある。運が悪ければ、彼らの計算は大きく外れていた可能性もある。

当然のことながら、海王星の発見についてはイギリスとフランスのどちらがその栄誉に値するかをめぐって、両国の報道機関が論争を繰り広げた。予測される海王星の位置を最初に突き止めたのは、イギリス人だ。しかし海王星を実際に発見したのは、フランスの天文学者による計算を利用したドイツの天文学者だった。一般に、海王星の発見における最大の功労者はルヴェリエだとされている。ジョン・アダムズとユルバン・ルヴェリエは互いに敬意を抱き続け、のちにアダムズは王立天文学会の会長として、パリ天文台の台長となったルヴェリエに金メダルを授与した。

だが、実際に海王星を見た最初の人物は誰だったのか。海王星は肉眼では見えないので、その発見は望遠鏡の発明以降だったはずだ。実際のところ、望遠鏡による天空の観測が始まってまもない一六一三年一月、ガリレオ・ガリレイはすでに海王星を見ていたらしい。木星の四大衛星の運動を観測していると、どうやら動いているらしい星（現在では海王星と呼ばれている星）が目に留まった。一六一三年一月二八日、ガリレオはこの星が恒星に対して動いているとノートに記録した。こうして人類にとって観測可能になったとたん、ある意味で海王星は発見された。しかしもちろん、この発見は他の人には知られなかったらしく、最近になって科学史家によってようやく明らかにされた。

レクセル彗星、再び

ルヴェリエはレクセル彗星の軌道を再び調べ、すぐにレクセル自身と同じく、この彗星のふるまいは予測不可能だという結論に至った。しかし、この予測不可能な軌道が一つの数で表現できることに気づいた。この数の正確な値によって、一七七〇年以降の軌道は太陽へ向かう軌道から、高速で太陽から逃れる軌道まで、あらゆる可能性があった。このコントロール数がどんな値をとるにせよ、この彗星が木星の衛星になった可能性だけはあり得ない。

ここで、非常に現代的な概念が立ち現れる。現在、多数の小さな岩石天体が地球の軌道から遠くない軌道で太陽を周回していることが知られている。したがって、これらの天体はときおりわれわれに接近するので、地球と衝突する有限の確率が存在する。これらの天体のそれぞれがとり得る軌道について、ルヴェリエがレクセル彗星について示したのと同じような数で表されるものとして、生じ得るすべての軌道の範囲を計算することができる。これらの天体のいずれについてもこの数の値はわからないが、その数の確率分布を推定することはできる。つまり、特定の日に特定の天体が地球に衝突すると予測することはできない。われわれに言えるのは、ある特定の確率で衝突が起きるということだけだ。

予測の精度をこれより上げられないのはなぜなのか。コンピューターの高性能化によって軌道計算の方法は改善が可能で、レーダーを使えばこれらの天体の運動や位置を任意の精度で決定できると考える人もいるかもしれない。しかし、細かい未知の事柄がまだ存在する。たとえば任意の時点に太陽を周回している地球の中心がどこにあるかは不明で、この場合、不確実性はおよそ一メートルの範囲だ。そうだとすると、周長が四〇〇〇万メートルの天体においては一メートルの誤差など何でもないと考える人もいるかもしれない。しかし衝突の確率を計算する際には、この誤差も重要な意味をもつ。

そのよい例が、アポフィスという天体だ。二〇〇四年に発見され、二・七パーセントの確率で二〇二九年に地球に衝突すると計算されたことから、しばらく懸念された。しかしもっと正確な情報が得られたため、今では二〇二九年に衝突する可能性はないと考えられている。とはいえ、二〇三六年四月一三日に衝突する確率はまだゼロではない。二〇三六年に衝突するかどうかは、二〇二九年にアポフィスが地球にどれだけ接近するかによって決まる。わずか幅八〇〇メートルの狭い領域が、二〇三六年に衝突が起きるかどうかの分かれ道となる。この「鍵穴」と呼ばれる領域を二〇二九年にアポフィスが通過すれば、二〇三六年に地球と衝突する。アポフィスがここを通らなければ、衝突は避けられる。

この衝突の可能性にわれわれがこれほど関心を寄せるのはなぜなのか。この天体は直径が三二五メートルあり、地球の岩盤地域に衝突すれば、直径四キロメートル以上のクレーターが生じると考えられる。海に衝突した場合、過去の記録に類を見ない規模の津波が起きるだろう。最悪の場合、衝突によって周辺地域で数百万人がただちに死亡し、さらに気候変動が全世界に問題を引き起こす可能性もある。それゆえ、われわれはこの太陽、地球、アポフィスの三体問題を何としても解決したいのだ。

ルヴェリエは、未発見の新たな惑星が他にないか、太陽系に属するすべての惑星の軌道運動をきわめて緻密に調べた。その結果、水星を除いて太陽系ではすべてが整然としているが、水星では妙なことが起きているのに気づいた。まるで水星の軌道の内側に別の惑星が存在し、水星に対して絶えず引力を及ぼしているかのようだ。ルヴェリエの提案で広範な探索がおこなわれたが、新たな惑星は見つからなかった。ルヴェリエが発見したのは新しい惑星ではなく、ニュートンの重力の法則が正確ではないことを示す最初のしるしだったことが、今ではわかっている。水星の運動の特異性に関するアインシュタインの説明は、彼自身が一般相対論を構築するのに大きな助けとなった。

オスカル王の懸賞問題

一九世紀の終盤には、三体問題の解の重要性がはっきりと認識されていた。最大の目標は、三体の運動を記述する数式を見つけることだった。一八五八年、ドイツの数学者ペーター・グスタフ・ルジューヌ・ディリクレ（一八〇五〜五九）は自分が解法への道を発見したと考え、友人のレオポルト・クロネッカー（一八二三〜九一）に話した。クロネッカーはその情報をカール・ワイエルシュトラス（一八一五〜九七）に伝えた。ところが、ディリクレはその数式を書き残す前に亡くなってしまった。失われた数式の伝説だけが残った。ワイエルシュトラスの元教え子でストックホルム大学の数学教授だったヨースタ・ミッタク゠レフラー（一八四六〜一九二七）は、スウェーデン国王オスカル二世（一八二九〜一九〇七）の知己を得ていた。ウプサラ大学で学んでいたときに数学で際立った才能を示したオスカル二世は、数学のパトロンとしてよく知られていた。ミッタク゠レフラーは、最高の数学者たちにこの問題の解の探索を奨励するため、特別なコンテストを開催してほしいと王に掛け合った。王はこれを了承し、自らの六〇歳の誕生日を応募期限と定めた。コンテストについては、一八八五年に《アクタ・マテマティカ》で発表された。これはミッタク゠レフラーが一八八二年に王の支援を得て創刊した数学雑誌だ。賞品は金メダルと賞金二五〇〇クローナとした。

応募者は、解を封筒に入れて厳封し、名を明かさずに送るよう指示された。応募文書には銘だけを記し、応募者の名は別の封筒に入れて、銘によって識別できるようにした。応募者の身元を確認できるのは、国王だけだった。提出された解は一流の専門家が審査し、優勝者のみが発表される。他の応募者の身元は秘匿されるので、敗北を恐れて応募をためらう必要はなかった。

指定された期間に一二通の応募があった。優勝者として発表されたのは、パリ出身のアンリ・ポアンカレ（一八五四～一九一二）だった。残念ながら、彼は秘密の数式を見つけたわけではなかった。じつのところ、数式を見出した応募者はいなかった。それでもポアンカレの応募作が最もすぐれていると評価され、おかげで彼はかなりの名声を得た。ポール・パンルヴェは次のように伝えている。

一八八九年、コンテストの結果が発表され、この新しいコンテストで最高の栄誉である金メダルが弱冠三五歳のフランスの学者に授与された。それが明らかになると、フランスは喜びに沸いた。太陽系の安定性に関するめざましい研究によって、アンリ・ポアンカレの名は世に広まった。

しかも、褒賞はこれだけではなかった。コンテストの結果発表において、優勝した論文が《アクタ・マテマティカ》に掲載されることが明らかにされたのだ。編集委員のエドヴァルド・フラグメンは、ポアンカレの原稿の編集に取りかかった。彼自身が優秀な数学者であり、詳細を理解したかったため、ポアンカレに質問を送っては説明を求めた。ポアンカレは快く応じ、論文に続々と加筆がなされた。

ある時点で、ポアンカレは自分が本質的な点を見過ごしていたことに気づいた。原稿に重大な誤りがあったのだ。彼は印刷の中止を求めた。あいにく見本版がすでに刷り上がり、一部の読者に渡っていた。ミッタク＝レフラーは印刷作業を中断させ、すでに受け取っていた読者には返却を求め、誤りを訂正した新しい版を待つよう要請した。ミッタク＝レフラーにとって不面目な事態となった。国王が自ら賞を授与したというのに、受賞した論文に重大な誤りがあったことが今さら露呈したのだ。国王の威信にかかわる問題ゆえ、内密に処理しなくてはならない。

修正した論文がようやくできあがったが、ポアンカレは刷り直しの費用として三五〇〇クローナの支払いを迫られた。受賞の栄誉に加えて、一〇〇〇クローナの支払いを求める請求書が彼のもとに残った。

ポアンカレの最終的な答えは、三体の運動を記述する数式は原理上でも存在し得ないというものだった。彼は、三体の運動については考えられる選択肢が複数あることを示した。ニュートン力学の決定論は、三体問題では成り立たないのだ。

スンドマンの解

この時点で、フィンランド出身の若き天文学者カール・スンドマン（図3・9）が、ヨーロッパ各地の研究機関を巡る三年間の旅の途上で、ポアンカレを訪ねてきた。スンドマンは、プルコヴォ天文台の台長を務めるスウェーデン人のオスカル・バックルンド（一八四六〜一九一六）の指導を受けてサンクトペテルブルクで研究し、一八九九年にヘルシンキ大学で博士論文の審査に通った。論文では、太陽、木星、および木星と共鳴状態にある小惑星の三体問題を扱っていた。彼が検討したのは、木星が太陽のまわりを一周するのと同じ時間をかけて小惑星が太陽のまわりを二周する事例だ。これは、常に小惑星の軌道の同じ位相で木星が小惑星に影響を与え、そのせいで小惑星に対する影響が増幅された可能性を意味する。この状況は二対一の共鳴と呼ばれ、太陽のまわりを回る数千個の小惑星をすべて図示すると、きわめて明確に現れる。木星は、太陽からこの距離（地球の軌道半径の三・三倍）のあたりで小惑星が比較的少ない領域、すなわち間隙を生み出す。この間

図 3.9　アンリ・ポアンカレ（左、クレジット：Acta Mathematica, Royal Swedish Academy of Sciences, Institut Mittag-Leffler）とカール・スンドマン（右、クレジット：University of Helsinki）。

隙は、一八六六年に初めて気づいたアメリカの天文学者ダニエル・カークウッドにちなんで「カークウッドの間隙」と呼ばれている。

スンドマンは博士号を取得すると、ヨーロッパの主要な研究機関のうち好きなところを歴訪できる旅行助成金を獲得した。ポアンカレとの初対面は、期待とはだいぶ違っていた。彼はポアンカレの部屋で座ったまま、この偉人が会ってくれるのを待つようにと指示された。スンドマンは忍耐強く待ったが、何時間も待たされた挙句に、ようやくポアンカレがこちらを向いたかと思うと、「邪魔だ。出て行ってくれ」と言った。スンドマンは何も言わずに立ち去った。

その後、二人の偉大な科学者は良好な関係を築いた。スンドマンはポアンカレの講義を受講し、ポアンカレはスンドマンの非凡な才能を認めるようになった。当初、スンドマンはポアンカレと同じく、三体問題は解決できないと考えていたが、のちに何とか解決できないかと、その方法を考え始めた。スンドマンはイタリアへ赴き、その数式を作るのに使えそうな新しい方法を発見したトゥーリオ・レヴィ＝チヴィタと会った。フィンランドに戻ると、スンドマンは長らく追い求められてきた数式、すなわち三体問題の解をついに発見できたと発表した。

ヘルシンキ大学の元数学教授のミッタク＝レフラーは、スンドマンの発見を耳にすると、その成果について執筆して自分の雑誌に発表してほしいとスンドマンに依頼した。彼はなるべく早く発表できるように、スンドマンのために五〇ページを空けておくと約束した。スンドマンは執筆に着手し、上限の五〇ページに達すると、もっと書いてもよいか尋ねた。ミッタク゠レフラーは許可し、スンドマンは執筆を続けた。最終的な式を示すだけでなく、数学的に厳密な正しさの証明も提示する必要があった。やがて別の締め切りが訪れた。ヘルシンキ大学で天文学の准教授のポストが空いたので、スンドマンはとり急ぎ出版の業績が必要になったのだ。そこで自国フィンランドの学術誌にこの研究を発表したが、その雑誌では迅速に掲載したものの科学的な査読をほとんどしていなかった。スンドマンは准教授の職に就くことはできたが、彼の研究はほとんど知られないままとなった。

のちにこの分野の専門家が、スンドマンの論文を郵便で受け取ったにもかかわらず読まなかったのは「その論文で使われている言語が難解で読みこなせない」ものだったからだと説明した。その難解な言語というのは、じつはフランス語だった。当時、二〇世紀初頭の科学者はみなフランス語を読めるものとされていたのだが。

スンドマンはストックホルムで開かれた会議で再び自分の研究を発表したが、説明の時間が足りず、専門家ばかりの聴衆でさえ理解できなかった。そこでミッタク゠レフラーは改めてスンドマンに依頼し、読者の多い《アクタ・マテマティカ》に彼の見出した三体問題の解の要約を掲載することになった。一九一三年の第一号にようやく掲載されたとき、記事は一〇〇ページを超えていた。じつはこの雑誌は一九一二年の中ごろにはすでに印刷されており、そのあとでスンドマンの式の存在が広く知られるようになったのだった。

ついに三体問題は完全に解決されたと思われ、ポアンカレは間違っていたことが明らかになった。だが、本当にそうなのだろうか。第1章で触れたのをご記憶かもしれないが、スンドマンの式を書き始めた人たちは、それが極端に長いことに気づいた。物理系のモデルとして考え出されたなかで、最も長い式だったかもしれない。この式を書き始めたら、残りの生涯を費やしてもなお、どこにもたどり着けないだろう。将来の世代がこの作業を続けたとしても、一〇億年くらいでは終わらない。コンピューター一台にこの仕事だけをさせて、一〇億年間スンドマンの式を書かせ続けても、完了に近づくことさえできない。こうした見込みがストックホルムの会議で示されると、スンドマンもじつは真の解を見つけられていないことを認めた。そもそも解が存在するのかどうかもわからずじまいとなった。

正則化

第1章で述べたとおり、三体問題に挑むには、三体の軌道を数値的に計算するというやり方もある。これは、三体が太陽、惑星、彗星である場合にクレロー、レクセル、ルヴェリエ

$$e^{ix} = \cos x + i \sin x \qquad e^{i\pi} + 1 = 0$$

図3.10　最も基本的な代数方程式に現れる複素数（虚部は文字 i で表す）の視覚的イメージを示しておこう。本書の話題から外れるので、これらの方程式を理解する必要はない。1つ目の式はオイラーの公式と呼ばれ、三角関数と複素指数関数のあいだの基本的な関係を表す（左）。2つ目の式（右）はオイラーの恒等式と呼ばれ、5つの基本的な数学定数を結びつける。すなわち、数0（加法的単位元）、数1（乗法的単位元）、ユークリッド空間の幾何学と解析数理で広く使われる数 π（π=3.14159265...）、自然対数の底で、数理解析で広く使われる数 e（e=2.718281828...）、複素数の虚数単位、i（i^2=-1）である。複素数はすべての多項式の根（定数でないもの）を含む数体（すうたい）であり、その研究が代数と微積分のさまざまな領域のより深い理解につながる。オイラーの公式はしばしば数学において最も注目すべき式と見なされ、オイラーの恒等式は最も美しい式と認識される。

などがとった方法だ。計算の最中に二体が接近すると問題が起きることがすでにわかっている。精度が失われ、物体のその後の運動について何も言えなくなるかもしれない。

レヴィ＝チヴィタは巧妙な仕掛けを使って、この問題を回避した。物体の座標を表すのに、通常の数ではなく複素数を使ったのだ。複素数とは、実部と虚部という二つの部分からなる数である。実部は日常的に使われてなじみのある実数で、二乗すれば必ず正の数になる。虚数はこの点で実数と根本的に異なる。虚数を二乗すると、必ず負の数になるのだ。虚数は複素数の虚部となる（図3・10）。そんなわけで、二つの独立した部分からなる複素数は、地図上の座標を示すのに適している。たとえば実部で水平座標を表し、虚部で鉛直座標を表すことができる。平面上の点の位置を示す二つの座標を表すのに複素数を初めて使ったノルウェーの数学者カスパー・ヴェッセル（一七四五〜一八一八）は、すでにそのことに気づいていた。複素数は二つの部分からなるが、代数計算において一つの実体として扱うことができる。この点で、二つの単純なふつうの数よりも役に立つ。

複素数を数学に導入したイタリアの数学者ラファエル・ボンベリ（一五二六〜七二）は、数には正の数と負の数だけでなく虚数というものも存在することに気づいた。「虚数」というのは、こんな数は何の役にも立たないと考えたデカルトがつけた名称だ。レオンハルト・オイラーとカール・フリードリヒ・ガウスはすでに複素数を使っており、レヴィ＝チヴィタも三体問題で複素数を使った。彼の方法で最大の限界は、それが三次元には適用できなかったことだ。

複素数を使うことで、二体が互いに接近する場合の軌道計算が大幅に単純化できた。これにより、コンピューターの処理能力を余すことなく利用できるようになる。しかし三次元の三体問題については、依然として精密な計算ができなかった。宇宙時代の幕開けに、これは重大な問題となった。たとえば、地球から月へ向かう宇宙船の軌道を計算する必要がある。宇宙船が主天体の一つに接近する際には、とりわけ精度の高い軌道計算が要求される。宇宙船に人が乗っている場合、間違った軌道をとるわけにはいかない。

一九六四年にドイツのオーバーヴォルファッハ数学研究所で開かれた会議において、開会の挨拶をしたスイスの数学者エドゥアルト・シュティーフェル（一九〇九〜七八）は、三次元軌道計算の解決が数学において最も急を要する未解決の問題だと述べた。それからほんの数時間後、ヘルシンキ大学に所属するフィンランドのパウル・クスタンハイモ（一九二四〜九七）が登壇し、その問題が数値的に解けることを示した。当然ながらシュティーフェルは大いに関心を抱き、閉会までの自由時間のあいだずっとクスタンハイモと話し、彼の方法の詳細を知ろうとした（図3・11）。

図3.11　エドゥアルト・シュティーフェル（左、クレジット：ETH Zürich, ETH-Bibliothek, Bildarchiv）とパウル・クスタンハイモ（右、クレジット：University of Helsinki）。

実際、複素数の概念を「四元数」と呼ばれる新しいタイプの数に拡張することに精通していたクスタンハイモのような人物にとって、シュティーフェルの求める方法を理解するのは難しくなかった。四元数はすでにウィリアム・ローワン・ハミルトンによって一八四三年に導入されていたが、それ以降おおむね無視されていた。その後まもなく、数理物理学では四元数の代わりにベクトルという量が使われるようになった。ベクトルも四元数も物理量を表現するのに使えるが、ベクトルのほうが視覚化しやすい。ベクトルは空間において明確な長さと方向をもつ矢印としてとらえることができるのに対し、四元数については頭の中でそんなふうに単純な姿を描くことができない。

四元数は複素数に似ているが、虚部が一つではなく三つある。三体問題への応用では、実部と二つの虚部を使って物体の位置を表す三つの座標を表すことができ、おかげで虚部が一つ残る。この仕掛けを使うことで、二体が互いに接近する場合の軌道計算が簡単になった。通常の座標を表す数を四元数に変換し、それを使って計算をおこない、最後に四元数を通常の座標数に再変換する。この手順は、クスタンハイモとシュティーフェルにちなんでKS変換と呼ばれる。じつのところ、二体が遭遇する場面では、通常の数を使った計算とは対照的に、精度が高くなることさえある。

オーバーヴォルファッハでの会議のあと、クスタンハイモはシュティーフェルのいるチューリヒ工科大学を訪れた。そして二人の科学者は、科学者たちに理解しやすい形でこの方法を記述した。NASAをはじめとするいくつかの機関が、クスタンハイモ゠シュティーフェル（KS）法を軌道計算に使い始めた。この方法は「正則化」と呼ばれる。一九六〇年代の終盤には、KS正則化を用いて三体問題の全般的な研究が多数おこなわれた。

クスタンハイモは一九六九年までヘルシンキ大学で応用数学の教授を務めた。そしてこの年に、同じ大学で天文学の教授に任命された。こちらのほうが、研究上の主たる関心に合致していた。このポストには、彼自身が科学者としての教育を受けた天文台の台長職が付随していた。ところが彼が天文台での職務に就く前に、極端な政治的見解をもつ数人の大学院生が天文台を占拠し、自分たちの主義に従って運用し始めた。その後、意思決定権は「民主的」な委員会に委ねられることとなった。これは初期のソビエト連邦から借用されたやり方だった。この新しい統治体制が大学当局にとって既成事実となった。

クスタンハイモはこの体制で一年間がんばったが、天文台の真の責任者として自らの地位を確立することができなかった。天文台が乗っ取られる前から、フィンランドのベテラン天文学者でアカデミー会員でもあったトゥオルラ天文台の元台長ユルィヨ・ヴァイサラ（一八九一〜一九七一）は、状況を案じていた。彼はフィンランドのウルホ・ケッコネン大統領と特別に面会して支援を求めた。それを受けて、大統領は力の及ぶ限りあらゆる手を打った。ともあれヴァイサラの面会は、それから一〇年後にトゥオルラ天文台の台長選考に同様の政治を持ち込む試みがあった際に、間接的に影響した可能性がある。この試みは失敗した。

クスタンハイモはヘルシンキでは研究活動を続けられないと感じ、コペンハーゲンに移った。クスタンハイモが去ったことによって、ヘルシンキ大学は一流の科学者を一人失い、クスタンハイモが計画していたような天文学を発展させる機会も逸した。これは、三体問題が科学者の人生にどのように影響し得るかを示すドラマチックな一例だ。天文台の乗っ取りの表向きの大義は、ヘルシンキ大学での研究を、クスタンハイモとその前任者たちの専門分野だった三体問題や宇宙論（宇宙そのものの研究）から別の方向へ転換させることだった。現代の世界においてこれらの研究は重要でない、というのが学生たちの言い分だった。この主張はまったくの的外れで、真の動機はおそらく別のところにあったのだろう。アナクサゴラスの時代から、世界は大して変わっていないのだ。

軌道の計算

一九六七年、三体問題の専門家であるハンガリーのヴィクトル・ゼベヘリー（一九二一〜九七）と彼の指導していた博士課程学生でアメリカ人のフレデリック・ピーターズは、イェール大学で研究に従事していた。二人はKS変換を用いて、三体がピタゴラスの直角三角形の各頂点に静止している状態を初期条件とする場合の軌道を計算した。ピタゴラスの三角形とは、各辺の長さが三対四対五の三角形で、ピタゴラス以後（ヨーロッパで）広く知られるようになった。彼は、この三角形では短い二辺の二乗の和が最も長い辺の二乗に等しいことを証明した。この定理は、数学全体で最も重要な定理と言われることがある。ピタゴラス三体問題では、三体の質量比は三角形の対辺の比と同じで、三対四対五となっている（図3・12）。

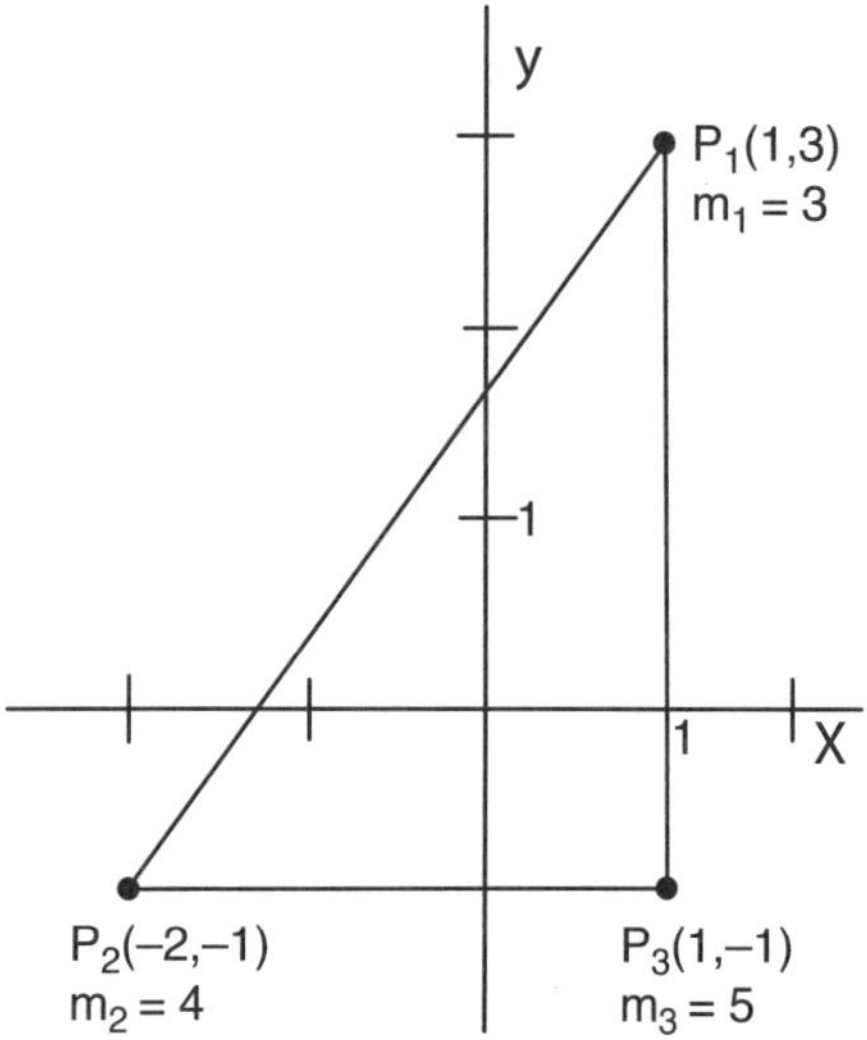

図 3.12　ピタゴラスの三体問題における三体の初期位置 P_1、P_2、P_3。各位置の質量値 m_1、m_2、m_3 を示している。（クレジット：V. Szebehely and C.F. Peters: "Complete solution of a general problem of three bodies", *Astronomical Journal* 72, 876 [1967] /IOP Publishing）

この問題は、キール大学のドイツ人数学者エルンスト・マイセル（一八二六～九五）によって一八九三年に提案された。彼はなんらかの理由で、このタイプの三角形の三体問題には周期性があるはずだと考えた。つまり、一定の時間が経過すると軌道が前にたどったのと同じ経路をたどるということだ。しかし軌道は非常に複雑で、彼の知っている方法では十分に調べられず、周期性を証明することができなかった。

デンマークの天文学者カール・ブラウは、キールを訪れた際にピタゴラス三体問題について議論した。そして、改良された軌道計算法を用いてマイセルのたどった道を引き継ごうと決めた。当時は現在のようなコンピューターがなかったので、計算には依然として膨大な時間がかかったが、一九一三年にようやく結果を発表することができた。ブラウは二体が繰り返し互いのすぐそばまで接近することを発見したが、ある時点以降の軌道を計算することはできなかった（図3・13）。

ゼベヘリーとピーターズが高速のコンピューターとKS正則化法を用いて計算を完了すると、このようなふるまいが延々と続くことがわかった。ある時点で、重い二体が大接近し、最も軽い一体はほぼ静止する。この「大接近」が衝突で「ほぼ静止」が静止なら、各体はおのおの軌道を再びたどってピタゴラスの三角形に戻り、それからまた衝突と静止の位置関係になる、という動きを周期的に繰り返すはずだった。ゼベヘリーは、マイセルが三体問題

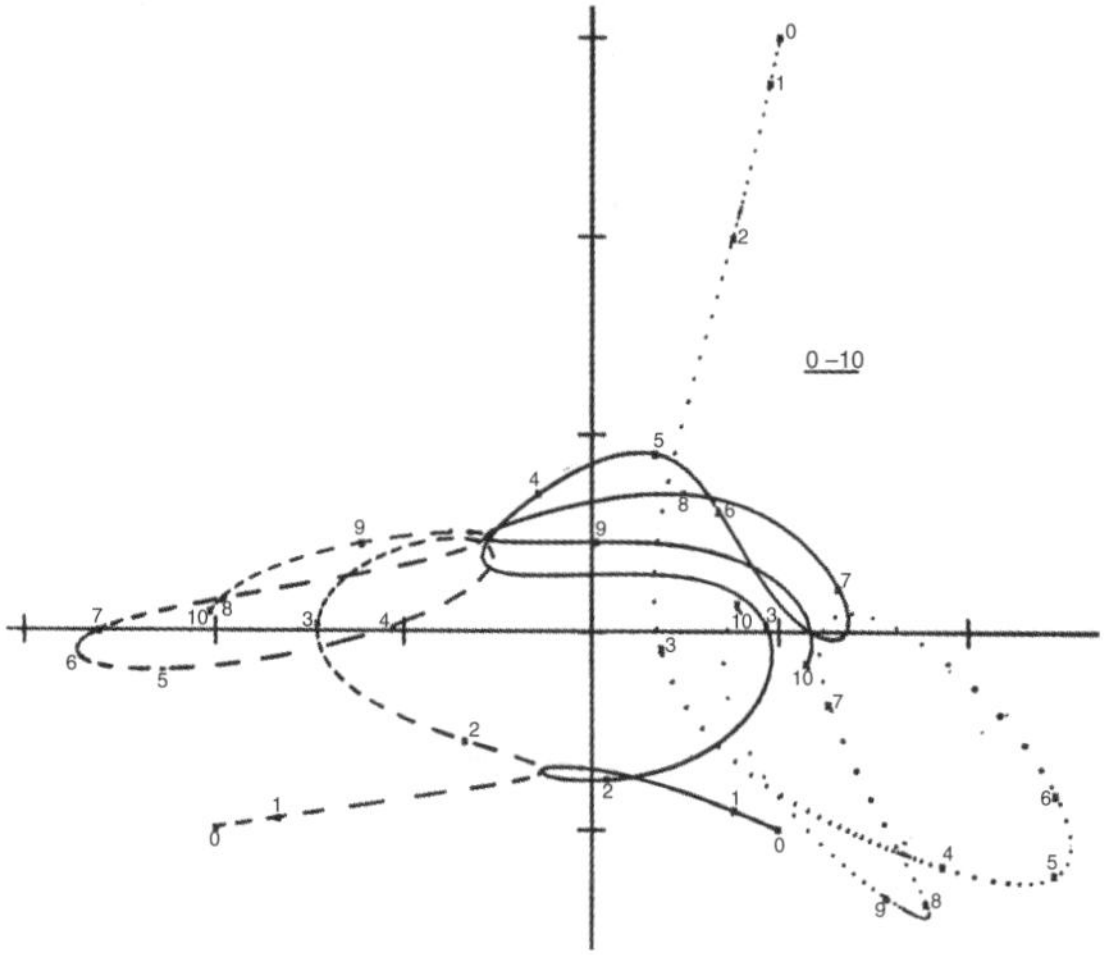

図 3.13　ピタゴラス三体問題における初期軌道（10 時間単位)。ブラウは計算を途中までしか完了できなかった。複雑な軌道はさらにその 6 倍の長さまで続く。ゼベヘリーとピーターズによる 1967 年の研究より。（クレジット：前図を参照）

の新たな周期解の発見までどれほど迫っていたかを知って驚嘆した（図3・14、図3・15)。

しかし、三体はもとの位置に戻るための正確な配置からわずかにずれていたため、運動は続き、最終的に系は崩壊した。質量三の物体は、離心率のきわめて高い連星となった他の二体から脱出した。ゼベヘリーとピーターズの解の複雑さから、軌道を記述する式を見つけようとしたスンドマンの試みが失敗に至らざるを得なかった理由が明らかになった。その複雑さを言葉で簡単に言い表すことはできない。

さらに、ピタゴラスの初期配置を

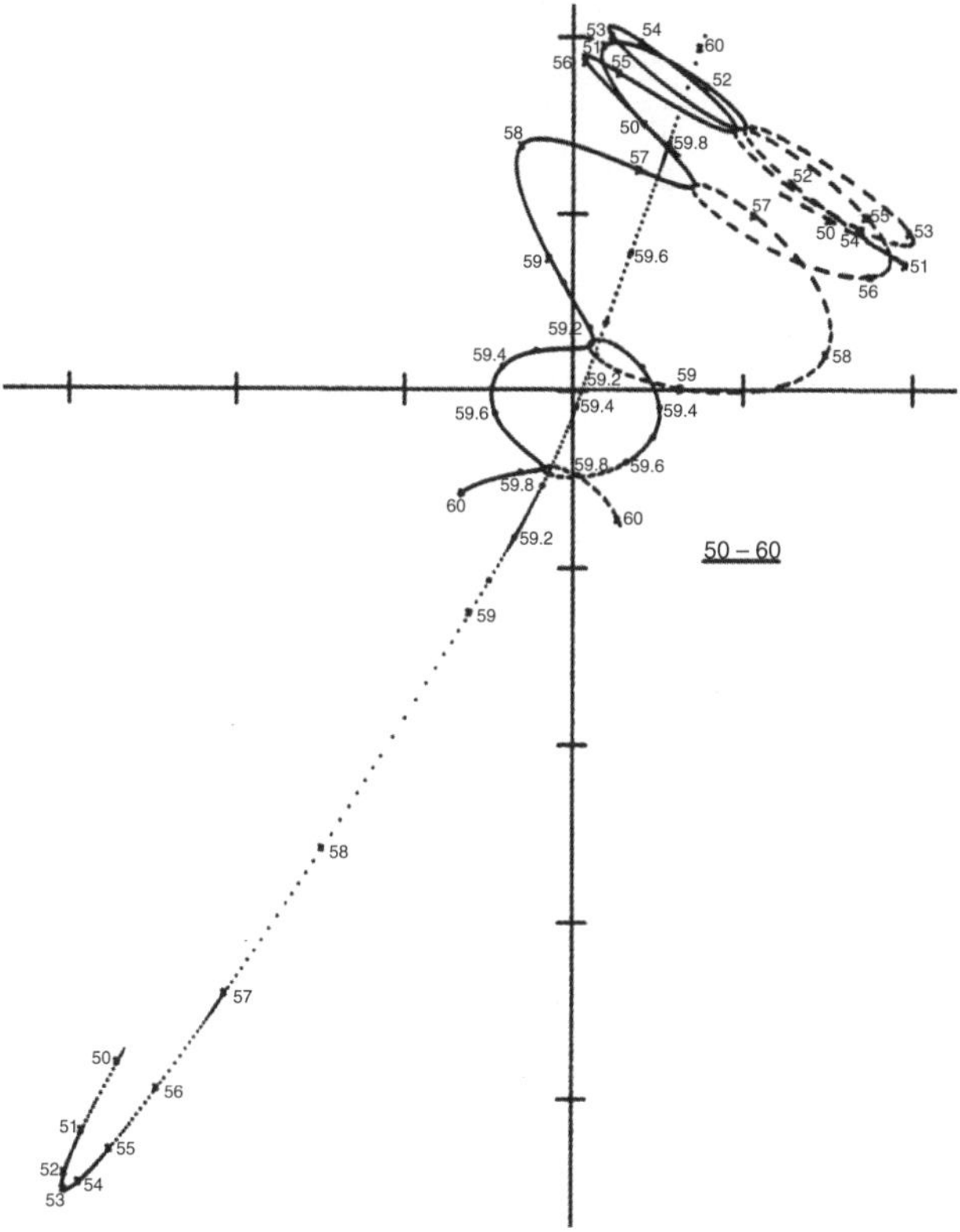

図 3.14　三体は最終的な三体遭遇に備えて分離している。本図では左下にある第三体が、右上にある連星の中心を通過する。ジョアンナ・アノソヴァと共同研究者らは、この配置が特に爆発的であり、連星による第三体のパチンコ効果に至ることを発見した。軌道は 50 ～ 60 時間単位に対して示されている。（クレジット：前図を参照）

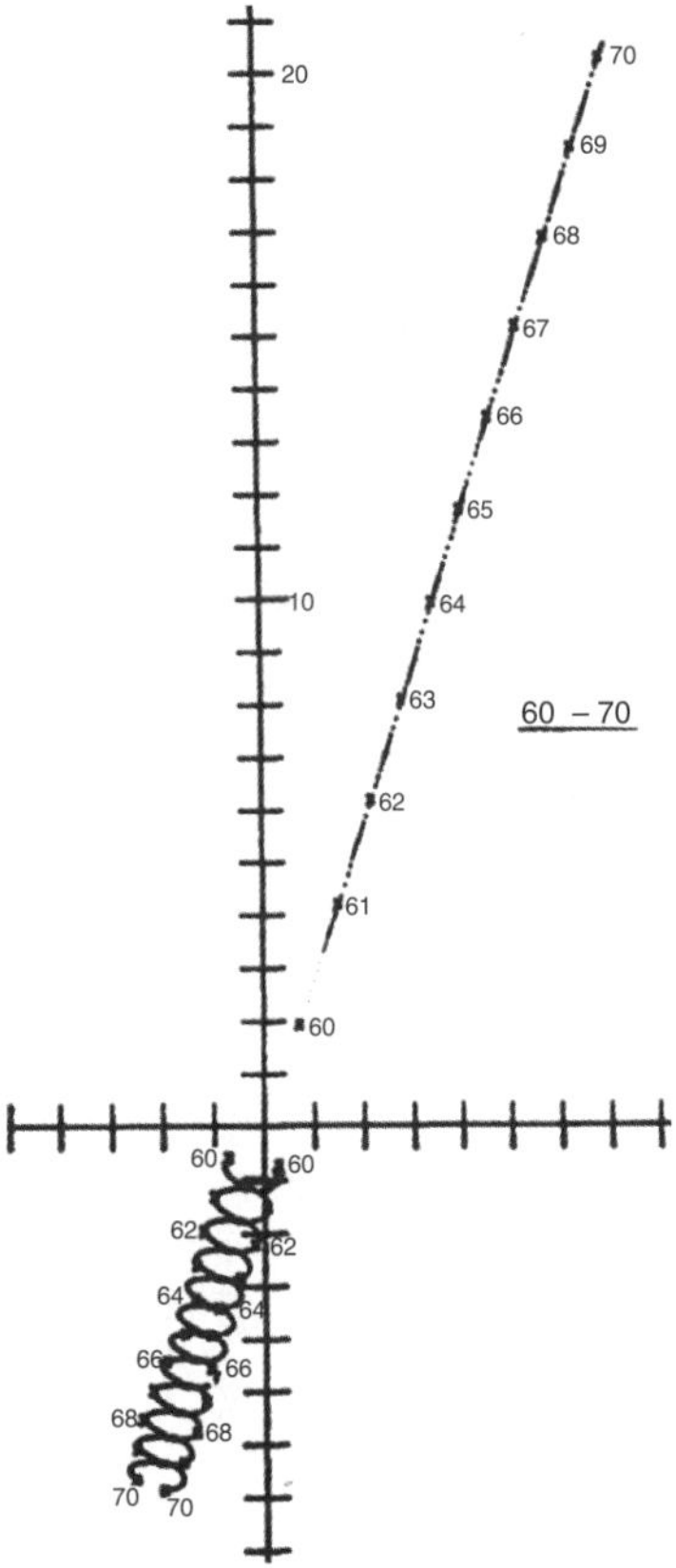

図 3.15　ピタゴラス三体問題における最終的な運動。第三体はパチンコ効果で右上に進み、連星は左下に反跳する。（クレジット：前図を参照）

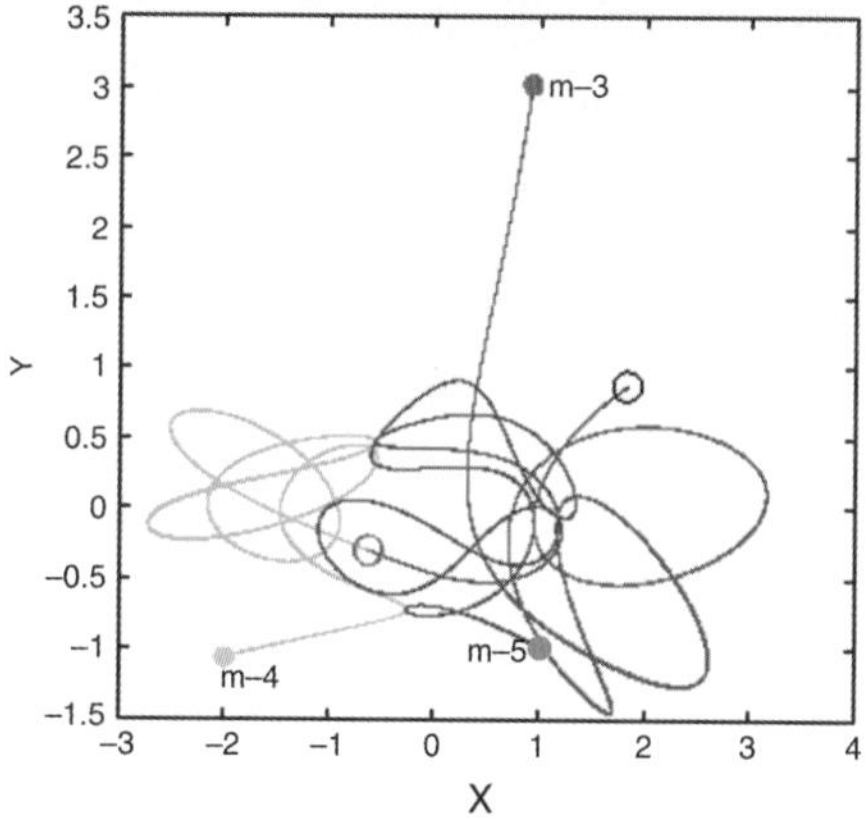

図 3.16　ピタゴラス三体系とはわずかに異なる三体系の周期解。初期位置を各色の点で示し、周期の半分を経過した時点（衝突時）の位置を白丸で示す。（クレジット：Seppo Mikkola）

ほんの少し変えただけで、三体の運動はさまざまな方向に発散し始めた。ゼベヘリーはのちにこの感度について、初期状態をわずかに変える際の調整可能な数を使って記述した。これはルヴェリエがレクセル彗星を扱ったときと同様のやり方だ。ゼベヘリーの結論もやはりルヴェリエと同様で、この系は正確な初期状態に対する感度が高すぎて、決定論は成り立たないとされた。

トゥオルラ天文台（トゥルク大学）のセッポ・ミッコラは、ピタゴラス三体系に近い系について周期解を見つけた。この系では、三体の質量の比は三対四対五だが、初期位置はピタゴラスの三角形の頂点からわずかにずれている。この解では、重い二体が衝突する。衝突を弾性衝突と解釈して数学的にこれらの軌道を延長させると、各体は同じ軌道を逆戻りする。第三体は衝突の瞬間に停止し、それからやはり同じ軌道を後戻りする。各体が初期位置に戻り、この運動のサイクルを繰り返す。跳ね返りを伴う周期軌道は実際にはかなり一般的だが、自然界にはこれに対応するものは存在しない（図3・16）。

図3.17　ヴィクトル・ゼベヘリー（左、クレジット：Duncombe, R. L.: "A Tribute to Victor G. Szebehely", *Celestial Mechanics and Dynamical Astronomy* 71,153 [1998], Springer）とタテオス・アゲキャン（右）。

統計的記述

では、三体問題の解を記述するにはどんな方法が適切なのだろう。一九六〇年代の終わりごろ、ソビエトの天文学者タテオス・アゲキャン（一九一三～二〇〇六）（図3・17）と、本書の著者の一人でサンクトペテルブルク大学に所属するジョアンナ・アノソヴァは、初期状態をランダムに生成して三体の解を計算し、最終状態の統計的分布を調べる研究を始めた。アメリカではマイルズ・スタンディッシュも、三体の崩壊（のちに「パチンコ効果による崩壊」と名づけられた）を統計的に記述する同様のプロジェクトに着手した。

サンクトペテルブルクでは、アリヤ・マルティノワやヴィクトル・オルロフなど多くの学生が研究に加わった。代表的標本軌道として通常、各タイプの三体系について一〇〇〇個の解が含まれていた。こうして、たとえば質量を変えた場合に統計がどう変わるかを調べた。系のおよそ九五パーセントが不安定になり、計算の現実的な制限時間内で一体が系から脱出することがわかった。通常、最も軽い物体がこの時刻までに脱出していた。三体系の初期状態がほんのわずかでも変化すると、それぞれの軌道はかなり異なったが、統計は安定していた。つまり三体系の崩壊は、既知の半減期をもつ放射性崩壊と似ているのだ。

ケンブリッジ大学では、ノルウェーの天文学者スヴェレ・アーセスが正則化を用いて非常に大量の三体軌道を抽出初期条件から計算し、統計的手法を用いて銀河系の星の運動を計算するのに役立つ三体問題の解を得る段階が到来したと判断した。彼は自分が初めて指導した二人の大学院生、スコットランドの天文学者ダグラス・ヘギー（図3・18）と本書の著者の一人であるマウリ・ヴァルトネンを、アメリカの同僚ウィリアム・サスローと共同でこの任務にあたらせた。サンクトペテルブルクとケンブリッジのプロジェクトは、同じ結果を示した。特定の系の最終状態を事前に予想することはできないが、多数の解を用いて最終状態の分布を示すことはできる。つまり、最終状態を記述するのに適切なのは「統計的手法」なのだ。これは、市内のある場所から別の場所まで車で移動する場合の所要時間を正確に知りた

図 3.18　スヴェレ・アーセス（左）とダグラス・ヘギー（右、クレジット：Douglas Heggie)。

図 3.19　ジョー・モナハン（左、クレジット：Joe Monaghan）とセッポ・ミッコラ（右)。

い場合と似ている。特定の一回の移動については、移動が完了するまで結果はわからないが、毎日同じ移動をすれば、通常の所要時間や典型的な日々の変動がしだいにわかってくる。

ケンブリッジ大学で二万五〇〇〇個の軌道解を見つけてプロジェクトが完了したあと、ケンブリッジ大学の卒業生で当時はオーストラリアのモナシュ大学に所属していたオーストラリアのジョー・モナハン（図３・19）が、長期研究休暇《サバティカル》で母校を訪れた。彼は物理学の他の分野でおなじみの統計的手法を用いて、適切な分布を導出できることに気づいた。これらの手法の一部は非常にうまくいったが、一部はあまりうまくいかなかった。のちにヴァルトネンやセッポ・ミッコラらが、生じ得ない軌道を適切に排除すると、すべての理論上の分布が軌道の統計とよく合致することを示した。この意味で、三体問題はついに解決した。現在では、三体系の最終状態に関して存在するすべての情報を与える式がある。ここで最終状態とは、連星と、そこから脱出する第三体を指す。

三体問題の最終的な解は、コンピューター時代以前には誰も想像できなかったほど単純だった。三体は調和を示して舞い踊りながら複雑な軌道を描いた末に、最終的に「二人なら友人、三人ならただの人の群れ」を地で行くと自分の運命を決める。一体は他の二体から離れ、双曲線軌道を描いて果てしなく遠ざかっていく。宇宙に他のものが存在しなければ、その完全な自由を妨げるものはない。互いに寄り添い続ける二体は、共通の質量中心のまわりで楕円軌道を描く。これも永久不変の舞踏であり、第三体から時間の経過とともに弱まっていくわずかな影響を受けている。われわれは、単一の力の中心について発見されている運動に戻ってきたのだ。

ピタゴラス三体問題の三体の運動を動画にして、それを逆再生して軌道を終わりから始まりまでさかのぼって見ていくとしよう。最小の一体が遠くからやって来て、他の二体からなる連星に遭遇し、天上の舞踏に取り込まれるのが見られるだろう。さらに逆再生を続けると、三体は不意に動きを止めて、ピタゴラスの三角形を形成する。しかし、その状態は一瞬で終わる。それから三体はもともとピタゴラスの三角形の各頂点からスタートしたかのように動きだし、われわれにはすでにおなじみの軌道運動を繰り返し、最後に最も軽い一体が遠くに投げ出される。

ここで重大な問いが浮上する。あとから加わる一体の初期軌道が少し違っていても、この一体は「取り込まれる」のか。連星は通りすがりの一体をつかまえるためにどんな「接着剤」をもっているのか。このような過程は、星団でしょっちゅう起きる。少なくとも数千万年の時間スケールで見れば、めずらしいことではない。星団は数十光年の幅に広がり、その中で数千個の恒星がランダムに動き回っている。交通事故は避けられない。さまよう星が連星のすぐそばまで近づいた場合、そこで生じる結果を明らかにするには三体問題の解が必要となる。

接近する一体が取り込まれず、連星から投げ出されることもよくある。このプロセスを「散乱」と呼ぶ。接近する恒星が、なんらかの形で新たな脱出軌道に追い散らされる。第三体が他の二体にとらわれても、最終的に三体のうち一つが脱出しなくてはならない。ダグラス・ヘギーは、連星が第三体と遭遇したときに散乱によって生じる統計分布について、ランダムに分布させた三体の初期軌道を使って調べた。その後、一九八〇年代にはプリンストン高等研究所のオランダ人天文学者ピート・ハットと共同で、大量の軌道計算をおこなった。

二人は散乱問題において起きる事象をかなり詳しく解明した。この解もやはり統計的なものであり、たとえばピタゴラス三体問題を逆再生したときのように、個々のケースでどんなことが起きるかは明らかにできない。「接着剤」が働き、互いを束縛する三体系が形成される特定の確率が得られるだけだ。つまり、われわれにわかるのは確率だけなのだ。

「交換」が起きる可能性もある。ある恒星（Cとする）が、AとBからなる連星に接近する。場合によってはCが連星にとらわれ、代わりにBが逃げていく。その結果、最初に連星を構成していたBの位置にCが入り、Bが系を離れることによって、再び連星が形成される。これを最初に示したのは、グラスゴー大学教授のドイツ人、ルートヴィヒ・ベッカーだった。すでに一九二〇年に、われわれの銀河系で知られている連星の離心率が高い理由について、このプロセスで説明できることを証明したのだ。のちに本書の著者の一人であるヴァルトネンは連星について、離心率だけでなく質量や物理的サイズといった他の特性も、三体の統計理論から得られることを示した。これは三体の統計理論の正しさの実験的証明と見なすことができる。

階層的な系

連星が常に第三体から遠く離れている場合、さらに別種の解が必要となる。この種の三体系を階層的三体系と呼ぶ。じつは、自然界で見つかる可能性が最も高いのがこのタイプの三体系だ。そのよい例が、地球－月－太陽の系である。自然界に存在する系は、安定なはずだ。そうでなければ系は進化して、連星と脱出する一体とに分かれてしまっただろう。

　すべての質量が大きい階層的三体問題の最初の研究は、一九〇九年にデンマークの天文学者エリス・ストレームグレンによっておこなわれたが、このときに計算したのは軌道のごく一部だけだった。一九二三年、スウェーデンの天文学者カール・ボーリンがさらに研究を進めた。コンピューター時代以前は計算に時間がかかったので、彼は第三体の周回を三周分しか完了させられなかった。この第三体が連星の中心に最接近するときの距離として、連星の長軸の四・七倍を選んだ。この時間のあいだ、系は階層性を保ち、安定であることを彼は発見した。連星を構成する二体が入れ替わることはなく、第三体はほぼ最初に想定されたとおり、連星のまわりを回り続けた（図3・20）。

　安定性のレベルを判断するには、外側の第三体が軌道を何周も回るあいだに内側の連星の軌道に与える影響を知る必要がある。この研究における飛躍的な進展は、ロシアの天文学者ミハイル・リドフが一九六一年に惑星の衛星を分析したときと、日本の天文学者古在由秀《こざいよしひで》が一九六二年に小惑星の軌道を調べたときにもたらされた（図3・21）。彼らは、二つの軌道面が互いに直角である場合、内側の連星の離心率が一に近づいていくことを発見した。これ

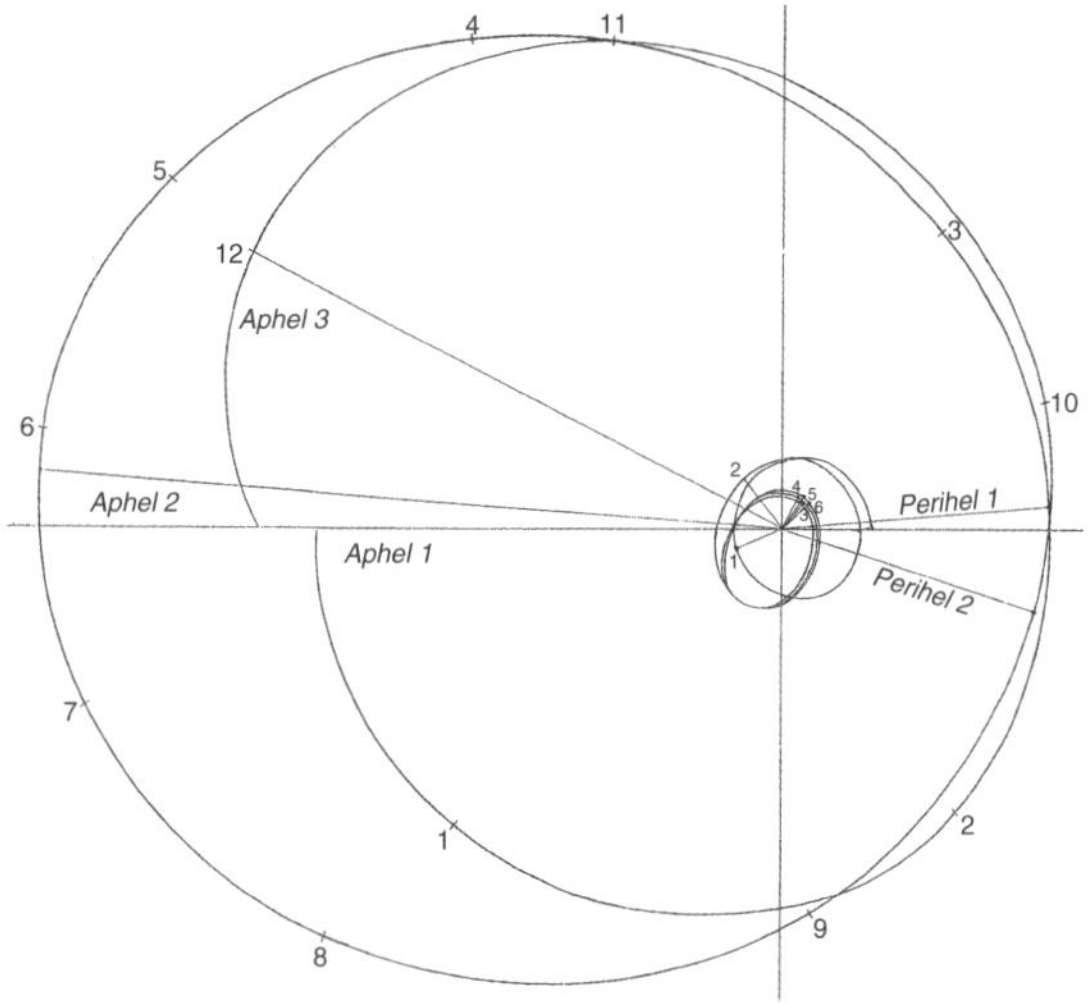

図 3.20　ボーリンの1923年の研究で示された階層的三体系の図。座標の中心には連星の軌道があり、第三体は大きいほうの軌道をたどる。（クレジット：Stockholm observatory: "Über ein Zweckmässiges Beispiel der Bewegung im Allgemeinen Dreikörperprobleme," Published in *Astronomiska Iakttagelser och Undersökningar,* Band 10, no. 11 by Stockholm observatory in 1923）

図 3.21　ミハイル・リドフ（左、クレジット：Elena Khasina）と古在由秀（右、クレジット：Yoshihide Kozai）。

は、連星を構成する二体が衝突することを意味する。二体が非弾性で互いにくっついて離れない場合（たとえば恒星のように）、三体系は連星となり、問題は解決済みとなる。

もっと最近では、衛星を地球へ向かわせたり（リドフが指摘したように）、あるいは彗星を太陽へ向かわせたり（古在が説明したように）する古在＝リドフ機構が、かつて考えられていたよりもさらに広範に見られることが知られている。さらに、フランスの数学者クリスチャン・マーシャル（パリ）が始めた理論的な展開により、階層的三体系の不安定性が以前に考えられていたよりもさらに大きいことが示されている。内側の連星の軌道（たとえば内側の惑星の軌道）は、傾斜軌道を描く第三体の影響によって、順行（他の惑星と同じ方向への回転）から逆行（他の惑星と逆方向への回転）へと完全に反転することがある。反転時には、惑星は太陽に非常に接近し、場合によっては太陽へ一直線に飛び込むこともある。以前には、これが起きるのは傾斜が九〇度の場合だけだと考えられていたが、現在ではそれ以外の傾斜でも起こり得ることがわかっている。

このプロセスによって、原理的には地球はその年周軌道に留まりつつ、太陽に接近し、きわめて離心率の高い逆行軌道をたどり続ける可能性がある。地球から見ると、太陽が示す年周運動は、反時計回りから時計回りに反転するだろう。幸いにも、少なくとも今のところは、太陽系内の惑星の配置がこのような反転を許さないため、地球が人間にとって居住不可能な場所となることはない。

特定の連星が、遠くにある第三の星の影響を受けている場合に長期にわたって安定かどうかを考える際には、古在＝リドフ機構を念頭に置く必要がある。一九七二年、アメリカ海軍天文台に所属するアメリカ人天文学者のロバート・ハリントン（一九四二〜九三）が、階層的三体系の数値解を早期に吟味した。彼によれば、すべては第三の星が連星にどこまで接近するかによって決まる。連星の軌道半径（または楕円軌道の長軸の半分）を単位として距離を測定するなら、第三体は常に連星の中心から少なくとも三・五距離単位は離れている必要があるという。この経験則は悪くない。実際には、安定を保つための距離は軌道の傾斜や三体の質量など、さまざまな要因に依存する。すべての可能性を考慮すると、基本的な安全性限界は二倍の七距離単位にする必要がある。

人工衛星を月などの天体上で周回させる場合、安全性限界を知ることが重要だ。安全な距離について古い値を使ったなら、多くの貴重な人工衛星が失われてしまうだろう。三体系が不安定になると、一体が系から投げ出される。人工衛星が絡んでいる場合、失われるのは人工衛星であり、それとともに、人工衛星の建造と宇宙への打ち上げに投入された高額な装置（通常は数十億ドル規模）も失われることになる。三体問題を適切に解決することは、ビジネス面でも大事なのだ。

現状では、ピタゴラス三体問題などの特定の三体問題は軌道計算によって解決できる。ただし、初期条件への敏感な依存性と軌道計算の精度の限界をわきまえておく必要がある。そのため、解は統計的分布として表現するのが最善だ。というのは、多数の軌道を扱う場合、統計的分布は非常にうまく機能するからだ。個々の軌道にはある程度の不確実性がある。つまり、初期状態から長時間経過したあとで三体の存在する正確な位置を断言することはできない。これは、イギリスの一年後の天気を正確に予想しようとするようなものだ。過去の記録を調べて降水量や気温などの統計を入手することはできても、天気を一〇〇パーセント正確に当てるのは、どんな手を使ってもほぼ不可能だろう。

第4章

フラクタル、エントロピー、時間の矢

時間の矢

時間をさかのぼることができないのはなぜなのか。相対論では時間とは、縦・横・高さと同じく、前進するのと等しく簡単に後退もできる次元の一つにすぎないとされる。では、なぜ時間は特別なのだろうか。ニュートンの法則は時間に関して対称であり、量子レベルの事象（93ページの傍注を参照）を支配するシュレーディンガー方程式もやはり時間に関して対称だ。シュレーディンガー方程式では、系のふるまいに変化を認めることなく、時間座標で正の符号から負の符号に移行することもできる。系の進化において初期点と最終点が対称でない場合、それは測定プロセスの性質によるものだとする説が出されている一方で、測定にかかわるプロセスもまた対称的に逆転させることができると指摘する説もある。したがって、非対称性の原因を探る場合、別のところに目を向ける必要がある。われわれは過去と未来はまったく違うと強く感じていて、われわれが過去と未来のどちらへ進むかを決定するのはわれわれ自身ではないし、いかなる物理系でもないと思っている。

一九二七年、アーサー・エディントンはこの問題を「時間の矢」の問題と命名した。エディントンは天体物理学のさまざまな分野に精通しているのに加えて、時間の矢などの根本的な問題についても広範に考察した。われわれにとって自明なことが、深く考えると根本的な問題であったりもする。エディントンは次のように述べたとされる。

われわれはしばしば、「1」についての研究を完了したら「2」についてもすべて理解できていると考える。なぜなら「2」は「1足す1」だからだ。まだ「足す」について研究する必要があるということに気づかないのだ。

アゲキャン＝アノソヴァのマップ

時間の矢は、三体問題とどんな関係があるのだろうか。それは、先述した非決定性とかかわっている。例として、次の単純な三体系について考えてみよう。三体がすべて等しい質量をもち、静止状態から出発する。説明のために、二体を水平軸上に二距離単位を隔てて配置し（点aおよび点b）、三体のなかでこの二体間の距離が最大であるとする。第三体は「曲線三角形」（bcd、図4・1を参照）の内部のどこにでも存在し得る。このような初期位置は、アゲキャンとアノソヴァが初めて導入したもので、生じ得るすべての三角形配置を尽

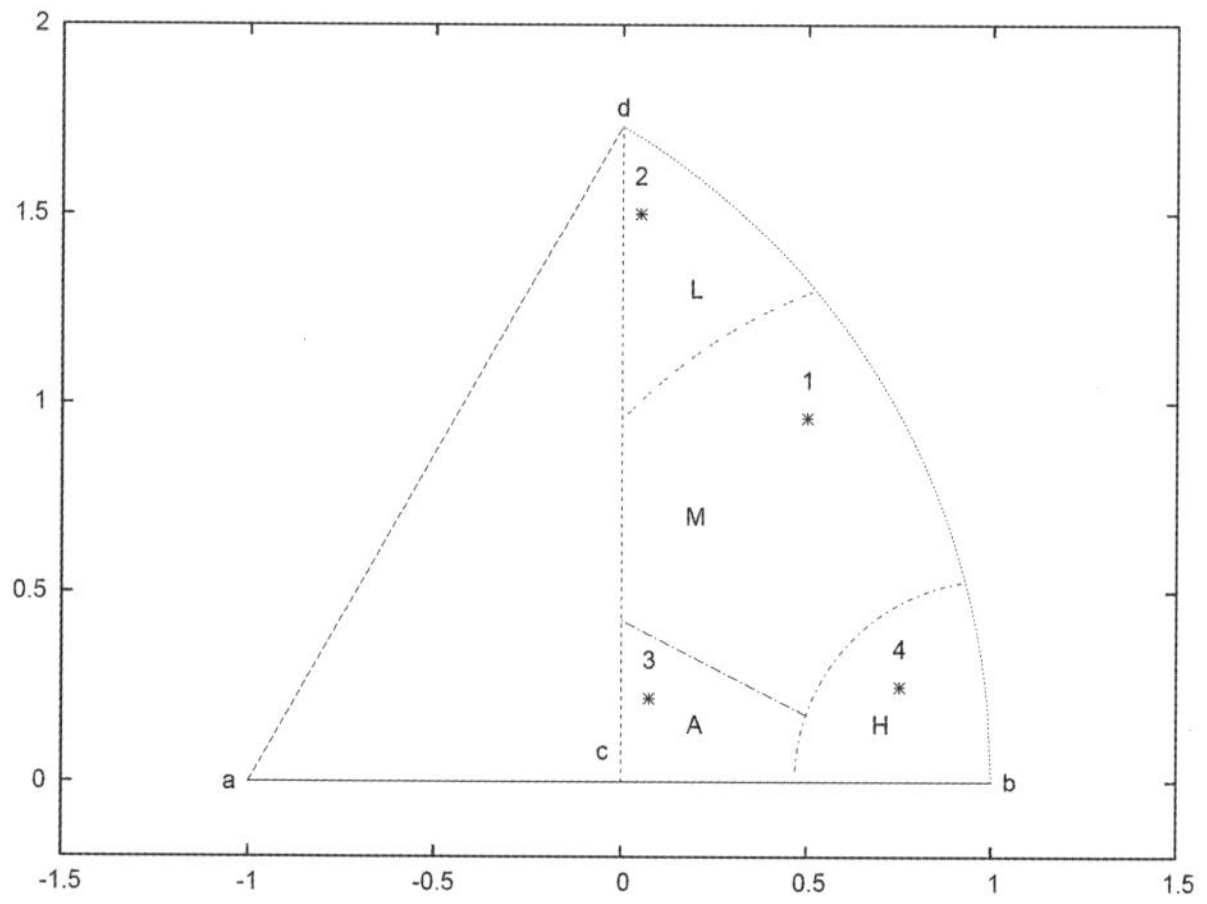

図 4.1　アゲキャン＝アノソヴァのマップ。運動する三体をどのように配置するか？　第一体を頂点 a に配置し、第二体を頂点 b に配置し、第三体を頂点 b、c、d からなる「曲線三角形」のどこかに配置する。これにより、開始時に静止している等質量の物体に関して生じ得るすべての配置が尽くされる。図中の番号 1 は、第三体の初期位置が許容範囲の中央領域（M とする）にある例を示す。位置番号 2 は、初期配置が正三角形に近い例（領域 L）である。位置番号 3 は、三体がほぼ一直線上に配置された例（領域 A）を示す。初期位置 4 は、第二体のある頂点 b にかなり近く、そのため系は階層的なものとして出発する（領域 H）。

くす。

図は、三体が等質量で静止状態にある三体問題の初期配置の形状を示す。第三体がとり得る四つの位置を四つの点で表し、各点はマップ上の異なる領域A、H、M、Lに位置する（Lはラグランジュ［Lagrangian］三角形、Mは中央［middle］領域、Hは階層的［hierarchical］な系、Aは三体が一直線上に配置された［aligned］領域を表す）。

この初期配置から、時間を短く区切って一歩一歩軌道計算を進めていくことができる。刻み幅ごとに、最も遠く離れた二体が水平軸上の初期位置にとどまるように配置を再調整し、第三体の位置だけを変えていく。系の進化は、単純に「曲線三角形」内の一本の線で記述される。一体が脱出すると、第一体を表す点（第一体、第二体、第三体という呼び方は単に説明のために用いる）は右側の頂点bに向かって動く。頂点bに到達すると、第一体は第二体の近くに位置することになる。脱出する第三体は、この抽象的表現である「マップ」で左側の頂点aに位置する。

次に、初期位置を少し変えてみよう。ここに示したマップで変更した位置を四つ選び、第三体のそばに番号をつけた。しかしもっとたくさん、たとえば一〇〇体の初期位置を考え、それらを当初の各体を中心とする小さな円の内側に集中させることもできる。それから各体の軌道を別々に計算し、細かい時間間隔で座標を記録すると、軌道が発散することがわかる。

密集していた点がかなりすばやく広範囲にちらばっていく。この拡散現象は、点のサンプルを囲む最小の凸（閉）曲線を描き、曲線の内側の面積を計算することによって、最もよく記述できる。凸曲線とは、曲線内部の任意の二点を結ぶ線分が常に内部に含まれる曲線のことである。この曲線と内部を合わせて凸集合と呼ぶ。この面積を時間の関数として図示すると、時間の矢の定義が得られる。時間の矢とは、面積が増加していく方向である。通常、凸集合の拡散は急速に起きるので、値が一〇倍に増えると一単位の増加となる対数スケールを使うほうがよい。これをすると、「コルモゴロフ＝シナイのエントロピー」という概念にたどり着く。さらに先へ進む前に、エントロピーの意味を確認しておこう。

熱と物質

エントロピーは熱と物質に関係する。熱と物質に関する近代的な概念は、物質がさまざまな粒子とその集団で構成されていると考えたアイルランドのロバート・ボイル（一六二七〜九一）までさかのぼる。彼は著書『懐疑的な化学者』（一六六一。『世界大思想史全集、社会・宗教・科学思想篇』〔河出書房新社〕収録、大沼正則訳）において、金以外の元素から金を作ろうとした錬金術師たちを批判した。彼は元素について、いかなる手段を用いてもそれ以上分解できない物質と定義した。彼は科学の一分野としての化学を創始した人物と言える。

ボイルはまた、熱とは物質の内部で生じる粒子の運動の表れであることに気づいた。たとえば、木の板に釘を打ち込むとしよう。釘が板の中へと進んでいく限り、顕著な熱は生じない。しかし釘が頭まで板の中に入ってもなお打ち続けると、釘が熱くなっていく。叩いても釘がそれより奥へ入っていくことはなく、釘の内部で運動が生じ、それが熱として観察される。

ドイツの医師ユリウス・ロベルト・フォン・マイヤー(一八一四〜七八)は、熱をエネルギーの一形態ととらえた。彼とは別に、イギリスのジェイムズ・ジュール(一八一八〜八九)も同じ結論に達した。ジュールによる、熱、電気、力学的仕事に関する巧妙な実験は、エネルギーが失われることはなく、ある形態から別の形態へと変換されるだけだということを科学界が受け入れるのに不可欠だった。ドイツの物理学者ルドルフ・クラウジウス(一八二二〜八八)は、最終的にこのことを次のように定式化した。*

* 現代の言い回しでは、われわれは宇宙について論じるのではなく、もっと地味に、たとえば世界から実質的に隔離された容器のような閉鎖系について論じる。

宇宙のエネルギーは一定である。

エントロピー

熱と物質を扱う学問分野は、熱力学と呼ばれる。熱力学の第一法則は、前述のとおりである。第二法則からは、「エントロピー」と呼ばれる量の存在が導かれる。エントロピーとは、無秩序性やランダム性の尺度である。第二法則によれば、孤立系ではエントロピーは減少しない。たとえば水の入った容器を用意し、可動な仕切りで内部を二つに分けるとしよう。容器の一方の側にインクを加えて均一に撹拌してから仕切りを外す。すると、インクがだんだんと容器全体に拡散していく。片側にきれいな水が入り、反対側にインクの混じった水が入って成り立っていた秩序が低下し、インクが全体に広がった状態となる。このあとどれだけ待っても、逆戻りはしない。無秩序は増大するしかないのだ。

エントロピーという概念は、フランス革命を主導した一人、ラザール・カルノー（一七五三〜一八二三）にさかのぼる。一八〇三年、彼はいかなる自然過程においても有用なエネルギーは拡散する傾向をもつと記した。息子のサディ・カルノー（一七九六〜一八三二）が父親の研究を引き継ぎ、その研究から熱力学の第二法則が生まれた。（クラウジウスによれば）それは次のような法則だ（189ページの傍注を参照）。

宇宙のエントロピーは最大へ向かう。

一八五〇年、クラウジウスが初めて適切な数学的形式で第二法則を言い表した。それでもなお、熱力学の法則を物質の原子構造と結びつけるという課題が残った。これについては、アメリカのイェール大学に所属するアメリカ人のウィラード・ギブズ（一八三九～一九〇三）と、オーストリアのウィーン大学に所属するオーストリア人のルートヴィヒ・ボルツマン（一八四四～一九〇六）が別々に解決した。ギブズとボルツマンは、統計学を用いて熱力学の第二法則を説明した。先ほどのインクを加えた容器の例で言えば、分子の運動の法則には、すべてのインク粒子がいっせいに容器の片側に戻るのを妨げる縛りはない。ただしそのようなことが起きる確率は統計的に非常に低く、現実的にはほぼあり得ない。ポアンカレはそれを認めようとせず、すべてのインク粒子がいつかは片側に戻るはずだと主張していた。ただひたすら待てばよいのであって、したがってボルツマンが統計学にもとづいて第二法則を導き出したのは妥当でないとポアンカレは訴えた。ボルツマンは他の物理学者からも同様に批判され、その批判は彼の生涯の大半にわたって続いた。

ボルツマンに与する者もいて、エディントンもその一人だった。エディントンにとって、物理学全体で最も根本的な法則は熱力学の第二法則だ。彼はこう述べている。

私が思うに、エントロピーが常に増大するという法則は、自然界の法則のなかで最高の地位を占めている。仮に、宇宙に関するあなたの持論はマクスウェル方程式に合致しませんと誰かが指摘してきたとしよう。観測によって持論の矛盾が明らかにされるまでは(実験家たちもときには誤りを犯すこともある)これはマクスウェル方程式にとって、はなはだ由々しきことだ。だが、持論が熱力学の第二法則に反することが明らかになった場合には、希望はもてない。持論はなすすべもなく、このうえもなく深い屈辱にまみれて崩れ落ちるしかない。

彼はもっと端的に、こんなことも言っている。

かき混ぜたものをもとどおりに戻すことだけは、自然にはできない。

エディントンにとって時間の矢とは、最も根本的な法則である熱力学の第二法則からおのずと生じるものだった。エントロピーが増大すれば、時間は前に進む。

他の点で、エディントンは非決定論の擁護者でもあった。非決定論とは、ある事象が先行する事象によって引き起こされるのではなく、ランダムな要素が強くかかわるという考え方だ。この点でエディントンはボルツマンと同じ考えで、アインシュタインとは違っていた。「神は宇宙を相手にサイコロ遊びなどしない」というアインシュタインの有名な言葉は、われわれが自然界における因果関係を正しくとらえるのを妨げているのは人間の理解力の限界だけだという、彼の確信を表している。この考えゆえに、アインシュタインは量子力学の基本原理の一つである不確定性原理を認めなかった。量子力学では、いかなる事象も確実ではなく、あらゆる結果が確率にすぎないとされる。

もっと最近の非決定論の擁護者としては、ベルギーの化学者イリヤ・プリゴジン（一九一七～二〇〇三）が挙げられる。彼は著書『確実性の終焉』（安孫子誠也・谷口佳津宏訳、みすず書房）で、決定論はもはや現実的な理論ではないと主張し、次のように語っている。

われわれが宇宙について知れば知るほど、決定論を信じることが難しくなる。

彼は、たとえば先ほどのインクを入れた容器の例で説明したような不可逆性や、三体問題で見られる不安定性があるがゆえに、ニュートン、シュレーディンガー、アインシュタインの法則から導かれるはずの決定論を支持することはできないと指摘している。

非決定論に対するエディントンの信念には、哲学的な基盤がある。彼は、自然の非決定性ゆえに、人間には自由意志があると信じていた。ニュートン力学の機械論的なモデルでは、人間には自らの運命を知る術がないにしても、各人が誕生した時点ですべてがあらかじめ決定しているとされる。これに対しエディントンの確率論的な世界では、あらかじめ決定された物事などいっさい存在しないとされる。

コルモゴロフ゠シナイのエントロピー

熱力学の第二法則は、多数の原子が存在する場合に成り立つ統計的な法則だ。では、三体系のような一つの系についてはどうなのか。ここで登場するのが、ロシアの数学者アンドレイ・コルモゴロフ（一九〇三〜八七）（図4・2）と彼の指導学生ヤコフ・シナイが一九五八年と一九五九年に二本の論文で提示したエントロピーの新しい定義だ。[*] ロシアの物理学者ジョージ・ザスラフスキー（一九三五〜二〇〇八）は、一九八五年の著書『力学系のカオス』において、これを少し簡略化した定義を示した。ロシアの天文学者アルトゥル・チェルニンと彼の共同研究者らは、これを三体問題に用いた。

先ほどアゲキャン゠アノソヴァのマップのところでやったのと同じように、一つの点が三体系を表すものとして、「相空間」と呼ばれる数学的空間でその点の動きを追跡しよう（アゲキャン＝アノソヴァのマップは、単純な相空間の例である）。一般にこの空間は高次元だが、前述した三体系については二次元だけで十分であり、代表点は平面（相平面）上に存在する。ここで系の進化は、平面上で点が示す運動によって完全に決定される。これは三体の運動を表す三本の線を描くのとは違い、系の進化をもっと抽象的に表現する方法である点に

＊　アンドレイ・コルモゴロフは、もとはコルモゴロフという姓ではなかった。彼はロシア革命で父を亡くし、母も出産時に亡くなったため、ロシア貴族のおじに育てられ、その姓を受け継いだ。学校で優秀な成績を収め、鉄道の車掌として短期間働いたあと、モスクワ大学に入学した。一九二五年に卒業するまでに、すでに八本の論文を執筆していた。一九三一年にはモスクワ大学の教授に就任した。

友人のアレクサンドロフと共同で、モスクワ郊外のコマロフカという村に家を購入し、客員研究員や大学院生のための研究所とした。アレクサンドロフとコルモゴロフは誰にでも食事をふるまった。ここを訪れた者たちはみな、帰るときには心も体も満たされ、書物からは学べないような数学のアイデアにあふれていた。コルモゴロフが指導したヤコフ・シナイは、のちにプリンストン大学の数学教授となった。数学に関するコルモゴロフの最初の発見は、五歳のときに奇数の数列の和に規則性を見出したことだった。

$1 = 1^2$

$1 + 3 = 2^2$

$1 + 3 + 5 = 3^2$

$1 + 3 + 5 + 7 = 4^2$ など

図4.2　アーサー・エディントン（左、Wikimedia Commons）とアンドレイ・コルモゴロフ（右、クレジット：Kvant magazine）。

注意する必要がある。

相空間の例として、天気予報で示される気温図を考えてみよう。この図自体には東西方向と南北方向の二つの座標があり、低温は青色、高温は赤色、中間の温度はスペクトル上の中間の色で色分けして表示される。この図の進化を時間ごとに観察すれば、気象系の相空間の記述が得られる。

前述したとおり、今ではエントロピーの概念が実際の空間とほぼ同一の系、すなわち相平面の研究から得られている。時間を追っていくと、代表点は相平面上に広がる。この相平面という系ですべての代表点を囲む領域の面積（の対数）をエントロピーの量的尺度として用いる。このようにエントロピーの概念を拡張すれば、熱力学の第二法則の正当性を証明するのに大数の統計が要らなくなる。考慮すべき物体が三つになった段階で、この法則はすでに本質的な情報を与えてくれている。宇宙に三つ以上の物体が存在するようになったとたん、時間の矢が出現する。それはコルモゴロフ＝シナイのエントロピーが増大する方向だ。宇宙には物体が三つより多く存在することがわかっているので、時間の矢の問題は存在しないということになる。

フラクタル

フラクタルという新しい用語は、一九七五年にニューヨークでＩＢＭに勤務していたポーランド出身の数学者ベノワ・マンデルブロ（一九二四〜二〇一〇）が、ある図形を近くから見ても遠くから見ても同じように見える「自己相似性」を指す言葉として考え出した。フラクタルを拡大すると、そのパターンそのものかそれに類似したパターンがどんどん縮小しながら繰り返されていることがわかる。自己相似性という概念についてはゴットフリート・ライプニッツまでさかのぼることができるが、一八七二年にドイツの数学者カール・ワイエルシュトラスが最初の例を発表するまで、あまり関心を集めなかった。ドイツの数学者フェリックス・ハウスドルフ（一八六八〜一九四二）は一九一八年、フラクタルが通常の二次元（平面）や三次元（立体）といった整数次元ではなく、たとえば二・一次元のような非整数次元をもち得るという重要な考えを導入した。そして一九六〇年代に入ると、マンデルブロがフラクタルを研究の中心的な位置へと導いた。

マンデルブロは一九六七年に「イギリスの海岸線はどのくらい長いか？　統計的自己相似

性と分数次元」という論文を発表した。彼はこの論文で、海岸線の長さは測定の尺度によって変動することを指摘した。測定の尺度を小さくして実験すれば、長さ三〇センチメートルの定規で測った場合よりも長さ一メートルのメートル尺で測った場合のほうが、長さは短くなることがすぐにわかる。計測に使う物差しを短くしていくと、どうやら長さが無限に伸びるらしい。これは、スケールの小さな細部がどんどん見えてくるからだ。もちろん実際にはこの手法を原子の大きさまで持ち込むことはできず、それより手前の段階で終わりにせざるを得ない。マンデルブロは、測定に使う物差しを短くしていくと海岸線の長さがどのくらいの速さで伸びるかを表す数式を発見した。この式には、次元Dと呼ばれる量が含まれている。仮に海岸線が完全な直線であれば、次元Dは一となる。一方、海岸線が入り組んでいればいるほど次元は上がるが、二を超えることはない。次元Dが二の場合、海岸線は非常に入り組み、二次元の地図を完全に塗りつぶしてしまう。イギリス・ブリテン島の西海岸については、マンデルブロは次元が一・二五であることを突き止めた。

マンデルブロは海岸線をフラクタルと見なすことによって、分数次元という概念にたどり着いた。地図を拡大すると、拡大前の地図と同じような入り組んだ線が、前よりも小さいスケールで現れる。この作業は、スケールをどんどん小さくして続けることができる。地図の埋め込み次元は二だと言われる（地図は二次元の平面上に描かれるので）が、海岸線の次元

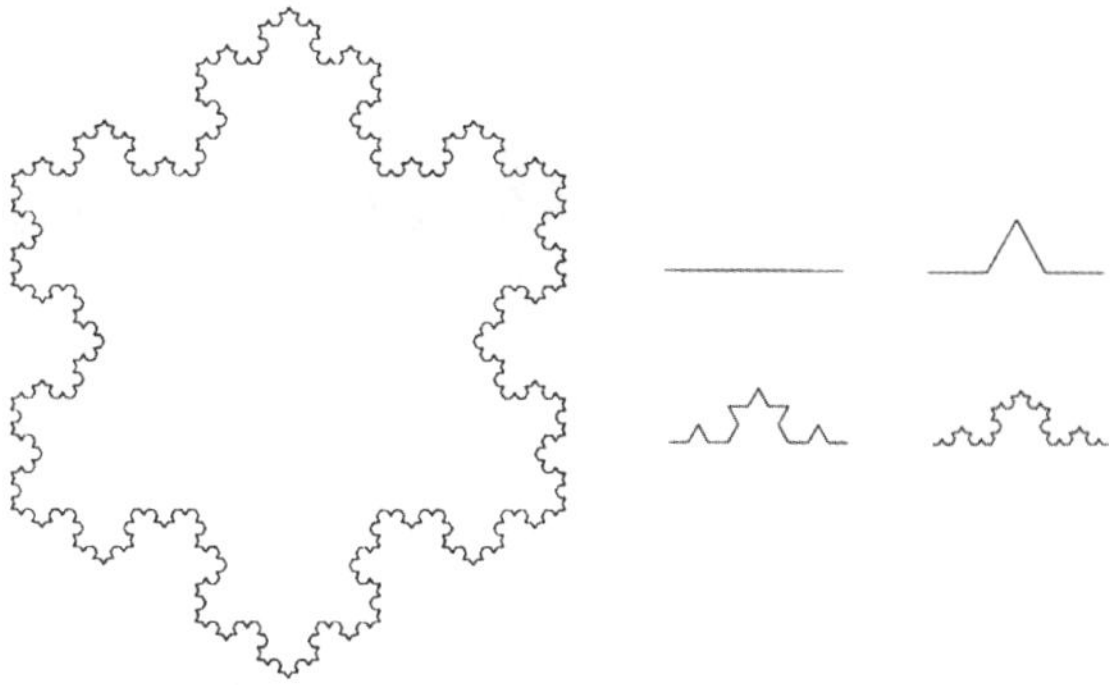

図4.3　コッホ雪片（左）と、コッホ曲線を作成する最初の4ステップ（右）。

は一・二五にすぎない。それでも一より大きいことは確かだ。

フラクタルの古典的代表例として、図4・3に示すようなコッホ雪片がある。これは三つのコッホ曲線をつなぎ合わせた図形だ。コッホ曲線という名称は、一九〇四年にこの曲線を記述したスウェーデンの数学者ヘルゲ・フォン・コッホ（一八七〇〜一九二四）に由来する。この曲線を作成するには、いくつかのステップを踏む。まず一本の線分から始めて、それを三等分する。次に、図4・3（右）に示すように、中央の部分をこれと同じ長さの線分二本で置き換える。各線分に対してこの手順を何度も繰り返していく。その結果として得られる曲線には、曲線のどの部分を拡大しても、その拡大した部分は曲線全体と同じ形状に見えるという特性がある。各ステップで曲線の長さが三分の四倍に伸び、そのため極限では長さが無限大となるこ

図 4.4　シェルピンスキーのギャスケット（左）と、それを作成する最初の数ステップ（右）。

とが容易に理解できる。

　もう一つの代表的な例として、シェルピンスキーの三角形、別名シェルピンスキーのギャスケットがある。これはポーランドの数学者ヴァツワフ・シェルピンスキー（一八八二〜一九六九）にちなんで名づけられた。彼がこのフラクタル集合を記述したのは一九一五年だが、じつはそれより何世紀も前に装飾的な模様として存在していた（図4・4）。

　前述の三体問題（アゲキャンとアノソヴァの等質量・自由落下問題）では、埋め込み次元は三だ。しかしフラクタル性により、ハウスドルフ次元Dは二・一となる。このことは、トゥルク大学のペッカ・ヘイナマキと共同研究者らによって発見された。

　フラクタルにはもう一つ、間欠性という重要な特性がある。間欠性とは、しばしば系がかなり予測可能なふるまいを示したかと思うと、突如としてカオス的になるということだ。三体系もそのようにふるまう。三体がしばらくカオス的に互いを周回し、それから系が連星と第三体に分裂する。ゼベヘリーの用語を用いて、最初の段階は「相互作用」、その後に起きることは「放出」と呼ばれる。放出と似た「脱出」という現象が起きることもある。脱出では第三体が戻ってこないので、系は永久に二つに分裂したままとなる。

三体問題のカオス

脱出が起きたあとで、系の特性を測定することもできる。第三体が連星から遠く離れると、外向き速度は一定値に近づき、連星の離心率とその軌道の大きさも一定値に近づく。これは、連星と第三体が遠く離れ、互いに大きな影響を及ぼさなくなるからだ。これらの数値が系の最終状態を完全に決定する（したがって埋め込み次元は三である）。

脱出が起きたあとで、脱出に至るまでの三体系の生涯を記録することもできる。計算された生涯は「曲線三角形」の内側で第三体が最初にあった位置に置かれる。数字の代わりにカラーコードを使えば、もっと簡単になる。特定の範囲内の生涯について、特定の色を使って表示する。このようにして、曲線三角形の内側の各点について軌道を計算したあと、三角形に色をつける。もちろんこれはある一定の解像度でのみ実行でき、色はピクセルごとにつける（先ほどの気象図の類推を思い出してほしい）。標準的なアゲキャン＝アノソヴァのマップについて考えるだけでなく、対称領域も加えると、その結果として得られる図形はマサイ

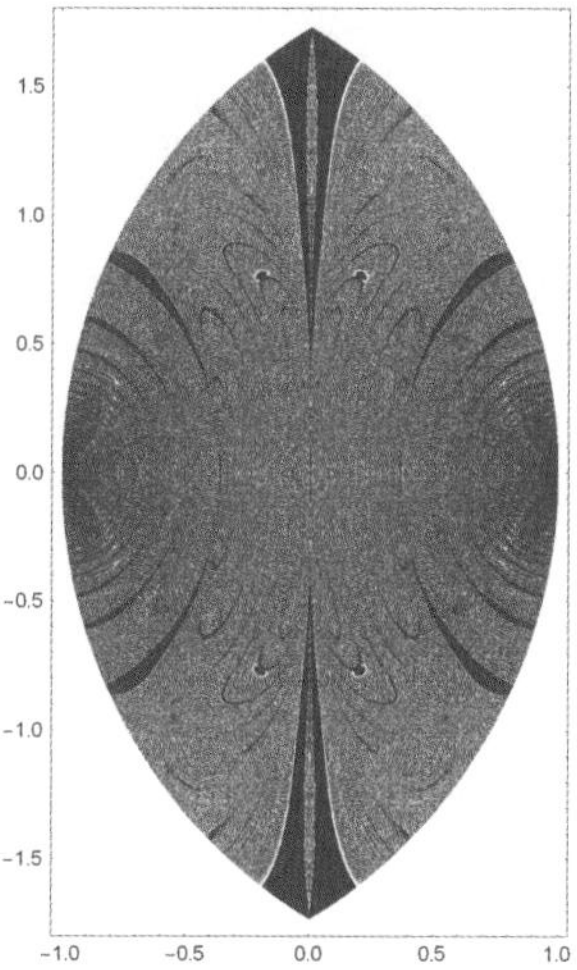

図4.5　カラーコードを使うと、三体系の初期点の色によって存続時間が示される。青は短命、黄色は長命であることを示す。縦軸と横軸の両方について鏡映対称性があることに注目したい。これは、三体すべての質量が等しく、三体すべてが静止状態から開始するという対称性から生じる。この形状はマサイ族の盾に似ている。

族の盾のような形状となる（図4・5を参照）。

トゥルク大学のハリー・レヘトと共同研究者らは、三体問題では通常、特定のピクセルを取り囲むピクセルの色を予想することはできないということを発見した。特別な領域でのみ、色が一様になる。実際、際立った特徴として、ランダムに色のついた領域の上に帯状の色の筋が現れる。拡大していくと、拡大を続けられる限り同じパターンがずっと続く。つまり、真にフラクタルなプロセスが生じているのだ（図4・5、4・6、4・7）。マンデルブロも純然たる数理モデルを用いて、これとかなり似た画像を生成している。

これらの結果から、アゲキャンなどの研究者らが先に用いた無作為標本抽出法の正しさ

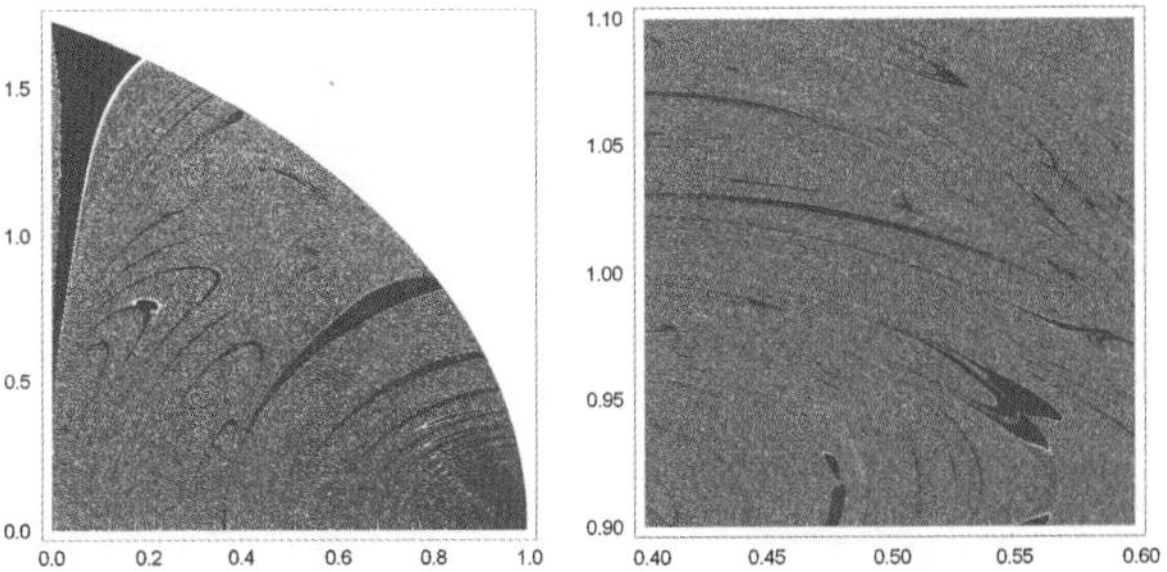

図 4.6　アゲキャン＝アノソヴァのマップに対応するマサイ族の盾の 4 分の 1（左）と、その一部をさらに拡大したもの（右）。フラクタル構造は、観察するスケールとは無関係に繰り返される。

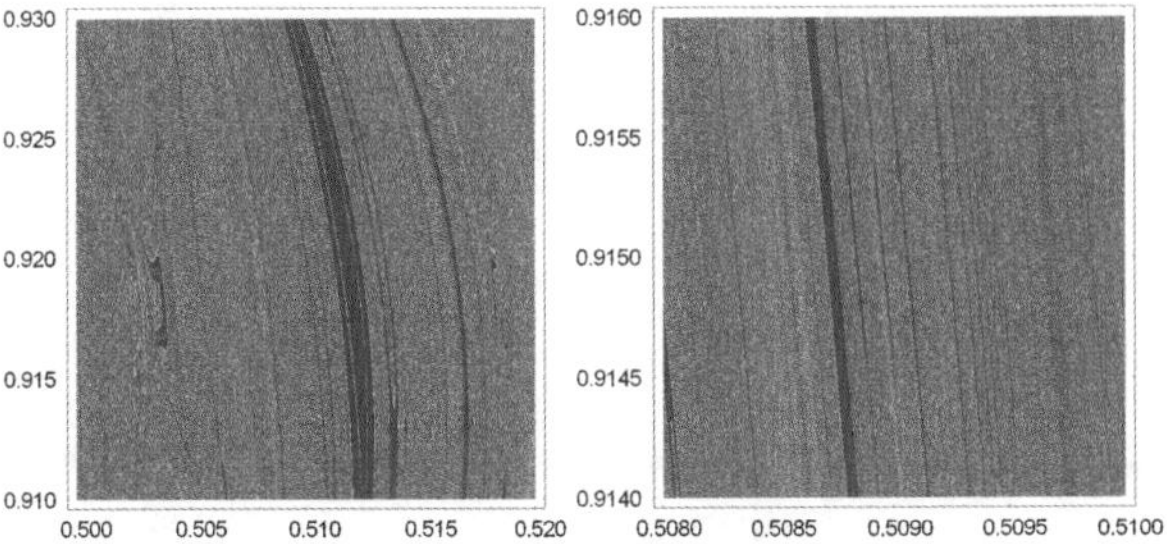

図 4.7　マサイ族の盾を拡大し、表示する範囲を狭めている。縞状の構造とその構造に挟まれたドット模様（完全なカオス）の領域が示されている。これは自然界のフラクタルの好例だ。どれほど拡大しても、アゲキャン＝アノソヴァのマップの領域が 1 色で塗りつぶされることはない。

が証明される。一般に、各体の質量が等しくない三体系や、各体の速度が有限な状態から開始する系、あるいは全体が回転している系などを考慮する必要がある。あらゆるケースを網羅すれば、ここで示した図で見られるように膨大な点を打つことになるが、それは明らかに実行不可能だ。そもそも、そんなことをする必要もない。というのは、完全なカオスを扱っていると想定すれば、エルゴード仮説から三体問題のすぐれた統計モデルが得られるからだ。

記号力学

先に示した図は、細かいピクセル解像度で計算されている。しかし場合によってはわざと解像度を下げ、相空間を数個の領域に分割するほうがよいこともある。このように分割したうえで、境界をまたぐ軌跡を追跡する。特定の領域内での滞在を、たとえば1、2、3、4、5のような数字で記録する。このような粗い分割の例が、先ほどのアゲキャン＝アノソヴァのマップで示されていた。そこでは領域がH、A、M、Lと記されている。軌跡全体は数字か文字の連なった列となり、こうした記号の列について調べるのは多くの点で容易だ。このアプローチは、一九六九年にロシアの数学者ウラジーミル・アレクセイエフ（一九三二〜八〇）によって先駆的に導入された。彼は学生時代にコルモゴロフの指導を受け、のちにモスクワ大学の教授となった。今では軌跡における特定の数字または文字の出現頻度か、または特定の領域間をまたぐ移動の発生頻度を用いて、エントロピーを定義することができる。

　記号力学モデルは、ある国から別の国への貨物輸送にたとえることができる。多くの場合、特定の貨物が新しい国に到着したときだけ記録すれば事足りる。国にコード（国際電話の国コードのようなもの）が与えられていれば、輸送車両の進行状況は国コードの並んだ列で十分に記述できる。多くの場合、輸送を一キロメートルごとにいちいち記録すれば情報が過多となるばかりで、そのような情報は国境通過の記録ほど有用ではない。

　アレクセイエフは、記号力学を三体問題の興味深い特殊な状況に適用した。その状況とは、三体のうち一つは質量が無視できるほど小さい（この問題は制限三体問題という区分に属する）というものであり、質量の等しい大きな二体は共通重心のまわりを円または楕円のケプラー軌道で回る。小さな一体は大きな二体の主星から影響を受けるが、質量がきわめて小さいので、主星の運動に影響を与えることはない。小さな一体の軌道は重心を通り、主星の軌道面に対して垂直である。この三体系は、ロシアの数学者キリル・シトニコフにちなんでシトニコフ問題と呼ばれている。小さな一体は主星の軌道平面を突き抜けて上下に行き来するが、その運動は計算可能である（図4・8）。

　アレクセイエフは記号力学を用いて、いかなる数の列を任意に選んでも、シトニコフ問題にはその数の列を実現する解が存在することを証明した。たとえば9、4、5、2……とい

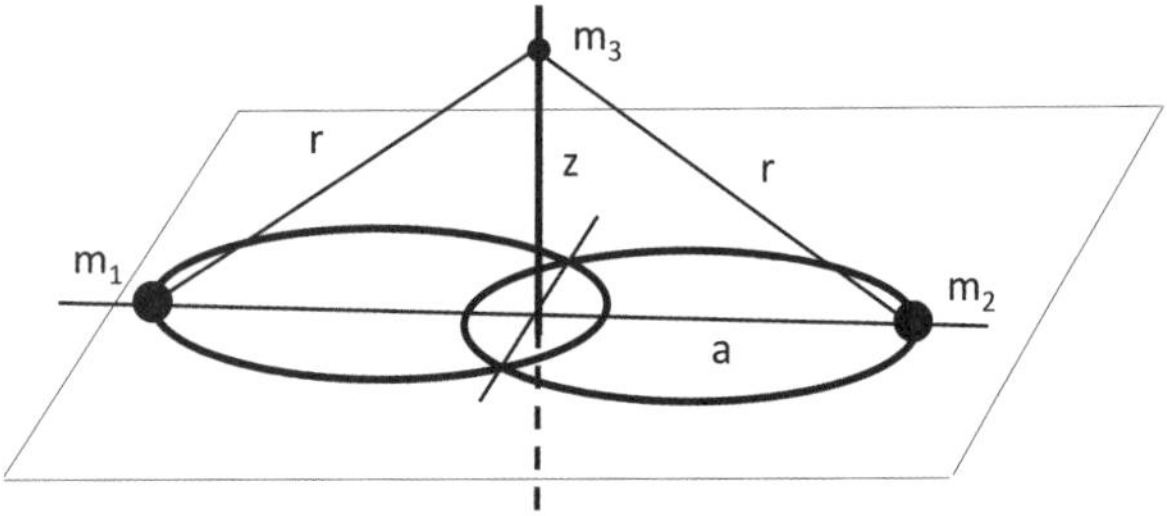

図 4.8　シトニコフ問題。質量ゼロの第三体は、等質量の二体がケプラー軌道で運動する平面に対して垂直に運動する。

う数の列については、小さい一体が平面の上側で九時間単位を過ごしたあと、四時間単位を平面の下側で過ごし、それから五時間単位を平面の上側で過ごし、続いて二時間単位を平面の下側で過ごし……といった具合だ。ここで時間については、主星の軌道周期を単位として計算する。この過程は、質量の小さい一体が遠くから（無限遠から）やって来るところから始まって、何回か上下動を繰り返したあと遠くへ（無限遠へ）脱出するところまでのこともあり得る。現実には、連星は等質量の二つの恒星で、小さな一体はこの連星を探査するために送られてきた宇宙船ということもあり得る。アレクセイエフの解によれば、この恒星系を訪れて、上下に往復しているあいだに探査してから地球に戻ることが可能で、その途中でロケット燃料を使う必要がまったくない！　適切な方法で出発するだけでよいのだ。[*]

　モスクワ大学のアルトゥル・チェルニンと共同研究者ら（本書著者のアレクサンドル・ミュラリとヴィクトル・オル

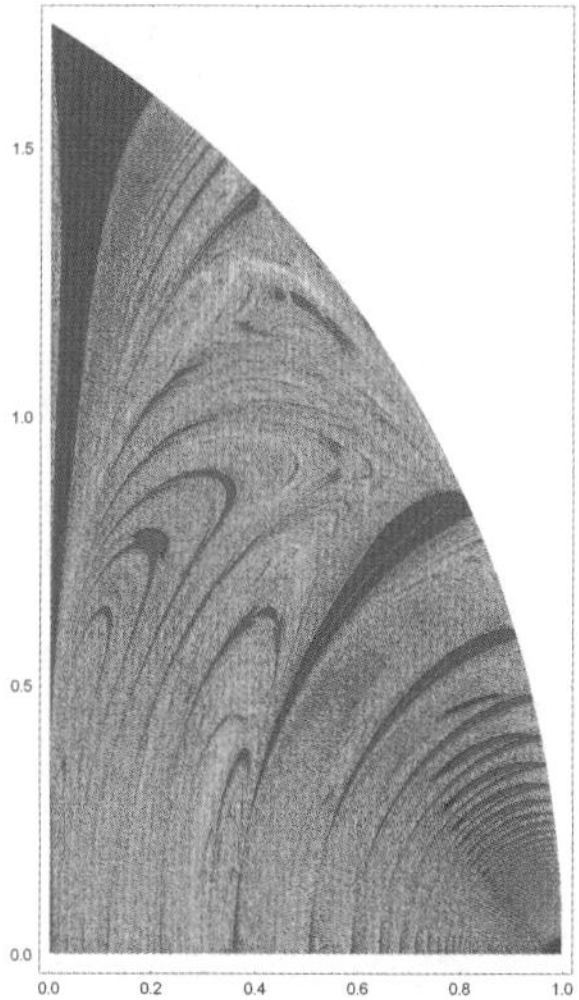

図4.9　アゲキャン＝アノソヴァのマップを4つの領域（H、A、M、L）に分割した場合のエントロピー。部分ごとにエントロピーの値を色分けしている。低い値は青、高い値は薄茶色で示す。

ロフを含む）は、アゲキャン＝アノソヴァ型の三体問題におけるエントロピーの分布を調べた。たとえば、マップ上の四つの領域を表す文字からなるMHMLMAHML……のような配列が得られる。チェルニンらは、マサイ族の盾に似た構造を発見した。このマサイ族の盾で、寿命の短い系は低いエントロピーに対応する。エントロピーの低い軌道は、原理的に可逆である。寿命の長い系はエントロピーが高く、このような系では時間を反転させることができない。マップのおよそ半分は、反転不可能な系で覆われている（図4・9）。

三体衝突

＊　もちろん、これは純粋に理論上の結果である。実際には、軌道の細かな修正が必要となるだろう。

三体の運動を動画にしたとして、それが時間の正方向に再生されているのか逆方向に再生されているのかがわからないくらいに、逆方向の場合に正方向と同じように順調に進行することがないのはなぜなのか、その理由が依然として納得できない人もいるかもしれない。ふつうの動画なら、再生も逆再生もできるが、どちらが合っているかは容易にわかる。たとえばカップが床に落ちて粉々に砕けるシーンと、破片が集まって床から飛び上がり、完全なカップになるシーンを見た場合、どちらの時間の流れが正しいか、判断に迷うことはない。

対照的に、ピタゴラス三体問題では第三体が脱出するのが見られる。時間を反転させて見ると、遠くからやって来た同じ一体が連星にとらえられ、最後に三体がきれいなピタゴラスの三角形の配置をとる。先に見た進化経路が正しくて、あとに見た経路が正しくないと、どうしてわかるのか。単純に前進方向の軌道を計算し、いくらかの（かなり長い）時間が経過したところで時間の流れを逆にし、初期配置に戻るまで経過を逆戻りしてみよう。やってみると、およそ五割の確率で失敗することがわかる。軌道はとても複雑で、どれほどきちんと計算しても、初期状態に戻るどころか近づくことすらない。計算方法を改良し、使用するコンピューターを大きなものにしていけば、初期状態に戻れるケースが増えるかもしれないが、それでも時間の流れの前進と後退には質的な違いがある。時間をさかのぼることはできない。それは宇宙の三体についても同じなのだ。

スンドマンの解でも、似たような状況が生じる。スンドマンの解も逆行させることができるが、有限時間内に正確な軌道を与えていないため、いかなる方法を用いても実際には時間を反転させることができない。まさに同じ制約により、軌道計算を使った三体問題の解において時間の流れの向きが定められる。

いずれ巧妙な数学的トリックが発見されて、どんな場合でも時間の反転が可能になるのではないかと思う人もいるかもしれない。だが、その期待は三体衝突によって打ち砕かれる。三体衝突では、三体が同時に同じ点に集まる。この時間の流れを反転させると、この点から三体が出現することになるが、これは逆再生した動画でカップの破片が床から浮かび上がって完全なカップになるのと同じく、物理的に納得しがたい。三体衝突点は、たとえばアゲキャン＝アノソヴァのマップ上の点で定義される三体系などに存在する。さらに、二体が衝突する二体衝突点も存在する。しかし各体が弾性的に跳ね返ると仮定することで、軌道を物理的に続行させることもできる。だが、三体衝突は時間の反転に対する究極の障壁となる。

じつはスンドマンもすでにこの三体衝突の問題に気づいていた。彼は自分の考えた公式が成り立つために三体衝突が起こらないことを前提とした。一般に、時間の流れの向きを決定するには複数の三体軌道が必要だ。たとえば初期状態の異なる系を一〇〇個選び、アゲキャン＝アノソヴァのマップ上でそれらを表す点が収束しているのを見つけた場合、今まで見ていた動画は時間の流れの向きが間違っていたということになる。収束する場合、コルモゴロフ＝シナイのエントロピーが減少するので、これは不可能だとわかる。つまり、時間の矢が間違っていたのだ。

第5章
太陽系

われわれの太陽系

われわれの太陽系の中心には、太陽という恒星がある。太陽は太陽系で唯一の主要な光源として、核反応によってその内部の奥深くで光を生み出す。系内にある他の主要な天体は惑星だが、これらは高温や高圧をもつには小さすぎて、内部で核反応を開始することができない。したがって、これらの惑星はもっぱら太陽光を反射することで輝く。はるか彼方から惑星を見つけ出すのは難しいだろう。

惑星の軌道はほぼ円形で、共通の平面の近くに位置する。われわれの太陽系には、主にガスからなる大きな惑星として木星、土星、天王星、海王星の四つがあり、これらより小さい岩石惑星として水星、金星、地球、火星の四つがある。岩石惑星には、少なくとも原理的には歩くことのできる明確な表面が存在する。水星には大気がないので、昼間は非常に高温で、夜間はきわめて低温になる。金星には厚い大気の層があり、暴走温室効果のせいでオーブンのように高温となっている。火星は夏期には赤道付近で氷点を超えるが、全体として気候は地球よりも寒冷だ。

水星と金星以外の惑星には、それぞれの「月」と呼ばれる衛星がある。地球には大きな月が一つある。木星には大きな衛星が四つあり、他の惑星にもそれぞれ数個ずつ存在する。観測技術の向上に伴い、小さな衛星の数が増え続けている。

火星と木星の軌道のあいだには小惑星帯があり、最大で直径一〇〇〇キロメートルまでのさまざまな大きさの岩石天体が集まっている。これらの小惑星はおおむね安定した軌道を描いているが、ある特定の距離では惑星の軌道との共鳴によって、小惑星帯内に間隙（前に触れたカークウッドの間隙）が生じる。そのため小惑星が小惑星帯から投げ出されることがあり、場合によっては地球の近くを通過することもある。直径が数メートル以下の天体は、流星物質と呼ばれる。流星物質が観測されるのは、主に地球の大気に突入し、燃焼しながら流星と呼ばれる現象を引き起こすときだけだ。

彗星は、太陽の影響を受けて蒸発することによって壮観を呈する。彗星の核自体は比較的小さく、直径はわずか数キロメートルだが、彗星自体が昇華して生じた星雲状物質（コマ）に囲まれ、さらに長い尾を引いている。夜空で壮大な姿を見せる彗星は、古代から記録されてきた。通常、彗星の核は汚れた雪玉と言い表される。欧州宇宙機関（ＥＳＡ）が打ち上げたロゼッタ探査機の着陸機フィラエは現在、チュリュモフ・ゲラシメンコ彗星に着陸し、彗

図 5.1　2015 年に探査機ニューホライズンズが撮影した冥王星とその衛星カロン。（クレジット：NASA/APL/SwRI）

星の構造に関する詳細な調査を初めておこなっている。ここで、この実験について詳しく説明しよう。

　ほとんどの彗星は多くの場合、太陽から遠く離れた「オールト雲」と呼ばれる領域に滞在する。そこにある彗星を検出することはできない。彗星の軌道が大きく乱れ、いくつかの彗星が太陽に向かってほぼ一直線に飛び出すと、彗星は視認可能になる。オールト雲の存在は、観測された彗星から間接的に推測できる。もっと詳しく見ると、海王星の軌道のすぐ外側に「カイパーベルト」と呼ばれる領域がある。ここには彗星に似ているが太陽から遠く離れているので明らかに蒸発はしない天体や、準惑星と呼ばれるさまざまな大きさの天体が存在する。最初に発見された準惑星である冥王星（図5・1）は、長らく天文学の文献では惑星として扱われていた。最近になって冥王星に似た「冥王星型天体」がさらに発見されたのに伴い、新たな惑星のリストがむやみに長くなるのを止めるために、この新しいカテゴリーを作り出す必要が生じた。それでもカイパーベルトの外側かオールト雲の内側のどこかに、まだ本物の惑星が隠れている可能性が考えられている。

オールト雲とカイパーベルトはそれぞれ、こうした太陽系の外側領域の存在を最初に提案したオランダの天文学者、ヤン・オールトとジェラルド・カイパーにちなんで名づけられた。

月の運動

古代のバビロニアやギリシャの人々はすでに、月が星空を規則的に動くわけではないことを理解していた。アイザック・ニュートンは、そうした不規則性についての説明を始めた。それを説明することは、彼の重力理論を確かめる重要な試験と考えられた。不規則性が生じる原因の一つは、月の軌道がわずかに離心していることにある。ケプラーの第二法則によれば、月は地球に近づくほど速く動き、遠ざかるほど動きが遅くなる。その差は大きくはないが、月が空で見せる運動に測定可能な変化を引き起こすには十分だ。

ニュートンは、地球を周回する月の軌道運動が純然たる二体運動ではないことにも気づいていた。地球も月も太陽の引力の影響を受けるうえに、両者の受ける作用は完全に同じではないのだ。軌道周期の半分では一方のほうが太陽の近くに位置し、軌道周期の残り半分では他方のほうが太陽の近くに位置する。地球と月が太陽から受ける作用は太陽による摂動と呼ばれる。月の地球周回運動は摂動を受けるとも言われる。摂動によって軌道の形状と方向が半年周期で変化し、一カ月周期で月の速度が上下する。また、月の軌道の大きさは、地球が太陽に最も接近する一月にはわずかに大きくなり、地球が太陽から最も遠ざかる七月にはわずかに小さくなる。こうした不規則性によって、月は摂動がない場合にあるはずの位置からずれるのだ。

月の運動にはさまざまな影響が関与するので、ニュートンはそれらすべてを万人が納得できる形で明らかにすることはできなかった。前に見たとおり、ニュートンの重力の法則は疑念を向けられてさえいた。クレロー、オイラー、ダランベールは状況を最終的に整理し、ニュートンの法則が誤っていないことを証明した。彼らとニュートンは、摂動理論を用いて太陽－月－地球の三体問題を解決した。これによって、この系は安定しており、月が地球に落ちてくる心配はないことが明らかになった。

月に関する理論を複雑にする要因の一つは、地球の自転軸が二万六〇〇〇年周期で歳差運動をすること（すでにヒッパルコスはこれに気づいていた）に由来する。さらにこの軸には一八・六年周期のうなずき運動（章動）があり、これが日食のサロス周期を引き起こす。章動は、ジェイムズ・ブラッドリーが一七四八年に発見した。それからわずか一年後、ダランベールがニュートン力学に基づいた章動理論を書籍として発表した。彼はこの成果をオイラーに伝えたが、オイラーはそれを難解だと感じ、ダランベールの著書を簡単にしたものを作成した。しかし理由は不明だが、オイラーはダランベールの名を出さなかった。このせいで、当時の二人の偉大な科学者の関係は完全に壊れてしまった。のちにオイラーは謝罪したが、関係を修復する助けにはならなかった。

潮汐

厳密に言うと、月の運動に関しては標準的な三体問題を解くだけでは足りない。天体は、純粋な三体理論が仮定するような質点ではない。ここで特に重要な役割を果たすのが潮汐である。ドイツの哲学者イマヌエル・カント（一七二四〜一八〇四）は、一七五四年にそのことに気づいた。月に面した地表では潮汐による膨らみが生じ、地球の裏側でも同様の膨らみが生じる。通常、その高さは二〇センチメートルほどにすぎない。しかし浅い海域では潮汐作用が格段に大きくなり、水位の上昇が数メートルに達することもある。同時に地球は自転しているので、この自転によって、月の真正面で生じた最大の膨らみが地球の自転方向のやや前方に移動する。これは、地球と地表の水が月の引力に反応する際にタイムラグが生じるからだ。潮汐による膨らみが月の真正面からずれた場所で起きることによって、地球の自転に遅れが生じる。この膨らみを通じて、月は地球の自転を減速させることができる。これによって地球の自転が徐々に遅くなる。言い換えれば、一日の長さが長くなる。一九一九年、イギリスの物理学者ジェフリー・テイラー（一八八六〜一九七五）は、地球の自転を減速させる最大の要因がじつはベーリング海などの浅い海域の水であることに気づいた。

月は潮汐によって地球の自転を自らの軌道周期に合わせようとするが、それに伴って月の軌道周期は長くなる。チャールズ・ダーウィンの息子でイギリスの天文学者のジョージ・ダーウィン（一八四五〜一九一二）は、いずれ地球の一日と月の一カ月が同じ長さとなり、どちらも（現在の長さで）五五日になると計算した。彼はまた、大昔には地球の一日と月の一カ月がどちらも五時間半という状況が起きていた可能性にも気づいた。そのころは月が地球から地球半径の一・五倍という至近距離に位置していたので、高速で自転していた地球の赤道から月が分離した可能性が高いと彼は考えた。現在ではこの理論は人気がないが、それでもこれはわれわれが月という伴侶を獲得したプロセスに関する最初の近代的な説明だった。

現在では、月が太陽系のどこか別の場所で独立して形成され、それから地球と激しく衝突して粉々に砕け、この破片から現在の月が再び形成されたと考えられている。イギリスの天文学者ハロルド・ジェフリーズ（一八九一〜一九八九）は、月が地球から遠ざかって最初の位置から現在の位置に到達するまでに最大で四〇億年かかったと推定したが、この計算には大きな不確実性がある。というのは、地球が進化してきたあいだに浅い海域がどれほど広がっていたかがわからないからだ。

将来の進化については、地球の一日と月の一カ月の長さが等しくなるまでにはとても長い時間がかかるので、それまでのあいだに月の軌道に影響を与える別の何かが起こったとしても不思議ではない。最終的には太陽が膨らんで、地球と月を飲み込んでしまう可能性もある。その場合、地球と月の連星は終焉する。あるいはそれよりも前に、月の地球周回軌道を含む内部太陽系で重大な不安定性が生じる可能性もある。これについてはあとで触れる。

進化には時間がかかる。過去六億年のあいだに、一日はおよそ二一時間から二四時間に伸びた。一方、新月から次の新月までを一カ月とすると、この六億年間に一カ月は（現在の長さで）およそ二六日から二九・五日に伸びている。この変化は、木の幹の年輪を数えることで樹齢が特定できるのと同じように、化石の層状構造にもとづいて二枚貝やサンゴが生存していた時代の一年の日数や月数を推定することで立証されている。サンゴはごく薄い石灰の層を一日に一層ずつ生成する。この日周成長線を数えることは可能だ。また、年ごとの成長の変動を数えることもできる。つまり適切なサンゴ片があれば、当時は一年が何日だったかを調べることができるのだ。

もっと最近の数値を知りたければ、日食の古い記録を使えばよい。深い日食（皆既食や金環食）は非常に大きな影響を及ぼす自然事象だったので、その発生については今でも歴史記録で知ることができる。深い日食は地球上の狭い範囲でしか見られない。特定の場所で目撃するには、地球が太陽と月の真正面に位置する必要がある。したがって、日食の記録は地球の自転の記録にもなる。たとえば紀元前一三〇二年六月五日、武丁皇帝の治世中に中国の安陽で皆既日食が記録されたという事実が、そのように解釈されている。地球が一定の自転速度を維持していたなら、この日食は中国ではなくヨーロッパで観測されたはずだ。このことから、およそ三三〇〇年のあいだに地球の自転周期が〇・〇四七秒長くなったことがわかる。

現在、月は年間三・八センチメートルの速度で地球から遠ざかっている。アポロ宇宙船の飛行士やソビエトの無人探査車ルノホート一号および二号が月に設置した反射器にレーザービームを反射させて、この距離を正確に測定している。月の中心から地球の中心までの距離が地球の半径のほぼ六〇倍に相当するおよそ三八万四四〇〇キロメートルであることを考えれば、これは非常に精度の高い測定だ。古生物学のデータからは、月が地球から離れていく速度が過去には現在のわずか半分であり、もしかしたらそれ以下だった可能性もあることがわかる。月が地球に対して現在の位置に到達するまでに四〇億年以上かかったことも、これで説明がつく。

興味深いことに、エドモンド・ハレーはすでに一六九五年に潮汐が月への距離に与える影響に気づいていたが、正しい結論を導き出すことはできなかった。古い日食の観測記録から、彼は天空での月の動きが速くなっていることを発見した。これは奇妙な発見だった。というのは、月が徐々に地球へ接近していることを意味していたからだ。彼が知らなかったのは、地球の自転速度が低下していて、それに伴って天文測定で用いられる時間単位が長くなっているということだ。不変の時間単位を用いて測定すると、天空での月の運動速度は実際には遅くなっている。

この作用を最初に説明したのはラプラスだった。ただし、彼は別の理由を見出した。他の惑星から影響を受けて地球の太陽公転軌道の離心率が下がり、円に近づいていることに気づいたのだ。先述したとおり、月の軌道は地球の軌道の離心率に影響される。のちの計算によって、ラプラスは正しかったことが判明した。といっても、これは説明全体のほんの一部にすぎない。残りの部分は潮汐と地球の自転の減速による。

ピエール＝シモン・ラプラスは史上有数の偉大な科学者で、フランスのニュートンと称されることもある。ノルマンディーのカーン大学で学び、卒業するとダランベール宛ての推薦状を携えてパリに出た。ダランベールはラプラスを追い返したかったので、分厚い数学の本を渡し、読み終えたらまた来るようにと命じた。ラプラスは数日後に現れた。ダランベールには、ラプラスがその本を理解できたとは思えなかった。そこでラプラスに難しい問題を出すと、ラプラスは一晩で解いてしまった。さらにもう一つ問題を解かせたところでダランベールは感心し、ラプラスを王立軍学校の教員の職に推薦した。ラプラスはそこで数学と天文学の華々しいキャリアをスタートさせた。

太陽系の安定性

アイザック・ニュートンは、われわれの惑星系の安定性について重大な疑念を抱いていた。惑星は常に互いをさまざまな方向に引っ張り合っている。このような状況で、どうしたら秩序を保ち得るのか。ニュートンは、惑星をおのおのの軌道にとどまらせ、地球を居住可能な場所にしておくには、神の介入が必要だと訴えた。

ラプラスは、必要なのはニュートンの法則だけだということを証明したかった。惑星二つと太陽の三体問題について考え、主たる影響は周期的に生じていて、長期的に平均すればゼロになることに気づいた。惑星の軌道周期がこうした基本周期であることは容易に理解できる。さらに、微少だが周期的でない影響も存在する。ラプラスは、主要な周期的要素をならし、小さな影響に集中して取り組むという方法をとった。この方法は、周期的な影響自体が大きすぎない限りはうまくいく。ラプラスは、どの惑星を二つとっても、その二つの惑星と太陽との三体問題は安定しており、それゆえ太陽系全体も安定していると結論した。これは、人類の住まいとして地球は長期的に安定しているのかと心配していたすべての人にとって、このうえない朗報だった。

もっと最近では、太陽系の惑星の軌道を長期にわたって計算できるようになった。パリのフランス経度局に所属するフランスの天文学者ジャック・ラスカールは、ラプラスの方法をコンピューターで引き継ぎ、二億年以上にわたる惑星軌道を算出した。この成果はラプラスの結論を支持する一方で、問題に新たな光を当てた。地球がこの期間に現在の軌道から大きく逸れることはなかった。その一方で、地球の正確な軌道は予測不可能だ。現在の地球の位置に一五メートルの不確実性があるだけでも、今から数千万年後に地球が軌道上のどこに存在するかを予測することはできない。

二〇〇二年、日本の国立天文台の伊《い》藤《とう》孝士《たかし》と本書の著者の一人である谷川清隆は、太陽系に属する九惑星の軌道を太陽系の年齢よりも長期にわたって初めて計算した。その結果、太陽系が安定していることが確かめられた。仮に太陽系が不安定になったら、水星（太陽系で最も内側にある惑星）か冥王星（当時は太陽系の最も外側にある惑星と見なされていた）のいずれかが現在の軌道から外れるということが判明した。二〇〇九年には、パリ天文台のラスカールとミカエル・ギャスティノーが相対論的効果を取り入れて、五〇億年以上にわたる軌道を計算した。その結果、太陽系の安定性が確認された。

ラスカールとギャスティノーは、相対論的効果が運動を安定させることに気づいた。さらに二人は初期位置に対する現在の惑星の感度に関する問題を研究し、太陽系の未来として二五〇〇パターンを計算した。その結果、内太陽系が最も重要であることがわかった。全パターンの一パーセントで水星の軌道の離心率が大幅に上がり、その軌道が金星の軌道を横切り、水星が金星か太陽と衝突して消失する。一つのパターンでは、今からおよそ三三億年後に地球が火星と近接遭遇したあと、水星、金星、火星のいずれかと衝突する。

火星が地球に接近するシナリオをさらに詳しく調べてみると、二〇〇パターン近くで惑星の衝突が起こり、そのうち四八パターンで地球が巻き込まれる。五つのパターンでは、火星が太陽系から完全に放り出される。ここでわれわれは再びカオスに遭遇する。地球の未来がまったく予測不可能になるのだ。結局のところ、ニュートンは大きな間違いを犯してはいなかった。

気候の周期

一八世紀、ヨーロッパの人々はアルプスやスカンジナビアなどに広がる巨石群について疑問を抱き、そこにある岩が氷によって運ばれるのだという説明に思い至った。しかしこの現象が地域特有のものなのか、それとも世界各地で見られるのかは定かでなかった。やがて世界中で海水面変動が同調して起きることが発見され、岩が移動する現象は地球規模で起きていることが明らかになった。地球の気候が寒冷化して氷河が形成されると、氷の中に水が閉じ込められて、海水面が下がる。一方、地球が最も温暖化した場合、南北両極から氷が消え、海水面は最高位まで上昇する。海水面が今より数百メートル高かったこともある。というのは、現在は間氷期ではあるものの、まだ氷河時代だからだ。海水面の変動によって形成された海岸段丘が初めて科学者の注目を集めたバルバドスなどでは、昔の海岸線を容易に見ることができる。のちには、海面下一二〇メートルに沈んだ海岸も発見された。これは今からおよそ二万年前にあった最終氷河極大期の海水面と関係している。同様の海面下の海岸線は、タヒチなど別の地域でも見つかっている。

地球の軌道の変動が地球の氷河期を引き起こす可能性については、すでに一八四二年にフランスの数学者ジョゼフ・アデマール（一七九七〜一八六二）が気づいていた。地球から太陽までの平均距離はおおむね一定である。このことは一七七三年にラプラスによって証明された。距離がほぼ一定なので、地球が太陽から受ける熱の量も極端に変動することはない。それでも軌道の離心率の変化によって、季節による変動が増強または減弱することがある。たとえば現在では、地球と太陽のあいだの距離は一月に最短となる。このため北半球では太陽までの距離が相対的に近くなった冬が温暖化しており、南半球では逆の現象が起きている。

単純な計算によると、数百万年という長いスパンで気温は摂氏六度ほど変化している。正確に計算するのは容易ではない。なぜなら地球は陸と水に覆われた複雑な天体であり、陸と水は太陽熱に対する反応が異なるからだ。さらに、北緯六〇度付近に大きな陸塊があるが、南緯六〇度付近にはそのようなものは存在しない。これが地球全体の気候に対して重要な意味をもつことが判明している。

一八六〇年代には、スコットランドの科学者ジェイムズ・クロール（一八二一〜九〇）が、地軸の向きも重要であることに気づいた。のちの計算により、四万一〇〇〇年周期で地軸の傾きが二二・一度から二四・五度まで変動することが明らかになった。現在の傾きは二三・四度だ。この計算は、木星と土星からの影響下における地球‐月‐太陽の三体問題にもとづいている。寒暖の季節変動は、地軸が軌道面に対して傾いていることから生じる。地軸の傾きが大きければ季節変動が増幅され、傾きが小さければ季節変動は低減する。また、陸塊の分布は地球の南北で対称ではないので、そのことから地球全体の平均気温に影響が生じる。地軸の向きは、二万三〇〇〇年周期で揺れ動く。セルビアの数学者ミルティン・ミランコヴィッチ（一八七九〜一九五八）は、アデマールとクロールのあとを追い、これらの効果すべてにもとづいた包括的な気候変動理論を一九一四年に完成させた。

一九七六年、アメリカの地球物理学者ジェイムズ・ヘイズと共同研究者らによる研究で、過去五〇万年にわたる気候への天文学的影響と深海堆積物中の酸素同位体18濃度の記録が相関していることが明らかになると、ミランコヴィッチの理論が大きな注目を集め始めた。酸素同位体18は、ふつうに存在する酸素同位体16よりも重い。どちらも水分子の成分となり、氷河の氷に含まれる濃度は地球全体の気候によって変動する傾向がある。そのため酸素同位体18は、地球の温度を明らかにするすぐれた温度計となる。予想された天文周期が、深海堆積物中で見つかった。地球の軌道と自転軸に関連した気候変動は、のちに多数の研究で確認されている。実際に近年では、カオスが発生する前、地球の軌道を確実に計算できる過去五〇〇〇万年間について、正確な地質年代区分を確立するために天文周期が利用されている。

気候周期の問題が三体問題だけで片づくことは決してない。ここでも地球－月－太陽の三体系が存在するが、これは他の惑星、特に木星と土星による摂動を受ける。地球の離心率が確固として示す四〇万五〇〇〇年周期においては、金星も重大な影響を及ぼす。

ラグランジュ点

宇宙天文台を設けるのに適しているのはどんな場所だろう。いくつかの点で、地球の大気のすぐ上に設置するのが最も簡単だ。ハッブル宇宙望遠鏡は、地表からおよそ五六〇キロメートルの上空に軌道をもち、九七分で地球を一周する。この高度なら、必要に応じて修理ミッションを送り込むのも容易だ。一方、天文台との通信を維持するために、世界各地に受信局を設置する必要がある。ハッブル望遠鏡を使った観測は一九九〇年に始まり、現在も続いている。観測には可視光や紫外光を使うので、地球との距離の近さは障害にならない。

二〇〇九年から二〇一三年まで、ハッブル望遠鏡より主鏡の直径がいくらか大きいハーシェル宇宙望遠鏡（主鏡直径はハッブルが二・五メートル、ハーシェルが三・五メートル）が宇宙で運用された。観測に赤外光を使うので、赤外光で輝く地球から遠く離れた場所に設置するほうが好都合だった。この望遠鏡は、地球と同じく一年で太陽を周回する軌道を描く。常に太陽と地球を結ぶ直線上にあって、太陽からの距離は地球よりも一五〇万キロ遠い。この距離では、軌道周期は一年よりも長くなるはずだが、地球と太陽からの引力が働くため、地球と同期した軌道をたどりながら、常に地球と太陽を結んだ直線上にある。このような衛星の定常位置を最初に発見したのは、レオンハルト・オイラーだった。それからすこし後れてジョゼフ＝ルイ・ラグランジュは、地球の軌道の近傍に五つもの特別な点があることに気づいた。ハーシェル望遠鏡は、L2と呼ばれる点に位置する（Lはラグランジュを表す）。

天文台を地球と太陽のあいだに設けることが有用な場合もある。たとえば太陽嵐の警告を得たい場合には、地球から太陽へ一五〇万キロメートル近づいた位置で、太陽を真正面からとらえるように検出器を設置するとよい。このタイプの天文台で最初のものは、国際太陽地球観測衛星三号だった。のちに、太陽・太陽圏観測機（ＳＯＨＯ）もこの地点の近くに配置された。この点はＬ１と呼ばれる。Ｌ１の安定性を発見したのもオイラーだった。この点では、衛星は一年よりも短い期間で太陽を周回するはずだが、今度は地球の引力が太陽の引力を打ち消すので、やはり一年周期の同期軌道となる。

オイラーが発見した三つ目の特別な点は太陽の向こう側にある。この点もやはり太陽と地球を結ぶ直線上で、地球の軌道のすぐ近くに位置する。ここに位置する天体も、一年で太陽を周回する。この点はもっぱらＳＦ作家の関心を集めた。宇宙船に乗ったエイリアンをここに潜ませることができるからだ。もちろん今では地球から遠く離れた宇宙探査機からこの点を画像化することができ、太陽の向こう側を見ることもできる。これまでにわかっている限り、ここに特筆すべきものは存在しない。

ラグランジュ点のうち、最後の二つはラグランジュ自身が発見した。この二点は、太陽、地球、宇宙船によって形成される二つの正三角形の頂点に位置する。地球の前方六〇度の位置で太陽を周回する点をＬ４と呼び、地球の後方六〇度に位置する点をＬ５と呼ぶ。カナダの天文学者キンモ・インナネン（一九三七〜二〇一一）（図５・２）はかなり前から、これらの点の一つに小惑星が定着しているはずだと予想して探索したが、発見できなかった。これらの点は常に昼の空にあるので、地球から観測するのは難しい。運よく小惑星がこの点か

図5.2　キンモ・インナネン（左、クレジット：Sandra Innanen）とジョージ・ヒル（右、クレジット：Acta Mathematica, Royal Swedish Academy of Sciences, Institut Mittag-Leffler）。

らはぐれて遠くへ行くことがあれば、黄昏どきに観測できるかもしれない。予想された小惑星は、カナダ出身でインナネンの元同僚のポール・ウィーガート率いるグループが、宇宙に設置された望遠鏡の助けを借りて発見した。Ｌ４で小惑星２０１０ＴＫ７が発見されたことをインナネンが知ったのは、病院のベッドで人生の幕が下りようとしていたときだった。この天体は直径がおよそ三〇〇メートルで、カオス的な軌道を描く。このことは、この天体がＬ５でもいくらかの時間を過ごす可能性を意味する。

地球と月からなる系についても同様のラグランジュ点が存在するが、これらに特別な重要性はない。一方、太陽－木星系のラグランジュ点Ｌ４とＬ５にはずっと前から、トロヤ小惑星群と呼ばれる集団を形成する小惑星が存在することが知られている（第１章で触れた）。これらの小惑星は、木星の太陽周回軌道に沿って、木星のおよそ六〇度前方と後方を進む。太陽系の別の場所にも、同様の正三角形の系が存在する（図５・３）。

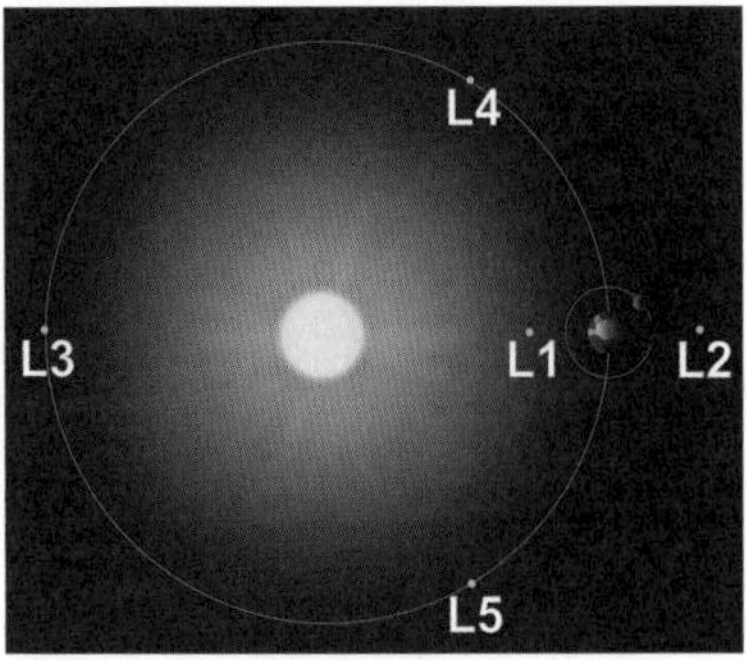

図5.3　太陽－地球系のラグランジュ点。縮尺は正確ではない。太陽が中心にあり、地球が右側にあり、月が地球を周回している。（Wikimedia Commons）

主たる二体が円軌道を描いて互いを周回し、第三体は無視できるほど小さい場合の問題を、円制限三体問題と呼ぶ。これについてはドイツの天文学者カール・グスタフ・ヤコビ（一八〇四～五一）が詳細に研究した。彼の解は軌道がどのようなものかを実際に示すのではなく、生じ得る軌道を示すだけだ。たとえば彼の理論により、宇宙船が月に到達できるほど高速になるのはどのような場合かを示すことができる。

未知の外惑星？

太陽系に未発見の外惑星があるとすれば、それは太陽系の端に存在するもっと小さな他の天体の軌道に影響を与えるだろう。特に興味深いのが彗星だ。というのは、彗星は頻繁に観測されるからだ。そこで、太陽－惑星－彗星の三体問題が生じる。

そのような惑星が検出されたことはない。このことから、その大きさは限られる。おそらく、木星の質量の五倍より大きいということはあり得ない。そんなに大きければ、すでに発見されているはずだ。NASAがおこなっている赤外線広域調査で、未発見の外惑星が検出される可能性もある。今のところ、その存在については彗星に対する三体の影響から間接的に推測するしかない。彗星は、オールト雲と呼ばれる膨大な彗星だまりから地球近傍に飛来する。オールト雲の彗星は、太陽からおよそ一万～五万天文単位の領域に存在する（一天文単位は地球から太陽までの距離）。この距離では彗星は太陽にごくゆるく縛られており、太陽系の外の銀河重力場や通過する恒星からの小さな摂動でも一部の彗星は影響を受け、太陽の近傍領域に飛び込むことがあり得る。

アメリカの物理学者ジョン・マティスが一九九九年にその存在を主張した未知の惑星が、同様の摂動を引き起こす可能性もある。主たる違いは、銀河重力場の摂動が原因なら彗星は全天からほぼ均等に飛来するはずであるのに対し、マティスの主張した惑星が原因なら、その惑星の軌道に沿った特定の方向から彗星が飛来するはずという点である。暫定的にテュケーと名づけられたこの惑星の存在について、数年後にはもっと情報が得られるはずだ。

同様の考えは、アメリカの天文学者ダニエル・ホイットマイアと共同研究者らがすでに一九八四年に提案していた。彼らは太陽の伴星として暗い星が存在するとした。今では外太陽系の探査により、この可能性が否定されている。というのは、核燃料を燃やしている恒星は惑星よりも明るいので、存在するなら観測されているはずだからだ。

　この提案のきっかけとなったのは、アメリカの古生物学者デイヴィッド・ラウプとジャック・セプコスキが種の絶滅率に二六〇〇万年周期を見出したことだった。同じころ、アメリカの地質学者ウォルター・アルバレスと共同研究者らは、地球のクレーターの年代にも同様の周期性がある可能性に気づいた。最近になってアメリカの物理学者エイドリアン・メロットと古生物学者リチャード・バンバックが、過去五億年にわたる種の絶滅率の周期を二七〇〇万年に修正した。一方、クレーターの年代の周期については日本の天文学者藪下信《やぶしたしん》が、現在では三八〇〇万年に近いらしいと特定した。地球への彗星の衝突が増えたために種の大量絶滅が起き、その周期は伴星の軌道周期に支配されるという説が主張されている。

　地球への衝突と大量絶滅とのあいだに関連があるのは確かだ。その極端な例が、地球上の種全体の七五パーセント以上を絶滅させ、恐竜も絶滅させたことで知られるK／T（白亜紀／第三紀）境界期の彗星衝突である。衝突してきた天体の一つは直径が一〇キロメートル以上あり、地球の太陽周回軌道速度に匹敵するほぼ時速一〇万キロメートルの速度で、現在のユカタン半島に衝突した。数千立方キロメートルもの物質が地球の大気に舞い上がり、一部は完全に大気圏から脱出し、一部は地球の全域に降り注いだ。衝突エネルギーによって、世界中で森林火災が発生した。動乱が収まると、暗闇と極度の低温が地球を覆った。長い年月が過ぎてようやく、気候は正常に向かい始めた。そのころには、動植物相は以前とは完全に違っていた。

伴星が彗星の嵐を引き起こすという考えの主たる問題は、想定される伴星は通過する星からときおり摂動を受けるので、これほど長期にわたって正確な周期を保つのは難しいという点だ。そこでマティスは一九八九年、彗星に摂動をもたらしているのは別の星ではなく銀河潮汐力だと提案した。太陽は銀河面を上下に横切りながら、二億五〇〇〇万年周期の軌道で銀河の中心を周回する。この上下運動とその結果として生じる潮汐力の半周期は三六〇〇万年から四二〇〇万年の範囲にあるが、まだ正確にはわかっていない。マティスと共同研究者らは、銀河潮汐力が銀河を巡る軌道上でどのように変動するかを計算した。一方、フィンランドの天文学者パシ・ヌルミと共同研究者らは、潮汐力によって彗星の地球衝突が生じる仕組みを詳細に計算した。彼らは三体問題を用いて、彗星がどのようにして一つの惑星の影響から跳ね返って別の惑星へ向かい、最終的に地球かそれ以外の惑星に衝突するか、あるいは太陽系から脱出するかを追跡する方法を考案した。この過程には時間がかかり、彗星ごとにその時間が異なって予測不可能なので、衝突の記録を調べてみると、最初に周期的な信号があっても、それが等間隔の衝突にはつながらない。

推定される遠くの恒星や惑星が、既知の惑星の軌道にどのようにして影響を与えるのかと疑問を抱く人もいるかもしれない。階層的三体問題にもとづけば、太陽系平面に存在するとは限らない伴星のせいで、惑星が共通軌道面から追い出されると思われるかもしれない。ところがインナネンと共同研究者らの計算により、驚くべき結果が見出された。惑星どうしの相互引力は、惑星を共通の軌道面に保つのに十分な強さをもつことがわかったのだ。摂動を与える外部の天体が、惑星どうしを引き裂くことはできない。

生命の起源

今では、よその恒星も周囲に惑星系をもつことがわかっている。われわれの太陽系ほど詳細に観測することはできないが、これらの系でも彗星や岩石天体が縦横《じゅうおう》に行き交っていると考えるのは理にかなっている。これらはときおり、中心星、その系に存在する惑星、そして小天体による三体遭遇によって惑星系から脱出することがある。こうして、彗星と小天体からなる星間媒質が蓄積する。

興味深いのは、地球がこの星間媒質から物質をどれほどすくい取るかという点だ。興味をそそる疑問がいろいろ考えられるが、おそらく最大の関心事の一つは、星間媒質を介した惑星間の生命の移動だ。このプロセスは「パンスペルミア」と呼ばれる。このアイデアは新しいものではなく、紀元前五世紀に古代ギリシャの哲学者アナクサゴラスが最初に提案したが、スウェーデンの化学者スヴァンテ・アレニウス（一八五九〜一九二七）が一九〇三年に著書『宇宙における生命の分布』で大きな反響を呼んで以来、広く知られるようになった。アレニウスは、微視的な生命体が放射に押されて宇宙を動き回り、それによって銀河系内の一つの生命発生源が銀河系全体に影響することが原理的にはあり得ると主張した。一九七四年にはイギリスの天文学者フレッド・ホイル（一九一五〜二〇〇一）とスリランカ出身のチャンドラ・ウィクラマシンゲが、これらの微視的生命体が実際には宇宙の星間塵として検出される可能性があると提案した。しかし、この提案は賛否両論の的となった。

原子力放射線安全性のスペシャリスト、スウェーデンの物理学者カート・ミレイコウスキー（一九二三〜二〇〇五）は、何よりも問題は主に初歩的な形態の生命がよその惑星から地球に到来する際にどうやって生き延びるかだと気づいた。大企業を率いた経験のある彼は、企業経営と同じスタイルで、さまざまな観点からパンスペルミアをめぐる疑問に取り組む専門家チームを設けた。本書の著者の一人マウリ・ヴァルトネンも、チームのメンバーとなった。ミレイコウスキーの死後、ヴァルトネンは最終報告の作成を引き継ぎ、二〇〇九年に発表した。

ミレイコウスキーは自分と同じスウェーデン出身のアレニウスに触発され、微生物が致死的な放射線にさらされながら何百万年もかけて宇宙を渡る旅を生き延びるにはどの程度の保護が必要かと考えた。ケルンの航空宇宙医学研究所からチームに参加したドイツの微生物学者ゲルダ・ホルネックは、この問題に関する実験について幅広い知識を有していた。一方、NASA宇宙放射線プログラムから参加したアメリカの物理学者フランシス・クチノッタとジョン・ウィルソンは、短期の実験結果をはるかに長期の結果に拡張する計算方法を開発した。最終的な結果として、サッカーボール大の隕石なら、その中心にいる微生物に最低限の遮蔽をもたらせることがわかった。しかし飛行時間が長ければ長いほど、微生物を新たな惑星へ安全に運ぶのに必要な岩石は大きくなる。

これらの生命を運ぶ岩石は、いったいどこから来るのか。地球と同様に、すべての惑星はひっきりなしに小惑星や彗星の衝突に見舞われ、衝撃で舞い上がる岩石のなかには、惑星の重力による影響の及ばないところへ微生物のコロニーを運ぶのにぴったりな大きさのものもある。アリゾナ大学の月惑星研究所に所属するアメリカの地球物理学者ジェイ・メロシュは、衝突の結果として大小さまざまな岩石が惑星から脱出する頻度を推定するためにチームに参加した。大きな岩石はまれにしか脱出しないが、放射線からの遮蔽にすぐれている。岩石の大小による遮蔽効果の違いと岩石の大小による脱出頻度の違いが釣り合うことをチームは発見した。実際に細菌やその他の微生物を内部に乗せて最終到達地まで運ぶのに成功する岩石の数は、岩石の大きさや飛行時間に依存しない。ミレイコウスキーのチームによるこの発見により、惑星間の生命の移動に関する推定が著しく簡単になった。

問題の第二の部分は、微生物を受け入れる側にある。微生物の乗った岩石が別の惑星系にたどり着いても、それがいずれかの惑星に直接ぶつかる可能性は低い。その代わり、大惑星とその中心星による三体効果によって、岩石の軌道が変更される。岩石がこの新たな惑星系に捕捉され、系の一員として存続する場合もある。われわれの太陽系には、太陽系外から来た岩石も無数に存在するに違いないが、それがどの岩石かは正確にはわからない。

ホイルは当初、彗星が細菌の生活に適した環境を備えていて、内部に液体の水さえあるかもしれないと主張した。そのため彼は、彗星が細菌を運ぶ媒体だと考えた。一九八二年、恒星間彗星が生命を運ぶという説に触発されて、本書著者の一人ヴァルトネンとインナネンは三体問題を使い、恒星間彗星が太陽系に捕捉される確率を計算した。すると、この確率はホイルが考えていたよりもはるかに低いことが判明した。われわれは恒星間に起源をもつことが確実な彗星を見たことがない。このことから考えて、そのような彗星の捕捉はめったに起こらないに違いない。

その後、フィンランドで働いていた中国の天文学者の鄭《チェン・》家慶《ジャチン》とヴァルトネンは三体の研究を続け、今から四五億年前に地球が誕生して以来、恒星間彗星が地球に衝突した可能性はどのくらいかという問いについて考えた。計算には非常に長い時間がかかるので、通常の軌道計算法はこの研究に適さない。代わりに、太陽系の軌道にもともと備わるカオス性を利用する新たな方法が考案された。結果は統計的に正確だが、個々の軌道はわからない。結論として、ハレー彗星と同じくらいの大きさで飛行時間が最長二億年の恒星間彗星については、これまでに一つが地球に衝突した可能性がある。もっと長い飛行時間を許容すると、衝突回数が急激に増える。ハレー彗星より小さい彗星を考慮した場合も、やはり衝突回数が増える。したがって地球の生命さえも、別の惑星系から彗星によって運ばれてきた可能性がある。しかしその場合、そもそも生命がどうやって彗星の内部に入り込んだのかを考える必要がある。ホイルなら、彗星の内部は生命の起源として理想的な場所だと言うだろう。

しかし、ミレイコウスキーのチームの考えたプロセスでは、生命は惑星の表面で誕生し、この表面の一部が宇宙へ吹き飛ばされて、この惑星表面物質の層に保護された状態で移動すると想定される。この場合に必要な計算は、彗星衝突問題と大差はない。主たる違いは、恒星間彗星については実際に観測されていないためその数を制限できるが、これと同様の制限を岩石小惑星に課すことはできない点だ。サッカーボール大の小惑星は、地球の大気にぶつかることで高温になって「流れ星」を生じない限り、見ることができない。

太陽系の置かれた恒星環境についても考慮する必要がある。これについては、スウェーデンからチームに参加したレンナート・リンデグレンが詳細に調べた。この情報を使って、恒星間天体が太陽系に接近する際の一般的な速度と頻度を推定することができる。これによると、結果は速度への依存性が非常に高いことがわかる。

天体の個数と速度がわかっている場合、それらが地球に衝突するまでに描く曲がりくねった軌道を追跡することによって、太陽系に捕捉される天体の割合を計算することができる。ここで、スウェーデンの天文学者ハンス・リックマンの専門知識が大いに役立った。彼は彗星軌道とその統計に関する一流のスペシャリストだ。軌道は通常の手順で計算されたが、天体が惑星軌道の内側に入ると、その惑星に直接衝突する確率が計算される。三体問題における二体衝突の統計理論は、当時アイルランドで働いていたエストニアの天文学者エルンスト・エピック（一八九三〜一九八五）がすでに一九五一年に構築していた。この方法は、太陽系における小天体の軌道のようなカオス軌道に関して非常に有用だ。というのは、唯一の実際の情報が確率の形で得られるからである。

エピックの方法を用いて、鄭と共同研究者は衝突確率の計算方法を発展させた。生命を運んでいる可能性のある天体にこの方法を適用すると、地球の歴史が始まって以来、生きた微生物を運んできて地球に衝突した天体の個数が得られた。最初の答えは、今日、地球外生命を宿した岩石が一つでも現状の地球に衝突する確率はきわめて低く、その考えは無視してよいほどだというものだった。二つ目の答えは、四五億年前に（星団の中で）一〇〇〇個以上の恒星とともに太陽が誕生したとき、近隣の太陽系間で大量の物質が交換されたというものだった。現在の状況との主たる違いは、恒星系間の速度が低かった点である。現在、その速度は通常秒速一〇キロメートル以上だが、当時は一般に秒速一キロメートル未満だった。われわれの太陽系がたどった進化の初期段階には、生命を運ぶ天体が一〇〇個ほども地球に到達した可能性がある。逆に、地球もわれわれの姉妹星のまわりを回る一〇〇個の惑星に生命を送り込んだかもしれない。

実際に何が起きたのか、突き止める方法はあるだろうか。太陽の姉妹星として誕生した恒星を特定できれば、そこに生命のしるしを見つけられるかもしれない。われわれの太陽系以外で生命のしるしが見られるのは太陽の姉妹星だけだということが確かめられたら、それは地球から飛来した岩石が生命を連れてきたと考えるべき正当な理由となる。少なくとも生命の発生源は、太陽が誕生した星団の中のどこかだったと言える。よその惑星系で生命を検出する方法はまだ存在しないので、この研究はまだ実現していない。

今日、われわれは太陽の誕生した星団に属する恒星がどれかを明らかにする間際にいる。サンクトペテルブルクにあるプルコヴォ天文台のロシア人天文学者ヴァディム・ボビレフとアニサ・バイコワは、アレクサンドル・ミュラリおよびヴァルトネンと共同で近傍の恒星の軌道をさかのぼって調べ、およそ四〇億年前にわれわれの星団が崩壊したときに共通の点に収束する恒星の軌道を特定しようと試みた。その結果、太陽の姉妹星の有力候補がいくつか見つかった。二〇一四年に運用を開始したガイア衛星による観測結果から確定できるはずで、それにもとづいてその後数年で一〇億個にのぼる銀河内の恒星の運動をマッピングする予定である。

惑星の衛星

太陽系では、太陽の最も近くに位置する水星と金星を除いて、ほとんどの惑星に天然衛星がある。一つの惑星に複数の衛星が存在する場合、それらの衛星は通常、惑星の赤道面に位置する。そのため、惑星とその衛星はまるで太陽系のミニチュアのようだ。衛星系は太陽系そのものと同じように、回転する平らなガス円盤から凝結することによって生まれたと考えられている。

この説に従えば、すべての衛星は同じ方向で惑星を周回するはずだ。これはおおむね正しいが、例外もある。衛星のなかには、逆回転すなわち逆行するものもあるのだ。これらの衛星はどうやって生じたのだろうか。

太陽系で最もよく知られている逆行衛星は、海王星の最大の衛星トリトンだ。一八四六年、イギリスの天文学者ウィリアム・ラッセルが発見した。直径が二七〇〇キロメートルあり、太陽系の衛星のなかで七番目に大きい。直径三四七五キロメートルのわれわれの月よりやや小さいが、直径二三七〇キロメートルの冥王星よりは大きい。冥王星は長らく惑星と見なされていたが、今では準惑星に分類されている。準惑星のなかでは最も大きいが、二〇〇五年に発見されたエリスと比べると、その差はわずかだ。この発見により、冥王星は惑星の地位から格下げされた。海王星の軌道の外側には、多数の準惑星が存在する。冥王星には直径一二〇八キロメートルの衛星カロンがある。これは中心星である冥王星との比で言うとかなり大きい。

実際、トリトンはもともとは最大の準惑星であって、伴星をもつほど大きかったのかもしれない。三体問題の解から、トリトンとその伴星のような連星が単独の天体に遭遇すると、連星は往々にしてばらばらになることがわかっている。最小の天体が脱出し、中間の大きさの天体が最大の天体の衛星となる。今の例では、最大の天体は海王星だった。海王星がこのようにしてトリトンを獲得したのかは不明だが、あり得そうな筋書きだ。

木星、土星、天王星のまわりにも、逆行衛星が存在する。これらの衛星は小さく、おおむね惑星から遠く離れている。これらについては、三体問題における「ヒル球」の概念が役に立つ。ヒル球とは基本的に惑星の影響の及ぶ球状の空間であり、その内部では衛星は惑星を周回し、外部では太陽を周回すると考えられる。逆行衛星の注目すべき特性は、しばしば通常の衛星の厳密な距離限界の外に存在する点である。「ヒル球」という名称は、それを導入したジョージ・ウィリアム・ヒルに由来する。同様のアイデアはフランスの天文学者エドゥアール・ロシュ（一八二〇〜八三）が先に用いていたので、「ロシュ球」という名称が使われることもある。一九七九年にはインナネンがこの概念を拡張し、回転方向を考慮に入れるようにした。ヒルの導出ではヒル半径について単一の数値が得られるが、インナネンの導出では二つの数値が得られる。通常の回転方向の場合はヒル球半径の七〇パーセントであり、逆行運動の場合はヒル球半径の一四四パーセントである。

一九九七年、ウィーガートと共同研究者らが、新しい種類の衛星である「準衛星」の最初の例を発見した。小天体クルースンはすでに一一年前に発見されていたが、それまでになかったタイプの運動は、詳細な軌道計算の末に初めて明らかになった。クルースンはほぼ正確に一年周期で太陽を周回するので、地球の近傍で軌道のループを描きながら、地球そのものを囲んではいないように見える。実際、クルースンはほぼ常に地球の存在にまるで気づかずに太陽のまわりを公転するが、その周期がぴったり一年ではないので、地球にだんだん接近し、やがて地球からわずかな後押しを受けて、再びゆっくりと地球から遠ざかる。このような後押しを最後に受けたのは一九〇二年で、次回は二二九二年に同じことが起きることになっている。したがって、短期間のみ太陽‐地球‐クルースンの三体問題が生じるが、この軌道はもっぱら太陽を周回する二つの独立した軌道として記述できる。

これにより、逆行衛星について説明できるかもしれない。地球と同様に、木星や土星にも準衛星が存在するはずだ。南京の紫金山天文台に所属する中国の天文学者の馬月華《マ・ユエファ》と共同研究者らは、土星を順行方向で周回する天体と準衛星の衝突から生じる天体の軌道を計算した。その結果、衝突から生じる天体は実際に観察されているのと同様の逆行軌道を獲得する可能性があることがわかった。衝突の条件は、土星とその衛星系が形成された直後、通常の衛星を取り巻く円盤に物質が大量に残存しているときが最良だっただろう。したがって逆行衛星は、逆行軌道におけるインナネンの安定半径の奥深く、安定した領域で形成された可能性がある。

三体問題で資金を節約

特定の宇宙船で目的地へ向かう旅行計画の説明を聞いて、なぜそんなに複雑なルートで行かなくてはいけないのかと疑問を覚えることがあるかもしれない。理由は単純で、資金を節約するためだ。特に、急ぐ必要がない場合はそうなる。たとえば、ロゼッタ探査機について考えてみよう。ロゼッタは二〇〇四年に旅立ち、二〇〇五年に地球の近くまで戻り、それから二〇〇七年に火星に接近し、この年のうちに再び地球に接近し、さらに二〇〇九年に地球の近くを通過した。これらの接近のつど、太陽－惑星－ロゼッタの三体問題の解を利用して、太陽に対して新たな軌道を獲得した。これらの三体軌道の解は、接近先の惑星による「重力支援」または「重力パチンコ」と呼ばれる。二〇〇八年と二〇一〇年に二つの小惑星を撮影したあとロゼッタは運用を休止したが、二〇一四年には太陽を周回するチュリュモフ・ゲラシメンコ彗星の追跡を始めた。重さ一〇〇キログラムの着陸機を彗星の表面に送り込み、表面から標本を採取した。われわれが彗星から直接情報を受け取ったのは、これが初めてだった。

チュリュモフ・ゲラシメンコ彗星は、ウクライナの天文学者クリム・チュリュモフに発見された。彼は一九六九年にアルマ・アタで別のウクライナ人天文学者スヴェトラナ・ゲラシメンコが撮影した写真乾板を調べた。のちの研究で、この彗星は核が直径四キロメートルで、軌道周期は六・四五年であることが判明した（図5・4）。太陽に最接近するときには、太陽からの距離は地球の軌道と比べて二五パーセント遠いだけである。この彗星を最初の詳細な探査の対象に選んだ理由は、主に探査機の打ち上げ準備が整った時期と関係している。当初はワータネン彗星を対象とする計画だったが、準備の遅れにより機会を逃してしまった。地球からチュリュモフ・ゲラシメンコ彗星までの距離はさほど遠くないので、燃料が十分にあれば、ロゼッタを数カ月で目的地に到達させることができる。燃料を地表から宇宙へ送るに

図 5.4　探査機ロゼッタから見たチュリュモフ・ゲラシメンコ彗星。ロゼッタはこの彗星を追って宇宙を飛行する。2014 年 11 月、ロゼッタから着陸機フィラエを彗星に降下させた。フィラエは初めて彗星の表面から情報を直接送信している。フィラエのおかげで、この彗星の表面がふわふわと柔らかいのではなく、硬い氷で覆われていることが発見できた。この氷のせいで、フィラエは最終的な着陸地点に落ち着くまで何度か跳ねた。（クレジット：ESA/Rosetta/NavCam wide view image on Feb. 6, 2015）

は莫大な費用がかかるので、経済的な理由から、可能な限り重力支援を利用するのが最善だった。

カッシーニ探査機が土星へ行ったときにも、重力支援を利用した。カッシーニは一九九七年に地球を飛び立ち、一九九八年と九九年に金星をフライバイし、さらに九九年に地球をフライバイした。これによってカッシーニは二〇〇〇年に木星に到達し、そこでさらに重力支援を受けて、二〇〇四年には土星に到達した。この策によって所要時間は少し増えたが、燃料は大幅に節約できた。直行する軌道をとるなら、地球の上空で秒速一六キロメートルの初期速度が必要となるが、四回の重力支援を利用した実際の軌道では、初期速度はわずか秒速二キロメートルで足りた。運動エネルギーは初期速度の二乗で増加するので、燃料の消費量も同じように増える。そのため、三体問題の解を利用すればコストが大幅に節約できるというわけだ。

重力支援は、一九五九年に初めて用いられた。これはソ連の探査機ルナ三号が月の裏側の写真を撮影するのに役立った。この手法を用いた最初の惑星ミッションは一九七四年のマリナー一〇号で、このときは水星へ到達するために金星を利用した。ボイジャー一号は木星と土星の重力支援を使って、太陽系から完全に脱出した。現在、ボイジャー一号は人間の作った物体として宇宙でわれわれから最も遠くにあり、太陽からの距離は一二五天文単位以上となっている。ボイジャー一号から発信された無線信号がわれわれのもとに届くまでには、一七・五時間かかる（地球から月までなら一秒を少し超えるくらいで届く）。

第6章

銀河の相互作用

天の川と星雲

古代の初期には、天空で動かない光が恒星だけでないことが認識されていた。かすみのような天の川も知られていた。それ以外にも星雲状星とか星雲など、恒星ではない天体が認識された。プトレマイオスは『アルマゲスト』で七つのそうした天体に言及している。過去一世紀のあいだに星雲の謎が解明されるまで、星雲という呼称にはさまざまな天体が含まれていた。それらが地球からどのくらい遠くに位置するのかは不明で、星雲が本当に「雲」のようなものかどうかもわからなかった。ガリレオの望遠鏡は、天の川が無数の恒星でできていることを明らかにした。のちにはこれよりも大きく高性能な望遠鏡で、まさに雲のように見える新たな星雲がたくさん発見された。

星雲のカタログが初めて発表されたのは、一八世紀だった。一七一六年にエドモンド・ハレーが『恒星のあいだで望遠鏡の助けにより最近発見されたいくつかの星雲すなわち雲に似た輝く領域に関する報告』と題した星表を発表した。六つの天体が記載され、当時の天文学における星雲の地味な役割を説明していた。この世紀で最も有名なのは、メシエが作成した星表だ。じつは、その起源は彗星と関係していた。

一七〇五年、エドモンド・ハレーは現在ハレー彗星と呼ばれている彗星が楕円軌道にあることを証明し、この彗星が一七五八年に回帰することを予測した。回帰が確認されると、新彗星の探索が人気を集めるようになった。第一発見者になるには、彗星がまだ望遠鏡でかすかなしみのようにしか見えず、尾をもっていないうちに見つける必要がある。彗星ではないさまざまな種類の星雲が、不面目な誤報につながった。

彗星探索を助けるために、シャルル・メシエは探索中に自身や共同研究者らが偶然発見した星雲のリストを作成した。最初の報告は一七七〇年、フランス王立科学アカデミーに提出され、これが彼の星表の始まりとなった。一七八一年の最終版には一〇三個の星雲が掲載され、そのうち三八個はメシエ自身が発見したものだった。この星表に記された番号は、明るい天体を指定するのに今でも使われている。たとえばアンドロメダ銀河はM31だ。メシエ・カタログには、各天体の簡単な説明と座標が記載されている。これを使えば、望遠鏡で見たものが正しい天体かどうか確かめることができる。

メシエは、自分の名が特にこの業績で記憶されることになると知ったら驚いたに違いない。彼は星雲の性質にはまったく関心を示さず、彼にとって大事なのは彗星だけだった。幸い、彼は星表をウィリアム・ハーシェルに送った。ハーシェルは星表に記載されたものをすべて自分の望遠鏡で調べた。そして体系的な探索をおこなって星表を完全なものにしようと決め、それを実行に移した。一九年間で、彼は新たに二五〇〇個の星雲と星団を発見した。ハーシェルの新しい高性能な望遠鏡は「掃天」に最適だった。望遠鏡の鏡筒を常に一定の方向へ向けておくと、空が回転しながら視野を通過する。ハーシェルは視野を通過するすべての星雲について説明を口述し、妹のキャロラインに書き取らせるというやり方で、天体の目録を作成した。キャロラインは現実的な問題について、こんなことを記している。

兄は装置がまだ完成には程遠いうちに、一連の掃天を始めました……私は壁がひび割れたり崩れ落ちたりする音に驚かされるたびに、兄が高さ四、五メートルほどのところに設けられた仮の横梁に登っていることがわかりました。……強風が吹きすさぶある晩、彼がそこにたどり着くやいなや、装置がまるごと落下しました。作業員が呼び出され、鏡を救出する作業に取りかかりました。幸い、鏡は無事でした……。

ハーシェルは星雲の性質に関心があり、当初はこのようなぼやけた天体がすべてじつは恒星系で、もっと大きな望遠鏡を使えば個々の恒星が識別できるかもしれないと考えていた。

彼は自分の望遠鏡を使って、メシエ・カタログに載っている星雲の多くについて実際に確かめることができた。彼はイマヌエル・カントと同じく、かすかに見える星雲状の斑点がじつは遠くの「島宇宙」と呼ばれるもので、天の川と同じような銀河系だと考えていた。

ウィリアム・ハーシェルの息子ジョン・ハーシェル（一七九二〜一八七一）は、父のおこなった調査をケープタウンから見える南半球の空へと広げた。彼は写真術の初期のパイオニアでもあった。のちに写真術は、星雲研究で重要な道具となった。

第三代ロス伯爵ことアイルランドのウィリアム・パーソンズ（一八〇〇〜六七）は、リヴァイアサンと呼ばれる当時世界最大の口径約一・八メートルの望遠鏡を使って、バール城で観測を始めた。この巨大な望遠鏡はハーシェルの望遠鏡よりも光をはるかにたくさん集められるので、星雲の構造がもっとよく見えるようになった。パーソンズのなし遂げた最大の発見の一つは、彼が星雲メシエ51（現在では「子持ち銀河」と呼ばれる）で初めて観測した渦巻構造だ。望遠鏡の運用を開始してまもなく、パーソンズは「主要な核の渦巻構造がきわめて明確に見えた。また、小さい核にも渦巻状の配置が見られた」と報告した。彼の描いた星雲の図が、ケンブリッジの英国科学振興協会の会合で回覧された（図6・1）。このニュースはセンセーションを巻き起こし、これを境に議論の焦点は星雲が個々の恒星に分解できるかという問題からその形状に移った。パーソンズは他の星雲にも「渦巻構造」を認め、一八

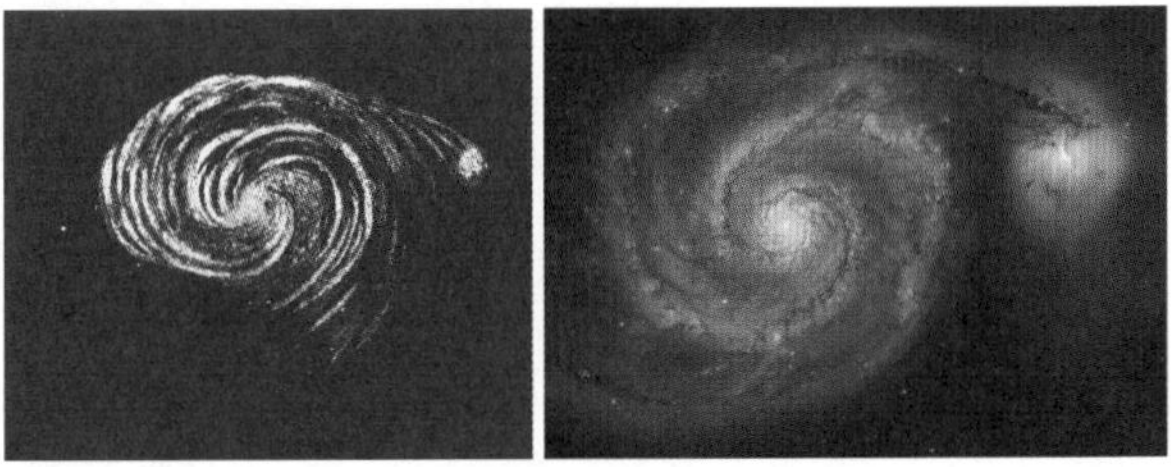

図 6.1　ロス卿が観測した子持ち銀河メシエ 51（左、Wikimedia Commons）とその最近の写真（右、クレジット：NASA and ESA)。

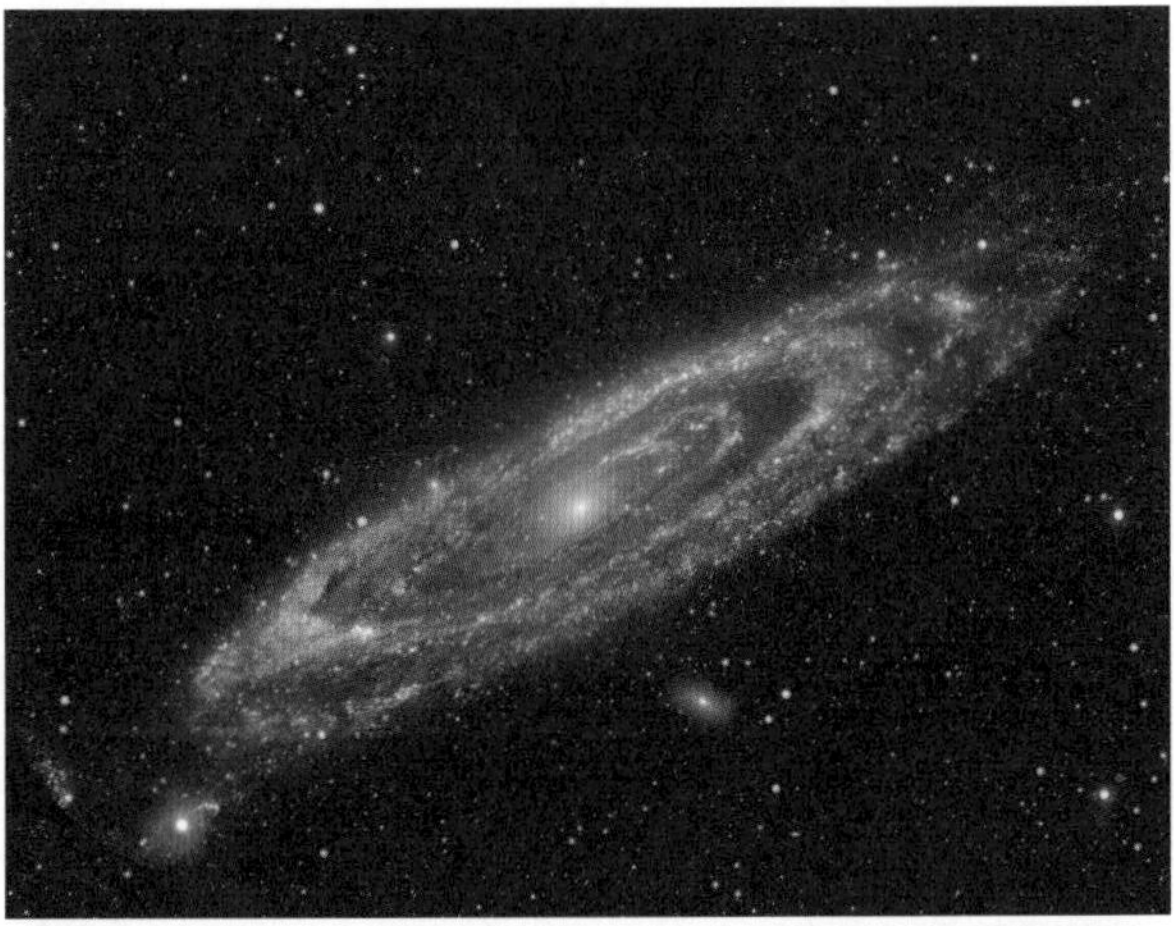

図 6.2　天の川銀河と同類の渦巻銀河のなかで地球の最も近くに位置するアンドロメダ銀河。（クレジット：NASA/JPL-Caltech）

五〇年までに一五例が判明した。そして一九世紀末にはその数が数千に達した。渦巻星雲は、宇宙を構成する要素として注目すべき存在となった。

イギリスの天文学者ウィリアム・ハギンズ（一八二四〜一九一〇）は、ロンドン近郊に天文台を建設した。望遠鏡用の分光器を製作し、観測を開始した。望遠鏡をアンドロメダ星雲に向けたところ、興味深い結果が得られた。連続スペクトルが現れたのだ。光がすべての色にわたってとてもなめらかに広がっていた。これは恒星と同じだ。つまりアンドロメダ星雲は実際には恒星の集合体、すなわち銀河であり、ぼやけて見えるのは単に距離が非常に遠いからなのだ（図6・2）。のちにおこなわれた分光学的研究から、銀河宇宙が膨張していることが判明した。決定的な証拠を出したのは、エドウィン・ハッブル（一八八九〜一九五三）だった。

ハッブルによる宇宙の膨張の発見

ハッブルは、天文学の博士号の取得を目指してシカゴ大学の大学院に進学した。一九一七年、博士号取得のための研究を仕上げている最中に、ウィルソン山天文台台長のジョージ・エラリー・ヘイルからスタッフに加わってほしいと誘われた。この天文台は一九〇八年から口径一・五メートルの望遠鏡を備えていて、一九一八年には世界最大となる新しい口径二・五メートルの望遠鏡が運用のための試験観測を開始したところだった。またとない機会だったが、そのころアメリカは第一次世界大戦に参戦していた。ハッブルは徹夜で博士論文を仕上げ、翌朝に口頭試問を受けると、志願して歩兵隊に入隊し、ヘイルに電報で「お誘いに応じられず残念です。出征します」と伝えた。一九一九年の夏にアメリカに帰還してサンフランシスコで除隊すると、すぐさまウィルソン山天文台へ向かった。

ハッブルは、口径二・五メートルの望遠鏡を使って渦巻星雲の研究にとりかかった。驚いたことに、ほとんどの銀河でスペクトルが赤方に偏移していた。この「赤方偏移」が運動に起因するのなら（これは「ドップラー効果」と呼ばれる）、銀河がわれわれから遠ざかっていると考えられる。この発見はハッブル自身をはじめとしてさまざまな人の関心をかき立て、星雲が後退する速度（V）が距離（D）に依存するかを調べる研究につながった。

一九二九年、ハッブルはこの問いに関する根本的な発見を発表した。それはかの有名な「ハッブルの法則」として、次のように表される。

後退速度＝ハッブル定数×距離

（数学記号を使えば、$V = HD$となる。係数Hはハッブル定数と呼ばれる）この重要な法則

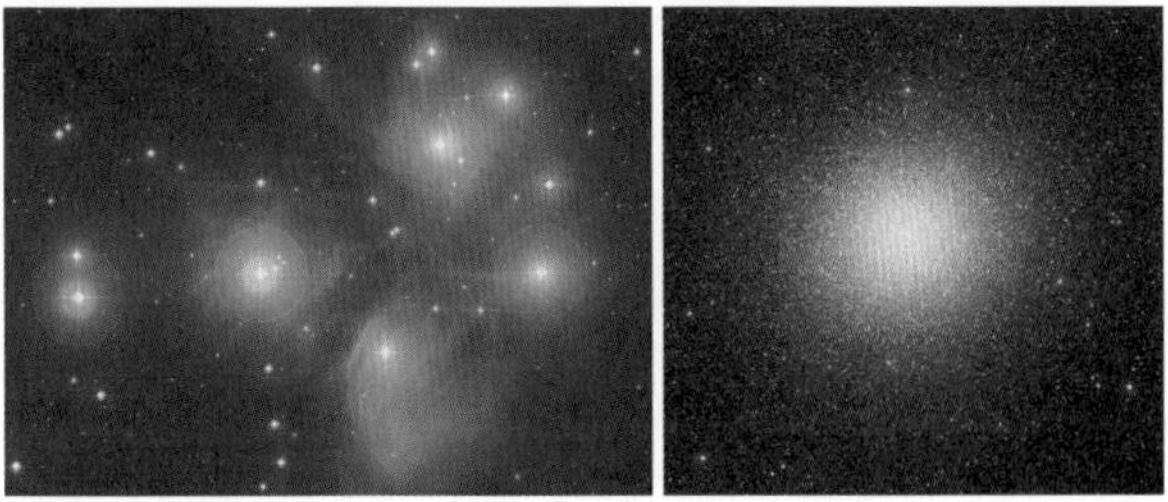

図 6.3　周囲のガスによる「もや」を示す散開星団プレアデス（左、クレジット：NASA, ESA, AURA/Caltech, Palomar observatory. The Science Team consists of D. Soderblom and E. Nelan [STScI], F. Benedict and B. Arthur [U. Texas] and B. Jones [Lick Obs.]と球状星団オメガ・ケンタウリ（右、クレジット：European Southern Observatory [ESO]）。

について広く受け入れられている解釈では、銀河の世界では距離が実際に増大しているとされる。もっと一般的な表現で言えば、宇宙は膨張しているということだ。

星団

恒星は銀河全体で均等に分布しているわけではない。一部の領域には、多数の恒星が集中する「星団」がある。プレアデスは、おうし座にある有名な星団だ。英語の一般名「Seven Sisters」（七姉妹）や日本語の名称「六連星《むつらぼし》」は、この星団に六つか七つの容易に認識できる恒星があることを示す。プレアデス星団の出現は、多くの文化で特別な意味をもっていた。じつはこの星団には、一〇〇〇個以上の恒星が含まれている。そのうち一四個ほど（視力によって異なる）を除き、ほとんどは肉眼では見えないほど暗い星である（図6・3）。

プレアデス星団は、散開星団の一例だ。全体としての寿命はおよそ三億五〇〇〇万年で、寿命が尽きるころには恒星は単独星、連星、または三連星として徐々に去っていき、もとの星団に残るものはあまりない。現時点では、プレアデス星団はまだ一億歳に達していない。近くの空には、ヒアデス星団がある。ギリシャ神話では、ヒアデスというのはアトラスの五人の娘で、プレアデスの異母姉妹である。空を見上げると、二つの星団は互いのそばにあるように見えるが、じつは宇宙では遠く離れている。プレアデス星団は地球からおよそ四〇〇光年の位置にあるが、ヒアデス星団はこれよりずっと近く、地球からの距離は一五〇光年だ。ヒアデス星団はプレアデス星団よりもはるか昔から存在しており、寿命は六億二五〇〇万年と推定されている。

ほとんどの星団は、肉眼で見ると星が溶け合って乳白色のしみのように見える。望遠鏡を使わなければ、星団がじつは複数の恒星で構成されていることがわからない。とりわけ球状星団では、個々の恒星を見分けるのが難しい。というのは、球状星団は一般に散開星団よりも地球から遠くに位置するうえに、個々の恒星が散開星団よりも密集しているからだ。最初に発見された球状星団は、一六六五年にドイツの天文学者アブラハム・イーレが発見したメシエ22と、その数年後にエドモンド・ハレーが発見したオメガ・ケンタウリである。星団なのにオメガ・ケンタウリという恒星としての名がついているのは、肉眼ではっきり見えるので、当初は恒星として分類されたからだ。オメガ・ケンタウリはすでに西暦一五〇年にはプトレマイオスの星表に登場していた。空では満月と同じ大きさに見えるが、肉眼で見えているのはじつは中心部だけだ。オメガ・ケンタウリはわれわれの銀河で最大の球状星団であり、四〇〇万個以上の恒星が集まっている。地球からの距離はおよそ一万五八〇〇光年なので、個々の星を別個に見たければ、高性能の望遠鏡が要る。他の球状星団から非常に距離が遠く性質が異なるので、もとは完全な銀河だったが、それが不運にもわれわれの銀河のすぐ近くに落下してあとに残ったものだと考えられている。この過程で、外層の恒星が剝ぎ取られたのだ。

現在、われわれの銀河では一五二個もの球状星団が知られている。これらは銀河面に位置せず、銀河円盤全体を含むほぼ球状の空間に分布し、さらに銀河円盤の外側まで散らばっている。一九一八年、アメリカの天文学者ハーロウ・シャプレー（一八八五〜一九七二）はこの空間の中心を利用して、われわれの銀河の中心がある位置を特定した。彼は銀河がそれまで考えられていたよりもはるかに大きいことを発見した。銀河円盤には塵が存在し、それによって可視性が制限されるので、銀河の大きさについて誤認が生じる。シャプレーは、球状星団の分布の直径が少なくとも一〇万光年はあると判断した。実際、この値はわれわれの銀河の直径として間違っていない。

星団の研究はn体問題の好例であり、nは数百から数百万にまで及ぶ可能性がある。近年、星団のコンピューターシミュレーションで数百万個の天体も扱えるようになったが、この分野の先駆者であるスヴェレ・アーセスらが一九六〇年代の終盤に研究を始めたころは、その数は散開星団をモデル化するのがやっとといった程度だった。

こうした初期のモデルで、二連星や三連星がもともと存在していない星団でも、これらの連星が形成されることがすぐに明らかになった。一九七五年、ダグラス・ヘギーは博士号を取得するための研究で、星団における三体問題の影響研究の基礎を築いた。*

星団内における三体問題の作用は、単独星が二連星と出会い、その過程で連星が単独星からエネルギーを吸収するか、あるいは単独星にエネルギーを与えることで生じる。エネルギーが吸収される場合、三つの星が互いに結びつき、のちに三体崩壊の統計法則に従って崩壊する可能性がある。エネルギーを与える場合、単独星は速度を上げ、星団から完全に離れる可能性がある。反動で連星も高速となり、同様に星団から離れることもある。これで、散開星団が徐々に崩壊し、最終的にほぼ何も残らなくなる仕組みがわかる。球状星団の場合、星団の中心に引きつける引力が散開星団よりも大きいので、星の脱出は少なくなる。球状星団でも、三体の遭遇によって星団の構造が変化する。重い連星は中心に定着し、場合によってはブラックホールを内包する。ブラックホールについては次章で扱う。

銀河と暗黒物質の相互作用

前述のとおり、ロス卿はメシエ51銀河内に渦巻状の腕でつながっているらしい二つの核を発見した。互いに作用しあう二つの銀河が初めて発見されたのだ。銀河はそれぞれ数十億個の恒星で構成されるので、それらの重力相互作用を計算するのは難しい問題だ。一九四一年、スウェーデンの天文学者エリック・ホルムベリ（一九〇八〜二〇〇〇）は、そのような状況で星々に起きることを解明するための巧妙な実験を考案した。電球を使って銀河内の恒星を表し、光電池を使って各恒星の受ける光の総量を測定した。ここで彼は、光が距離とともに弱まるのとまったく同じような仕方で、重力も距離とともに弱まるという性質を利用した。それぞれが受ける力の総量に従って、恒星を動かした。七四個の電球からなる銀河のモデルを二つ作り、恒星の運動を描く動画を作成した。単純な方法だったが、銀河どうしの遭遇において渦巻状の腕が生じるという最初の示唆が得られた。

＊　二〇〇三年に刊行されたダグラス・ヘギーとピート・ハットの著書 *The Gravitational Million-Body Problem: A Multidisciplinary Approach to Star Cluster Dynamics*（Cambridge University Press, Cambridge）は、星団の進化に関する現在の知見の礎となっている。

三〇年後、これらのシミュレーションに代わって、三体法を用いたコンピューター計算が利用されるようになった。三体は、二つの銀河中心と、一方の銀河に属する恒星一つで構成する。それから別の恒星を使って計算を繰り返す。これを続けて、銀河円盤の全領域をシミュレーションで覆い尽くした。このあとで三体の解を組み合わせて、擾乱を受けた銀河の像を作成した。マサチューセッツ工科大学で働くアラー・トゥームレとニューヨーク大学で働くユーリ・トゥームレのエストニア人兄弟は、この方法により相互作用する銀河の美しい画像を作成し、これを実際の銀河と比較することによって、自分たちの理論が大筋で正しいはずだということを示した。銀河円盤を表す星はわずか一二〇個だったが、主な特徴を示すには十分だった。

銀河のモデル化に三体解の重ね合わせを用いるのが合理的である理由は、銀河内の恒星どうしが互いの重力から重大な影響を受けるほど接近することはめったにないからだ。恒星は銀河内のすべての恒星が生み出す力場で運動する。この力場は銀河の中心へ向かう力として表現できる。したがって、このシミュレーションでは銀河全体を一つの天体として扱うことができ、同様に第二の銀河も一つの剛体として扱える。この二つの天体の影響下で運動する第三の天体となるのが単独の恒星だ。

正確に言えば、これは完全に正しいわけではない。なぜなら、恒星の運動によって銀河の質量の分布に変化が起きるからだ。初めは対称的な形状だった天体が、相互作用する恒星の運動によって変形する。トゥームレ兄弟の計算にとって幸運だったのは、銀河には不可視の要素がもう一つ存在し、それは恒星ほど相互作用に反応しない暗黒物質でできていることだった。暗黒物質とは可視の銀河を取り巻いておおむね球形をなす物質で、大きさも質量も恒星系の一〇倍に達することがある。その組成については、まだ不明な点が多い。通常、この不可視なハローは不可視な粒子でできていると考えられる。粒子加速器やその他の検出器を使って、この不可視な粒子の謎を解明するための探求が続いている。

暗黒物質がどんなものであるにせよ、それが銀河どうしを重力によって互いに結びつけていることは確かだ。したがって、中心に向かって凝縮した剛体として銀河を扱うのは、さほど悪い考えではない。トゥームレ兄弟がこれを知らなかったのは、暗黒物質でできた銀河のハローがタルトゥ天文台に所属するエストニアの天文学者ヤーン・エイナストらによって発見されたのがその数年後だったからだ。

そんなわけで、三体問題は相互作用する銀河を研究するのにすぐれた方法だ。この方法により、二つの大きな銀河が合体すると、恒星の軌道が激しく入り混じり、初めは銀河の中心付近にあった恒星が、合体した銀河の外縁に位置する場合もあることが見出された。たとえばケンタウルス座A銀河では、過去に二つの銀河が合体した名残として、鮮明な塵の帯が銀河の像を横切っている。アメリカの天文学者サラ・バードと共同研究者らによる最近のケンタウルス座A銀河の研究では、銀河の合体時に生じた三体作用の結果として、星が銀河の中心からその最外縁まで実際に移動したことが明らかになっている。

マゼラン雲と銀河系

銀河系（天の川銀河）にとって最大の伴銀河は「マゼラン雲」と呼ばれる。南半球から肉眼で見ることができ、天の川からちぎり取られた二つのかけらのように見える。マゼラン雲という名は、一五一九年から二二年にかけて地球一周の航海中にこれを見た、ポルトガルの探検家フェルディナンド・マゼランに由来する。もちろんそれ以前から知られており、九六四年にペルシャの天文学者アル・スーフィーが著書『星座の書』で言及している。マゼラン雲は大マゼラン雲（ＬＭＣ）と小マゼラン雲（ＳＭＣ）からなる（図６・４）。

じつは、銀河系とマゼラン雲は実際につながっている。銀河系の外側北側部分では水素ガス層が数百光年上方に湾曲し、反対側、つまりマゼラン雲に面する側では下方に湾曲していることが、一九五七年に判明した。水素ガス層に関する最近の広範な調査によれば、銀河赤道面から水素ガス層までの垂直距離は、銀河系の中心から遠く離れた場所ではさらに大きく、銀河を周回する太陽軌道までの距離の二倍にあたる一万光年に達する。帯状の水素ガスがＳ

図 6.4　南の空に見える2つのマゼラン雲（左、クレジット：ESO/S. Brunier）とケンタウルス座A銀河（右、クレジット：ESO, Image taken by the Wide Field Imager attached to the MPG/ESO 2.2 meter telescope at La Silla, Chile）。

ＭＣから伸び、天球上で銀河南極と現在のマゼラン雲系を結ぶ大円を通っている。これは「マゼラン雲流」と呼ばれる。

マゼラン雲流は、巨大なハローをもつわれわれの銀河とマゼラン雲との力学的関係を理解するのに重要な手がかりとなる。マゼラン雲流はマゼラン雲から剝ぎ取られた物質でできていて、しばしば銀河間の潮汐相互作用によって生じた尾や橋であると説明される。この説は、銀河、ＬＭＣ、およびＬＭＣ内のガス雲からなる三体系の三体シミュレーションを用いて検証できるかもしれない。

ＬＭＣ内の水素ガスのシミュレーションとして、数百（五〇〇〜九〇〇）個の試験天体を分布させるモデルもある。ＬＭＣの軌道面は銀河面に対して直角であることがわかる。ＬＭＣと銀河が最接近するときの距離は一五万光年であり、現在、ＬＭＣは離心軌道上でまさにその位置にある。ＳＭＣについては、その歴史はＬＭＣよりも定かでない。最初からＬＭＣとペアを形成していたか、あるいはＳＭＣとＬＭＣがあとからペアになったか、いずれの可能性もある。

ＬＭＣはもともと、大型の銀河のうちでわれわれの最も近くにあるアンドロメダ銀河の衛星だったとする説もある。アンドロメダ銀河は二つの大きな銀河が合体してできたのかもしれない。核が二つあるのは、少なくとも過去に合体が起きたことを示す有力なしるしだ。この過程で、今から四〇億年前にＬＭＣが放出され、われわれの銀河にとらえられた可能性がある。そのとき、ＬＭＣと銀河系の両方で、初めて激しく衝突したことによって星形成が誘発されたのかもしれない。

橋と尾

天文学者たちは長らく、対称的で見た目の整った渦巻銀河が基本であり、これを理解すれば銀河についてはほぼ理解できると考えていた。しかし、ヘイル天文台の天文学者ホルトン・アープ（一九二七〜二〇一三）の考えは違っていた。彼はパロマー天文台にある世界最大の口径五メートルの望遠鏡を比較的容易に利用できたので、研究の一環としてこの望遠鏡で銀河の美しい写真を撮影した。

アープの最大の業績は、一九六六年に発行された『特異銀河のアトラス（アープ・アトラス）』だ。彼は、相互作用する銀河の示す特性はかなり一般的だと気づき、銀河宇宙の進化を理解するにはこうした特性を理解する必要があると考えた。そこで彼はそれからの年月の多くを、さまざまな新しい特性の発見に費やした。それらの発見の一部はすでに解明されているが、依然として未解明のものもある。彼はおおむね正しかった。銀河は一回の創生事象で一気に生まれるのではなく、少しずつ組み立てられてできあがっていく。この過程の進行中に銀河に歪みが生じ、『アープ・アトラス』に掲載するに値する特性を獲得することがしばしばある。

ＬＭＣと銀河系の例からわかったように、一部の多重銀河で見られる橋や尾は、近接遭遇で生じた潮汐効果の名残にすぎない。時間的には短いが激烈な潮汐力のもたらした結果であり、単純なモデルで検討することができる。各遭遇には、互いにすれ違う二つの銀河だけが関与し、各銀河は、最初はそれぞれの中心に銀河の全質量があって、中心のまわりに円盤があり、円盤を構成する恒星は互いに作用しないで運動すると理想化される。つまりこれは基本的に三体問題だ。

銀河間の橋と、それと逆方向へ伸びる尾は、遭遇の速度が比較的遅い場合に形成される。母銀河の歪みは銀河どうしが相互作用しているときに現れ、すれ違う銀河の運動方向に対す

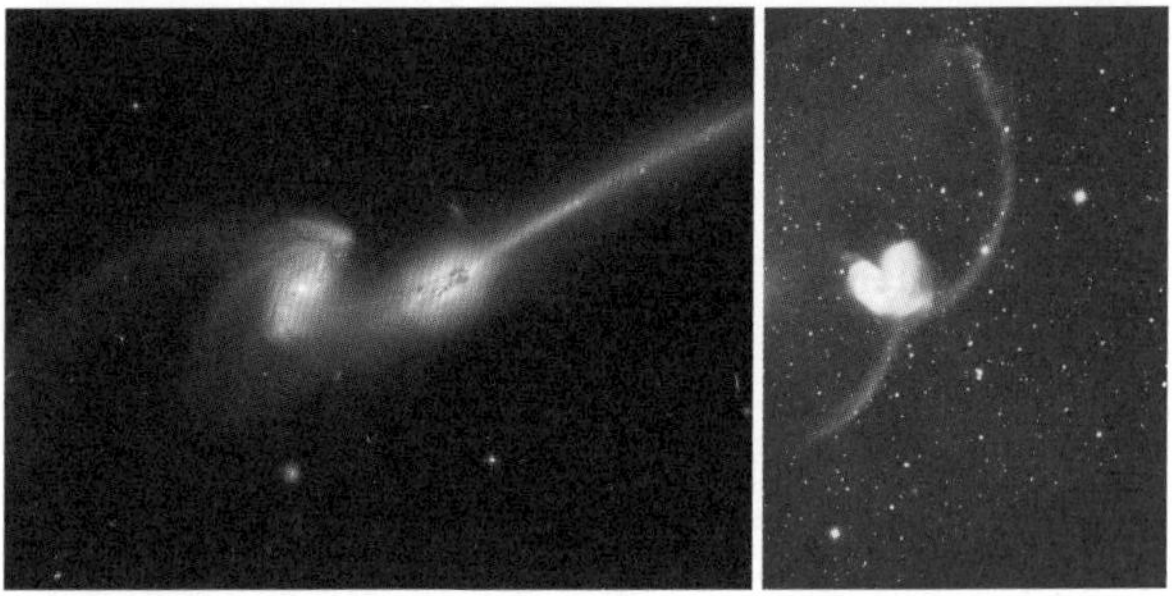

図 6.5　銀河ペアのねずみ銀河（左、クレジット：NASA, H. Ford [JHU], G. Illingworth [UCSC/LO], M. Clampin [STScI], the ACS Science Team and ESA）とアンテナ銀河（右、クレジット：NASA）。

る銀河円盤の回転方向に依存する。尾は通常、相互作用が比較的近距離で同じ方向（つまり順方向）の場合に生じる。尾の寿命は比較的長いが、橋の寿命はかなり短い。橋を形成するのは尾よりもかなり難しい。このことから、銀河どうしをつなぐ橋よりも銀河から伸びる尾のほうが一般的な現象であることがわかる。これらのシミュレーション結果は、実際の観測結果と完全に合致する。

こうした潮汐破壊に関する詳細な画像調査がおこなわれ、相互作用する二つの銀河の軌道と外形が再現されている。図はメシエ51＋ＮＧＣ５１９５とアンテナ銀河（ＮＧＣ４０３８／９）のモデルを示す。図のキャプションでモデルについて説明している（図６・５、６・６、６・７）。

ソフトボールのゲーム

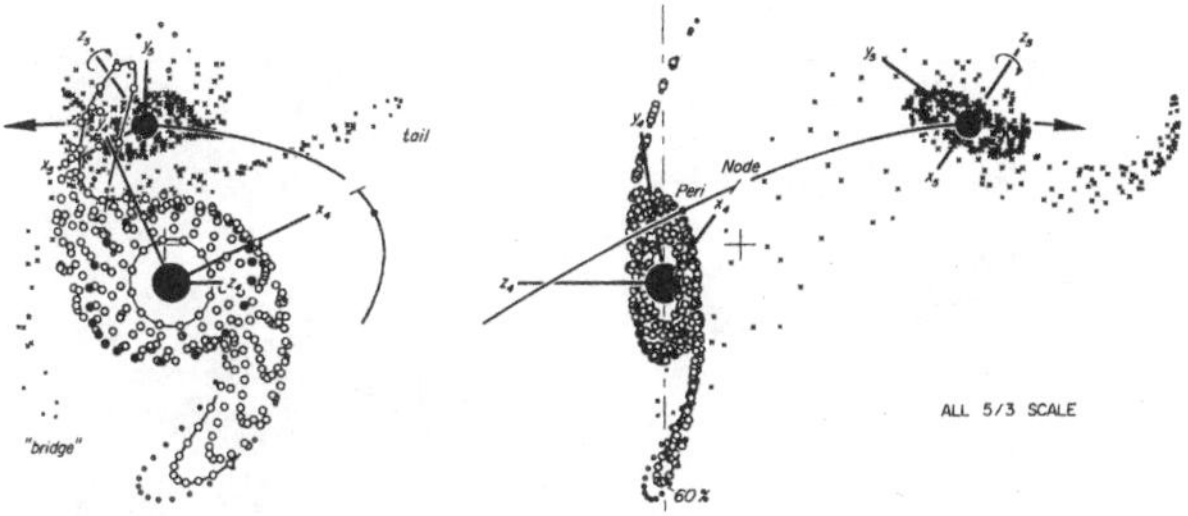

図 6.6　子持ち銀河 M51 とその伴銀河 NGC 5195 のあいだで最近起きた低速度の衝突のモデル。伴銀河は主銀河の 3 分の 1 の質量として扱われている。2 つの異なる視点からの像を示す。左図はわれわれが空を見上げたときの見え方である。（クレジット：Alar and Juri Toomre, in paper "Galactic Bridges and Tails", ApJ, 178, 623, 1972, IOP）

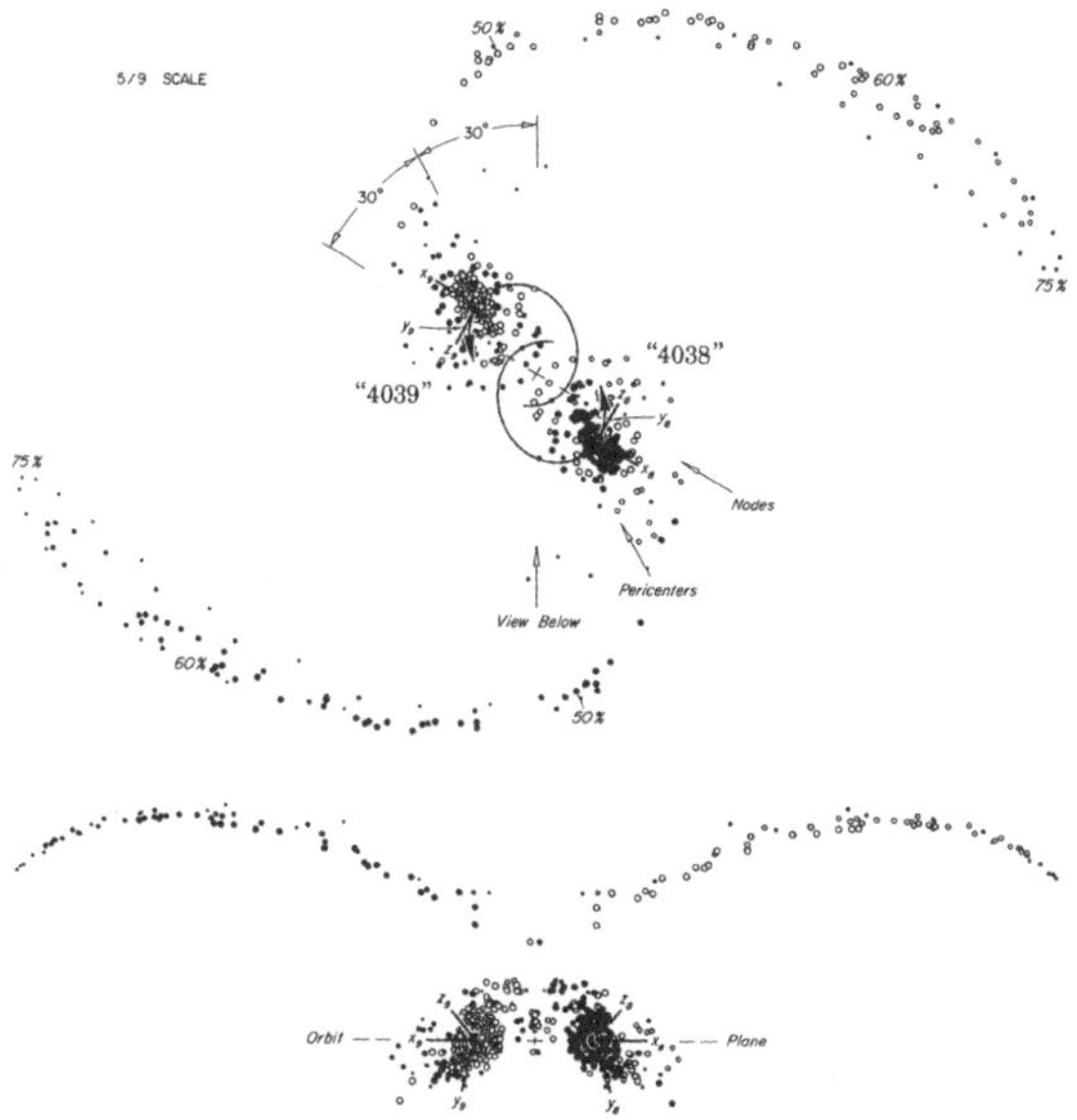

図 6.7　アンテナ銀河（NGC 4038/9）の対称モデル。2 つの同じ大きさの円盤がゆっくり遭遇する。上図は軌道面への投影、下図は天空面への投影である。（クレジット：前図を参照）

図6.8　鳥銀河。3つの銀河が合体しつつある。（クレジット：Petri Väisänen/ESO/NASA）

三つの銀河が同時に相互作用した場合、壮大な銀河が生じることがある。そんな一つである鳥銀河は、二〇〇七年に南アフリカ天文台に所属するフィンランドの天文学者ペトリ・ヴァイサネンと、トゥオルラ天文台のセッポ・マッティラが共同研究者らとともに発見した（図6・8）。

銀河の三体衝突は、毎日のように起きるわけではない（それどころか一〇〇万年に一度も起きない）。三体衝突では何が起きるのか、そしてそれがどのくらいの頻度で起きるのかを理解するには、銀河の三体問題を考えるとよい。ここでは、銀河は互いに衝突したときにくっつき合うことのできる「柔らかい《ソフト》ボール」で表現される。この合体は「重力摩擦」から生じる。これは、インド出身の天文学者スブラマニアン・チャンドラセカール（一九一〇〜九五）が導入した概念である。彼は計算により、軽い天体の集まった空間を重い天体が通過すると、軽い天体が重力によって重い天体の通った軌跡に集まることを明らかにした。この際に重い天体は減速する。この理想化された過程は、ハロー内の暗黒物質粒子で構成される銀河にあてはめることができる。小さな銀河は大きな銀河のハロー物質を通過すると、摩擦によって徐々に停止する。

この過程が自然界でどのように進行するかを見たければ、ソフトボールを使った三体シミュレーションをおこない、一九八九年に発表されたロシアの天文学者イーゴリ・カラチェンツェフによる三重銀河のカタログと比較すればよい。カラチェンツェフは、カフカスにあってかつては世界最大だったこともある、ロシア製の六メートル口径望遠鏡のスタッフだ。彼はこの望遠鏡を使って、シミュレーションとの比較に適した銀河系の印象的なサンプルを収集した。

鄭家慶と共同研究者らは、観測された三重銀河はもっと多数の銀河が合体する際の中間段階にすぎないことに気づいた。彼らは五つの銀河の集団から始め、柔らかい天体のシミュレーションを用いて、残った銀河が三つだけとなるまで追跡した。それから、カラチェンツェフの観測した三重銀河と比較した。この戦略は成功し、これがおそらく三重銀河のたどった進化の道のりであることが証明できた。シミュレーションを続けると、さらに二つの銀河が合体して一つの連銀河が残った。このようにして生じた連銀河は、カラチェンツェフが観測して一九八七年に発表した連銀河のサンプルが示すのと同じ特性をもっていた。これらの連銀河自体もまた中間段階の系であり、やがて時間とともに単独の銀河になる。

こんなわけで、ソフトボールのゲームは、実際の銀河世界で起きることを説明する巧みな方法だ。空で銀河が示す運動は非常にゆっくりなので、実際に動いているのを見て取ることはできない。さまざまなタイプの銀河系に関する統計データを調べ、三体やn体のシミュレーション（nの初期値は三より少し大きい数とするが、必ずしも五である必要はない）と比較することによって、銀河の描像を築き上げる必要がある。

局所銀河群

銀河のソフトボールのゲームがどんなふうに進展するかを示すよい例の一つは、われわれの局所銀河群だ。銀河系つまり天の川銀河の最も近くに位置する大きな銀河は、アンドロメダ銀河である。これも渦巻銀河で、銀河系とあまり違わない。この二つの銀河は重力で互いに結びつき、そのまわりにもっと小さな銀河が群れをなしている。この重力で結びついた集団は「局所銀河群」と呼ばれる。

一九五九年、マンチェスター大学のドイツ系イギリス人天文学者フランツ・カーン（一九二六〜九八）とライデン天文台のオランダ人天文学者ローデウェイク・ヴォルチェ（一九三〇～二〇一九）は、天の川銀河とアンドロメダ銀河からなる連銀河の質量を計算した。現在、この二つの銀河は互いに接近しつつある。そこでカーンとヴォルチェは、これらの銀河が宇宙の誕生時から連れ添い、今まさに最初の軌道周回を完了しようとしているという、あり得そうな推測をした。この推測から、系全体の質量が推定できる。その質量は、宇宙の年齢と、現時点における二つの銀河の相対速度と距離に依存する。一九五九年から、相対速度と距離はいくらか変化している。最新の情報によれば、二つの銀河の合計質量は太陽質量の四兆倍だ。二つの銀河には恒星が四〇〇〇億個ほどしかなく、恒星の質量は一般に太陽と同じくらいなので、この質量は多く感じられる。そこで「見えない」物質が存在しているということになる。現在ではこれを「暗黒物質」と呼んでいる。

しかし一九九〇年代の初頭には、銀河がこんなふうに完成した形で宇宙の誕生時に生まれはしないということが明らかになっていた。銀河は小さなかけらが合体することによって徐々に作り上げられるものであり、現在の局所銀河群は合体シナリオの現段階にすぎない。ということは、カーンとヴォルチェの推定は根拠を欠く。そこで、現在の銀河の配置につながる複雑な進化を明らかにする必要がある。アメリカの天文学者ジーン・バードと共同研究者（本書の著者ヴァルトネネンを含む）は、いくつかのシナリオを検討した。

三体過程によって、小さな銀河が局所銀河群から脱出することがある。残った大きな二体が、互いを周回する二つの大きな銀河からなる原アンドロメダ銀河になったと考えられた。アンドロメダ銀河に合体の歴史があると考えられた理由の一つは、すでに述べたとおり、中心核が二つあることだ。合体したことを示す他の証拠が消えたあとも、銀河中心核は独立した存在として残存することがある。また合体後に予想されるとおり、アンドロメダ銀河の恒星が半径方向にかき混ぜられたと思われる。

脱出した銀河はどこへ行ったのだろう。それらの銀河は、局所銀河群の中心から五〇〇万光年離れたゼロ重力面に集まる傾向がある。一九三三年、ヘルシンキ大学に所属するフィンランドの天文学者グスタフ・ヤルネフェルトは、中心からこの距離で、局所銀河群による内側への引力と暗黒エネルギーによる外側への斥力がぴったり釣り合っていることに初めて気づいた。一九九八年にアメリカの天文学者ソール・パールムッターと共同研究者が、オーストラリアの天文学者ブライアン・シュミットおよび共同研究者とともに、宇宙の膨張全体における暗黒エネルギーの存在を確認したあと、ゼロ重力面が実際に存在する証拠を探すことになったのは当然である。

この研究のためには、近くの銀河までの距離を正確に測定する必要があった。そこで、これらの銀河内で光度がわかっている個々の恒星を識別する必要がある。光は光源からの距離の二乗に比例して暗くなるので、真の光度と観測された光度の差から距離の値が得られる。

この方法で、カラチェンツェフとカナダの天文学者マーシャル・マコールをはじめとする研究者たちが、地球からおよそ二〇〇〇万光年の範囲内にある多数の小さな銀河までの距離を特定した。銀河に存在する数百万個の恒星のなかで個々の星を識別するには、ハッブル宇宙望遠鏡や、北欧光学望遠鏡のような地上に設置されたきわめて高精度の望遠鏡で得られるような高い画質が必要となる。

この正確なデータベースを使って、チェルニンや、トゥルク大学に所属するフィンランド人天文学者ペッカ・テエリコルピらは、局所銀河群の外には五〇〇〇万光年の距離に至るまで、小さな銀河がほとんど存在しないことを発見した。そしてこの距離に達すると小さな銀河が現れ、驚くべきことに、これらはほぼ同じ速度でわれわれから遠ざかっていく。これはまさに、小さな銀河がゼロ重力面を横切り、暗黒エネルギーに押されて銀河の流れに入ったあとに予想されるとおりだ。

局所銀河群の歴史を再現するソフトボールのシミュレーションによれば、この進化のシナリオはあり得そうだ。三体機構によって、小さな銀河は銀河群を離れて銀河の流れに入る。しかし、進化の道のりを正確に突き止めるのは難しい。アメリカの天文学者シェイ・ギャリソン＝キンメルと共同研究者らは最近、大きなn体シミュレーションを用いていくつかの可能性について調べた。その結果、長期にわたる宇宙の進化のあと、現在の局所銀河群と同じ

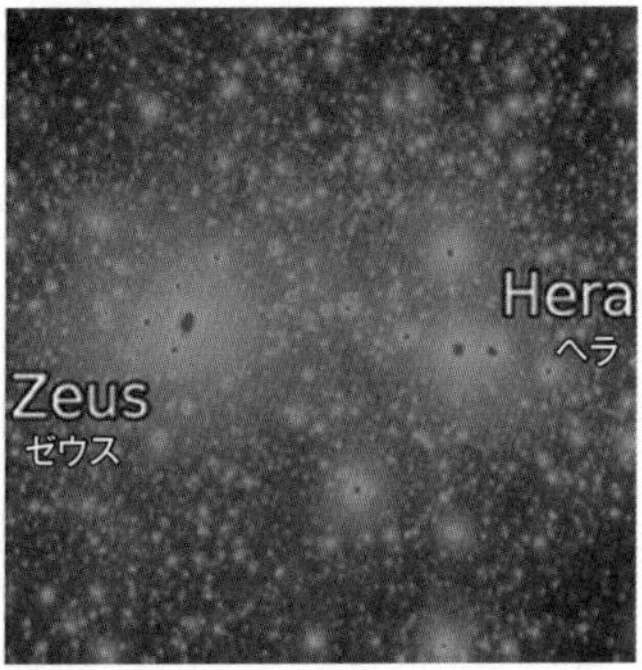

図6.9　局所銀河群の形成に関するn体の数値シミュレーション。137億年の進化を経た天体「ヘラ」は、われわれの銀河に類似している。一方、天体「ゼウス」はアンドロメダ銀河に相当すると考えられる。このモデルでは、初期宇宙の数百万個の雲から始め、宇宙が膨張するあいだにそれらの雲がどうなるかを追跡する。雲は集まって銀河を形成する。この過程のもつカオス性のため、いくつもの多様な銀河群が生じる。この図ではさまざまな可能性のなかから、われわれの局所銀河群に似た集団が選ばれている。
（クレジット：Garrison-Kimmel S., Boylan-Kolchin M., Bullock J.S., Lee K., 2014, MNRAS, 438, 2578, UOP）

ような仕方で物質が凝集したことが判明した（図6・9）。もっとも、三体問題の予測不可能性ゆえに、進化を正確に追跡するのは不可能である。

第7章
三体問題の歴史

問題

　三体問題は、自然界で最も単純なパズルの一つだ。しかし単純に言い表されているかもしれないが、解くのはきわめて難しい場合もある。問題は次のように記述される。質量値を与えられた点状の物体が三つあり、それらが万有引力の法則に従って互いを引きつけ合うとする。初期の位置と速度はわかっていると仮定する。ここで要求されるのは、過去または将来の任意の時刻における三体の座標と速度を予想することだ。問題自体は単純だが、これまでの章で見てきたとおり、その解決は決して簡単ではない。アイザック・ニュートンをはじめとする数々の著名な科学者が、このパズルに挑んできた。しかし長きにわたり、特殊な場合を除いてすべての試みが失敗に終わった。

　才気あふれる二人の科学者、レオンハルト・オイラーとジョゼフ＝ルイ・ラグランジュは、三体が同一の回転する直線上にある場合と回転する正三角形の各頂点にある場合という二つの特殊なケースに関して、この問題を解決した。この問題は、特に二〇世紀になって、多数の天文学者、物理学者、数学者を魅了した。その一因は、三体問題がもっと複雑な系について調べるためのベンチマークや試験台として機能することにある。これに触発されて、科学のさまざまな分野で使える数値的方法が考案された。三体問題は、計算によって解決できる問題と、解決できずカオス理論に向かわざるを得ない問題の両方に広がっている。実用的な関心に加えて、その解には美しさも備わっている。

小史

「天に実体は存在しない。空を見上げると青く見えることもあるが、青い実体があるわけではない。空が黒く見えることもあるが、黒い実体があるわけでもない。太陽、月、その他の星は、虚空にただ存在している。それらの動静は『気』に支配される……」

戦国時代の古代中国には、宇宙に関して「蓋天」（蓋のような天）、「渾天」（卵のような天）、「宣夜」（空虚な天）などを唱えるいくつかの思想学派が存在した。先の引用は、宣夜学派を代表する『晋書』天文志によるものである。「気」を「力」か「場の作用」に変えれば、この一節はまるで現代の教科書の記述のように聞こえる。

古代中国の思想家の老子（紀元前六世紀または四世紀）は、「三」が世界の多様性の始まりだと考えた。混沌《カオス》の存在に気づいたのは、紀元前四世紀に活動した古代中国の思想家、荘

図7.1　荘子。（クレジット：Tsukuba University Library）

子だった（図7・1）。彼は、世界には混沌が不可欠であり、混沌がなければ世界の大部分は意味を失い、暗闇に陥り、さらには死に至るおそれさえあると主張した。彼によれば、三体のうち二つが結びついて一つになれば、混沌は消え去るとされる。彼はこの考えを、三人の王がいて最後にそのうちの一人が死ぬという物語で表現した。彼が正確には何を意図したのかはあまり定かでないので、解釈がいくつか存在する。

荘子の思想と三体問題の解とのあいだには、類似が認められる。三体のうちの一つが遠くへ投げ出されたときにカオス的な運動が終わるという点だ。ただし、荘子がこれを知っていたことはほぼあり得ない。

中国では、春秋時代（紀元前八〜五世紀）から清朝（一六四四〜一九一一）まで、天文官が皇帝に召し抱えられていた。太陽、月、五つの惑星の動きに加えて、異常な現象が起きればすべて記録された。日食と月食は、正確な暦を作成するうえで特に重要視されていた。

同じ時期、バビロニアで天文学が発達した。そこでは月食の観測と記録が熱心におこなわれた。バビロニアの天文学者に続いて、ロドスのヒッパルコスやアレクサンドリアのプトレマイオスなど、古代ギリシャの天文学者が活躍した。

ギリシャの伝統は、二つの道筋で生き続けた。イスラム諸国は古代の知識を収集して発展させた。ギリシャの学校（大学のようなもの）は、首都コンスタンティノープルをはじめとして東ローマ帝国で存続した。スペインのトレドでは、古代の文書をラテン語に翻訳する事業が組織的に始まった。一三世紀以降、西ローマ帝国領だった地域が帝国の崩壊後には古代ギリシャの影響を受けるようになり、これが一五世紀のルネサンス時代につながった。ルネサンスの主要な天文学者、ニコラウス・コペルニクス、ティコ・ブラーエ、ヨハネス・ケプラーは、アイザック・ニュートンを迎え入れる道、そして重力三体問題の幕開けに至る道を切り開いた。

天体力学

ニュートンの『プリンキピア』以降、ヨーロッパで科学における主要な活動と言えば、太陽、月、惑星の運動を解明し、予測することだった。望遠鏡の登場により、観測精度が向上した。通常は、個々の惑星の楕円運動から始め、太陽の重力に他の惑星からの影響を摂動として加えるという方法をとった。ラグランジュとラプラスはとりわけこの方法にすぐれ、重力の法則の普遍性を確証することができた。ラプラスは他の惑星による大きな摂動だけを考慮に入れ、太陽系の安定性を証明することに成功した。小さな摂動を無視することは、一次理論と呼ばれる。そんなわけで一八世紀には、少なくとも一次の範囲内では太陽系の安定性が証明された。

ラプラスはニュートン力学を大いに信頼しており、次のように述べている。

宇宙の現在の状態は、過去の影響であり未来の原因であると見なすことができる。ある瞬間に、自然を動かすすべての力と、自然を構成するすべての要素の位置をもれなく知る知性があるとして、この知性がこれらのデータを解析できる力を備えているなら、それは宇宙で最大の天体の運動も最小の原子の運動もたった一つの式でとらえるだろう。このような知性にとって、不確実なことなど何もなく、未来は過去と同じく目の前に存在するだろう。

この想像上の知性は、のちに「ラプラスの悪魔」と呼ばれるようになった。

ラプラスの概念の正しさを示す証拠としてふつう挙げられるのは、ルヴェリエ（およびアダムズ）の計算にもとづいて海王星が発見されたことだ。万有引力の法則は大きな成果を収めた。

ニュートンの運動の法則を支える哲学的基盤の研究も進んだ。この法則は最小作用の原理として表現され、「われわれの世界は存在し得る最良の世界である」と言い表されることもある。この一般力学は猛スピードで発展した。そしてニュートンの『プリンキピア』からわずか一五〇年後、ハミルトンの定式化のもとで最終的な形となった。

二つの研究の流れをもってしても、一九世紀末には新たな一般力学のテストケースとして残された問題がまだいくつかあった。その一つは、水星の軌道長軸の動きが示すわずかなずれだった。また、月の運動にも問題が残っていた。前者の問題は、アインシュタインが一般相対論を用いて解決した。月の運動は、『プリンキピア』以来ずっと、最も手ごわい問題だった。その一因は、地球と月の二体問題として、太陽による摂動が非常に強いせいで、一次理論では遠い未来の月の運動が予測できないことだ。また、軌道に沿った「永年加速」と呼ばれる問題もあった。この問題は、一九三九年に歴史的な時間スケールで地球の自転が遅くなっていることが判明してようやく解決した。

しかし一九世紀初頭には、概して楽観論が濃厚だった。ケンブリッジ天文台の台長を務めたイギリスの天文学者ロバート・ウッドハウス（一七七三〜一八二七）は、次のように述べた。

実地天文学のすべての解が五〇〇個の方程式から導かれ、現在使われているものよりも完璧な装置を使って何世紀にもわたって観測がおこなわれたとしても、そこに誤りがあると証明することはできないだろう。天文学という学問は「卓越の頂点に達しており、もはや大きく変わることはなく、この先もそうであり続けるに違いない。残っているのは、われわれ自身の系について数多くの観測をすることだけである」。

ポアンカレの登場

第3章ですでに触れたとおり、一八八五年にスウェーデン国王オスカル二世は科学懸賞の開催を発表し、自身が六〇歳になる一八八九年の誕生日を応募期限とした。最大の狙いは、懸賞を契機として三体問題の解を見つけさせることだった。解を見つける者が現れるかどうかはまったく不明だったので、参加者には数種類の問題が提示された。こうすれば、褒賞を獲得する者が一人は出ると考えたのだ。また、最重要の問題に関する問いは、nを三以上の数とした場合のn体問題の解を求めるという広い形で提示された。

任意の個数の質点からなる系があり、これらの質点はニュートンの法則に従って互いを引きつけ合うとする。いずれの二質点も互いに衝突することはないと仮定して、各質点の座標を変数の級数として表す表現を見つけよ。ただし、この変数は時間の既知関数であり、すべての時間について級数が一様に収束するものとする。

ずいぶんもって回った言い方なので、順を追って説明していく。この問いは、要するに級数を見つけなさいということだ。では、数学的級数とは何だろう。和を例にとってみよう。

$$S = 1 + \frac{1}{2} + \frac{1}{4} + \frac{1}{8} + \frac{1}{16} + \frac{1}{32} + \cdots$$

少し考えれば、この級数では足す項を増やすにつれて、和が2に近づいていくことがわかる。項数が無限の極限においては、$S = 2$ になる。これは収束級数の一例だ。三体問題に関しても、これと同じような級数を見つけることが求められる。十分な個数の項を足すと、各座標の正確な値が得られる。各項自体は時間に依存する。

懸賞で優勝したポアンカレは当初、楕円軌道を表す級数から始め、それから一次の摂動を表す項を追加し、さらにもっと弱い摂動を表す項を次々に追加していけばよいと考えた。この方法により、先述のSの級数が値2に収束するのと同様に、座標値が各段階ごとに確定値に収束していくことを期待した。ポアンカレは最も単純な三体問題を選んだ。そこでは二体が円軌道を描いて互いを周回し、第三体は無視できるほど質量が小さいので、他の二体の運動を乱すことはできない。これは制限三体問題と呼ばれる。この単純な三体問題に解が存在しないならば、もっと一般的な三体問題にも求められているような解は存在しないことが確実となる。逆に、級数が見つかれば、そこからもっと難しい状況へ一般化を試みればいい。

ポアンカレが応募して優勝した論文では、少なくとも原理的には級数を用いた解が可能であるという結論に達した。ところが当初の論文に自らいくつかの誤りを発見すると、彼は見解を翻した。この理由で、もとの論文の印刷を中止し、自腹でかなりの費用を負担することになるにもかかわらず、新たな論文に差し替えることを求めた。新しい論文は現代のカオス理論の基礎となるもので、費用を払っても有力な学術誌に掲載する価値があった。

ポアンカレ以降

二〇世紀の前半、アメリカの数学者ジョージ・バーコフ（一八八四〜一九四四）は、三体問題で非常に長い時間が経過した場合に起きることを研究した。そして一九三一年、基本的に系が自らの初期状態を「忘れる」という結論に至った。これはエルゴード定理と呼ばれ、この定理から、一般三体問題は統計的にのみ解決できると考えられる。今ではこの見方は、三体軌道の統計的標本抽出によって明確に証明されている。

海王星の軌道の摂動を調べることによって太陽系のさらに外側で惑星の発見を目指す研究もおこなわれ、冥王星の発見につながった。冥王星は離心率のかなり高い軌道で通常、海王星の外側に位置する。一九三〇年、アメリカの天文学者クライド・トンボーによる広範な探索の結果、冥王星が発見された。じつは海王星の軌道に摂動は生じておらず、観測の誤差によるものだった。つまり冥王星の発見は純然たる偶然だったのだ。冥王星は質量が小さすぎて、海王星の軌道に顕著な影響を与えることはできない。仮にこの偶然が起きなかったとしても、一九三〇年代のうちにトゥルク大学のユルィヨ・ヴァイサラと彼のチームが冥王星を見つけたに違いない。彼らは新たな小惑星の探索中に、冥王星を撮影したのだ。

一九一八年、日本の天文学者の平山清次《ひらやまきよつぐ》（一八七四〜一九四三）は、はるか昔の衝突により共通の親天体から生じたと思われる小惑星族の存在に気づいた。このことは、火星と木星の軌道のあいだに広がる小惑星帯に、もとはもっと大きな小惑星があったことを意味する。衝突は今も起きており、その結果として一部の小惑星は小惑星帯を離れ、地球に衝突する脅威をもたらす可能性もある。

一九一三年、スンドマンは三体問題の一般解を与えるとされる級数を発表した。しかし一九三〇年にダヴィッド・ベロリッツキーが、太陽‐木星‐土星の三体問題において、合理的な精度で一つの軌道周期を計算するだけでも級数の項が一〇の八万乗個必要であることを示した。これほど膨大な項を計算するには、仮に各項を一秒で処理できるとしても、宇宙の年齢に相当する時間を費やしても足りない。バーコフはスンドマンの研究について、こうコメントした。

スンドマンの最近の研究は、これまでになされた三体問題への貢献として、最も注目に値する一つだと言っても過言ではない。……彼は、パンルヴェが一八九七年に提案したきわめて人工的な意味で三体問題を「解決」した。しかし残念ながら、これらの級数は数値的情報を得る手段としても、あるいは数値計算の基盤としても、無価値である。

スンドマン自身もこの不備を認識し、一九三〇年にブダペストで開かれた会合において、この問題を扱うには数値軌道計算が実行に適した唯一の方法であると表明した。実際、彼はこの目的で使用できる計算機の設計にかなりの時間を費やしたが、製作には至らなかった。一九五〇年代に汎用コンピューターが導入されると、スンドマンのプログラムがついに実行可能になった。

軌道計算では、各質点を小さな刻み幅で動かしていく。各刻み幅は、他の二つの質点からの引力によって生じる加速度にもとづいて選択する。この方法は今では三体シミュレーションと呼ばれ、最新のコンピューターを使えば高速で実行でき、非常に人気がある。この方法を用いることにより、これまでの章で述べたとおり、天体力学という古典的な分野で非常に興味深い数々の結果が得られている。

一九五七年にソ連が世界初の人工衛星スプートニクを打ち上げたことは、天体力学がこれまでに受けた最大の刺激の一つとなった。この画期的な出来事は宇宙時代の幕を開き、先進技術の発展から多くの恩恵を受けた。天体力学の観点から見れば、スプートニクはニュートン力学と摂動理論の勝利を象徴していた。スプートニクの打ち上げ以降、人工衛星の運動に関する理論的研究は大きな進歩を遂げた。

コンピューターの発達により、手作業（「計算手《コンピューター》」）による数値的研究は不要になった。たとえば二〇世紀の初頭にはヘルシンキ大学の天文台で、四人のスタッフが数表の助けを借りて複雑な計算を手作業でおこなっていた。リーダーが教室の前方に座り、スタッフ全員に同じ作業をさせた。全員の結果が一致すれば、それは正しいと判断されて、リーダーは次の計算に移る。結果が一致しなければ、一致するまで計算を繰り返す。これが週六日、プロジェクトが完了するまで何年も続いた。現代のコンピューターなら、同じ作業が数秒で実行できてしまう。

一般三体問題は早い段階でコンピューターを用いた研究の対象となったが、大きな成功が訪れたのは、正則化法が考案されてからだった。正則化法により、天体力学で最大の困難の一つである「衝突」の問題を、部分的に解決することができた。コンピューターは純然たる理論研究の道具としても使われている。たとえばコンピューターのおかげで、統計的標本抽出という手法が使えるようになった。

小惑星や、海王星の軌道の外側にあるカイパーベルトやさらにその外側にあるオールト雲に存在する天体といった太陽系天体に関する詳細な観測によって、天体力学の新たな研究材料がたくさん得られている。宇宙探査機は、惑星とその衛星系の詳細な画像を撮影している。土星の環は、実際に見るまでは誰にも想像できなかった複雑な構造をもつことが明らかになった。これらの成果から、われわれを取り巻く宇宙を理解するための道具として、天体力学の重要性が高まっている。

失楽園

ポアンカレと彼に先行したドイツ人数学者ハインリヒ・ブルンス（一八四八〜一九一九）の研究によって、三体問題を厳密に解くことは不可能であるとされ、われわれは行き詰まった。天体力学者たちは、あらゆる動力学系が計算可能という楽園からついに追放されてしまった。ウッドハウスから一〇〇年が過ぎても、天文学は完全無欠な学問には至っていなかった。計算可能性、あるいは専門用語で言えば「可積分性」とは何なのか。要するに、これは運動をどんな遠い未来でも予測できるということだ。つまり、ラプラスの悪魔が存在し得ることを意味する。しかしポアンカレはこの悪魔を追放し、われわれも楽園を去らざるを得なかった。

三体問題の研究は、いくつかの方向へ進展した。一九九二年、夏志宏《シャ・チホン》はスンドマンの解をn体問題に拡張した。しかし実際にn体問題を解決するカギとなったのは、スヴェレ・アーセスの取り組みだった。彼はケンブリッジでサー・フレッド・ホイルから博士論文のテーマとしてn体問題を与えられたが、明らかにこの課題の大きさに気づいていなかった。ともあれ一九六三年に論文を完成させ、その後もホイルの創設した理論天文学研究所で研究員として研究を続けた。研究所の主要な設備の一つとして、最新設計のコンピューターがあった。このおかげで、アーセスは軌道計算を用いてn体問題を研究することができた。彼はさまざまな目的で多数のコードを開発し、それを使いこなせるなら誰にでも無償で提供した。きわめて精度の高いコードとそれを自由に使わせる方針によって、それから数十年でn体問題の研究が飛躍的に進展した。

n体問題の解の発展において、主要な課題の一つは正則化だった。クスタンハイモとシュティーフェルの三体正則化を、もっと多数の物体に拡張する必要がある。一九七四年にヘギーは、これをどうしたら四体問題に拡張できるかを初めて示した。セッポ・ミッコラは博士論文で四体問題を扱うための研究を開始し、一九八一年には研究を進めるためにケンブリッジのアーセスを訪ねた。ここから数十年にわたる実り多い共同研究が始まり、正則化法の大幅な改良につながった。

一九八七年、トロントでインナネンとともに働いていたミッコラは、アメリカで短い休暇を過ごすことにした。友人のオランダ人天文学者ピート・ハットが働くプリンストンに立ち寄って、挨拶をしていこうと決めた。偶然にもちょうどそのとき、アーセスもプリンストンを訪れていて、ヘギーの正則化をハットのn体コードに実装しようと試みた。しかしうまくいかずに落胆し、自分たちを助けられるのは世界でただ一人、ミッコラしかいないとハットに訴えた。まさにこの瞬間、あろうことか、ミッコラが現れたのだ。

物体の数が多くなると、系に存在する任意の二点を結ぶ線が増えるので、ヘギーの方法は煩雑だった。それぞれの結びつきについて別個の計算が必要になる。その後、ミッコラは一九八九年にケンブリッジを再訪し、今度はアーセスとともに結びつきを追跡する別の方法を考案した。今度の方法は「鎖」で、鎖としてつながる結びつきのみを計算に用いる。鎖を構築するには、まず最も近い二つの物体を見つけ、次にその一方に最も近い物体を見つけるといった具合に、鎖ですべての物体がつながるまで続けていく。

次の大きな前進は、一九九九年にミッコラが東京で本書著者の一人（谷川清隆）と共同研究をしていたときに遂げられた。二人は、クスタンハイモとシュティーフェルの複雑な数学的手法を使う必要はないことに気づいた。KS正則化では、実際の計算は抽象的な四次元空間でおこない、計算が完了してから結果を現実の三次元空間という通常の座標に変換する。ミッコラと谷川は巧妙な仕掛けを使ってこの段階を回避し、計算を大幅に迅速化した。ミッコラは二体問題の楕円軌道でコードをテストしたとき、ディスプレイが故障しているのではないかと思った。というのは、運動せず静止した楕円が表示されていたからだ。以前の方法を用いた場合とは違って、計算があまりにも迅速で正確なので運動を検出することができないのだと、あとで気づいた。

自然界では決して実現しないかもしれないが、数学的な観点からは興味深い三体問題の特殊なケースがある。その一つがシトニコフ問題で、これについてはすでに説明した。この問題では二つの等質量の物体が互いのまわりを回り、円または楕円の軌道を描く。第三体は無視できる程度の質量しかなく、二体の中心点で軌道面を垂直に突き抜けながら上下に振動する。この軌道は周期的な場合があり、摂動を受けなければ、第三体は永久に振動を続ける。

第三体が遠くに脱出することもある。第三体が系から永久に失われる可能性については、フランスの数学者ジャン・シャジーが一九二二年に初めて気づいた。彼は三体問題の解がとり得るすべての最終状態を分類し、シトニコフ問題が証明するとおり、さまざまな可能性のなかに脱出と周期軌道を見出した。

もう一つの興味深い状況として、三体すべてが同時に同じ場所に到達する「三体衝突」がある。この状況は多数の研究者が数学的な観点から研究しており、たとえばアメリカの数学者ドナルド・サーリとリチャード・マギー、そして谷川清隆†などが研究に携わっている。一般三体問題では、初期状態が合理的な範囲内にある限り、三体衝突が起きる確率はゼロだ。しかし物理的な三体問題、例えばブラックホール三体系や銀河三体系などでは、三体衝突が容易に発生する。

数値的研究

三体のうち他の二体と比べて一体が小さい制限三体問題の数値的研究には、デジタルコンピューター以前の時代にまでさかのぼる比較的長い歴史がある。軌道計算は、二〇世紀の前半に二つのグループがおこなった。一つはデンマークの天文学者エリス・ストレームグレン（一八七〇～一九四七）の率いたコペンハーゲンのグループ、もう一つは日本の天文学者、松隈健彦《まつくまたけひこ》（一八九〇～一九五〇）の率いた日本のグループである。コンピューターが導入されたあと、フランスの天文学者ミシェル・エノン（一九三一～二〇一三）が周期軌道の探索に乗り出した。二〇世紀の後半にはコンピューターによって、惑星の自転の起源（谷川）、微惑星（合体によって惑星を形成する微小な天体）の衝突確率（中澤清《なかざわきよし》ら）、衛星捕獲の不可能性（谷川）など、数々の新たな研究の扉が開かれた。前述したとおり、衛星の捕獲には二体の衝突が必要だ。

一般三体問題は、星団の研究に欠かせない。この場合、三体の質量が互いに大きく異なることはない。一九七四年、ヘギーは連星と単独星の衝突を統計的に扱うための公式を導出した。第三体が特に来やすい方向はないという仮定から出発した。この方法は、要するに統計的標本抽出だ。ヘギーはニュートンの法則から基本公式を導出し、最終的には確率に至った。一九七九年、ヘギーとヴァルトネンは軌道計算を使ってこの公式を検証し、両者がよく一致することを確認した。その後、一九八〇年代中盤にハットが検証を継続した。同様の公式は、エルゴード原理から導出することもできる。これによって、ごく基本的なレベルで「三体散乱」が理解できる。

---

†（監訳注）二〇一九年、谷川は三体衝突軌道を求める数値手法を開発した。

n体問題のカオス性は早い段階で認識されていた。一九七〇年には、九つの研究グループが同じ二五体問題を解いた。解ごとに、脱出する物体と脱出時刻が異なっていた。さらに、脱出する物体の個数も計算者によって異なる。三二体問題についても、比較がおこなわれた。それ以来、数値的手法は発展してきたが、系が統計的によく制御できていても、n体問題の詳細な進化が計算不可能であることは依然として明らかだ。

階層的三体

宇宙の三連星のほとんどは階層的である。理由は単純で、階層的でなければ系が不安定になり、連星とそこから脱出する第三星に分裂してしまうからだ。そのため、三体系の安定性の基準は興味の対象となっている。系が不安定な場合、一つの恒星が脱出する可能性があるほか、連星の一方と第三星が入れ替わる可能性もある。安定性の定義について、内側の連星の描く軌道と、連星のまわりで第三星が描く軌道の両方の変化が、ある一定の限界以下であることとすることもできる。また、安定性の持続時間をどこまで要求するのかを明確にすることも重要だ。言うまでもなく、非常に長い時間にわたる安定性を求める場合の条件のほうが、短時間の安定性を要求する場合よりも厳格である。

安定性の限界のほとんどは、一定の時間にわたる軌道を計算することで導かれてきた。もっと基本的な方法として、摂動理論を連星の軌道に適用し、その結果を確認するというやり方もある。さまざまな研究者の提示する安定性の限界はそれぞれ異なるように見えるが、ヴァルトネンがトゥオルラ天文台に所属するフィンランド人天文学者のハンヌ・カルットゥネンと共同で取り組んだもっと詳細な研究によれば、安定性の限界は明確な力学量であることがわかる。たとえば円軌道をもつ内側の連星の軌道半径が一単位で、第三星が同じ軌道面で同じ軌道方向に離心軌道を描く場合、安定性を失わないためには、第三星は四・八単位よりも接近してはならない。一方、第三星が逆行軌道を描く場合、限界はわずか二・六単位となる。つまり逆行軌道は、通常「順行軌道」と呼ばれる同方向の軌道よりも安定である。

太陽系の惑星の軌道は、今後一〇億年という長期にわたって惑星衝突が起こらないと予想されているという意味で、ほぼ安定した軌道の例だ。しかしこれらの軌道はまた、今から一億年後の惑星の位置が予測できないという点でカオス的でもある。太陽系が安定とカオスのあいだの境界例であることは間違いない。

新たなフロンティア

三体問題のたどってきた長い歴史は感銘を与え、新たにこの研究分野へ進もうとしている学生は気圧される思いがするかもしれない。しかし最近では新たな計算方法が発明されているので、できることはたくさんある。また、軌道に沿って生じる特別な事象を数で表し、軌道を数の列に置き換える記号力学など、新しいアプローチもとられている。じつのところ、これは最近に始まったことではない。天体暦には、満月（これを数1とする）、下弦（2）、新月（3）、上弦（4）の生じるときが数で記されている。これは月の運動を記述する一つの方法だ。天体暦を見て、そのうえでもっと古い天体暦をいくつも見てみると、月の満ち欠けが周期的で、記号が常に123412341234……というふうに同じ順番で繰り返されていることがたちどころにわかる。ここでは、四つの数を使って四つの特別な事象を表すことができる。一九六九年にアレクセイエフはシトニコフ問題に記号力学を適用し、二〇〇〇年には谷川とミッコラが直線三体問題に記号力学を適用した。直線三体問題では、三体がまっすぐなひもに通したビーズのように、直線上で運動する。二体が衝突した場合、両者は弾性的に跳ね返ると想定されている。現実のビーズと直線三体問題のビーズの違いは、三体問題では重力の逆二乗則に従ってビーズが互いに引き寄せられることだ。ひもに通した現実のビーズでは、こんな現象は見られない。

最も詳細に研究された三体問題の一つは、等質量自由落下問題である。この問題では、三体は静止状態から運動を開始し、それに伴って互いに向かって落下する。一般に、三体が互いにぶつかることはない。原理的には三体衝突が起こり得るが、確率はゼロだ。モスクワ大学のアルトゥル・チェルニンと同僚らはこの問題について、三体をつなぐ三本の線で形成される三角形の形状を調べ、記号の列を作成した。彼らは次の四種類の形状のカテゴリーを次のように定義した。三辺の長さがほぼ等しく、ラグランジュ（Lagrangian）三角形に近い場合をＬ、一辺が他の二辺より著しく短い階層型（hierarchical）の場合をＨ、三体がほぼ一直線上に整列（alignment）している場合をＡ、他のどのカテゴリーにもあてはまらない中間（middle）の場合をＭとしたのである。

本書の著者らをはじめとしてさまざまな研究者が、自由落下三体問題における記号力学を研究している。三体の形状が新たな配置をとると、列に新たな記号が追加される。たとえばＭＨＭＨＡＭＬＨ……のような列ができる。何よりも明確に見て取れるのは、記号の同じ並びが繰り返されないことである。つまり、これはカオス的な系なのだ。

一九九三年、驚くべき新発見がなされた。クリストファー・ムーアが「8」の字型の軌道を発見したのだ。ここでは、三体が8の字型の軌道上で均等な間隔を保って互いを追いかける。スペインの数学者カルレス・シモは、バレエの群舞で用いられる動作に似ていることから、この軌道を「舞踏解」と呼んだ。アラン・シャンシネとリチャード・モンゴメリーがこの軌道の特性を詳細に研究し、そのおかげでn体に対する別の舞踏解の研究が急増した。日本の数学者藤原俊朗《ふじわらとしあき》も、ニュートンの万有引力の法則以外の力の法則が働く場合に生じる8

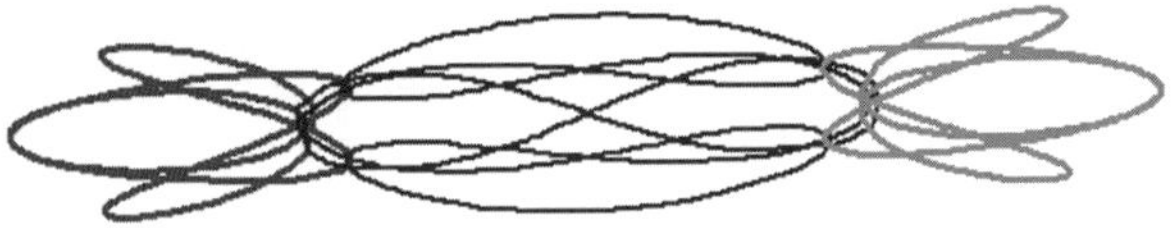

図 7.2　このような「ラインダンス」軌道では、三体は長く存続できる。三体は主におのおのの空間を占めているが、ときおりラインの両端に位置する二体が中心体のまわりを小さく旋回する。

の字解の変種を研究している。

8の字軌道の発見以前にも、ある特定の三体配置が意外に頑強だという示唆はあった。一九七七年にミシェル・エノンが「ラインダンス」系を発見し、一九八二年にはフランスの天文学者ダニエル・ブネストとモニーク・フルコニスが二七〇〇個の三体系を数値的に検証し、この系の存在を確証した。本書著者のジョアンナ・アノソヴァとヴィクトル・オルロフは、同じころにこの系を別個に発見した。この系では、中心体が他の二体のうちの一つと交互に回転するが、三体すべてがほぼ一直線に並んだ状態を保つ。宇宙で三つの恒星が偶然「ラインダンス」に加わる可能性は低いが、まったくあり得ないわけでもない。今までのところ、自然界で「ラインダンス」をする三体系はまだ発見されていない（図7・2）。

一九八四年以降、アノソヴァとオルロフは三体系でかなり安定したダンスの配置をさらに発見している。あらゆるダンスと同じく、これらの配置も永遠には続かないが、しばらく鑑賞して楽しむことができる。これまでのところ、そのような演技はコンピューターの画面上でしか見られていないが、銀河系の恒星のあいだで長続きする三体の踊りが見出される可能性がないわけではない。少なくとも三体軌道計算においては一〇〇〇回に一回程度の割合で出現するので、発見が期待できる。こうした長く持続する三体系の一般的な特性は、三体すべてが互いから遠く離れた状態を保つことだ。つまり、ダンスのパートナーどうしの衝突事故は許されない。

銀河内の三連星を研究するうえで障害となるのは、地球からの莫大な距離だ。対象とする恒星の運動について正確な情報を得て、その三連星の性質を特定することができない。三連星系の回転が一回完了するまでに、人の寿命より長い時間がかかることもめずらしくない。したがって、銀河に存在する実際の三連星を研究するには、根気とともに新しい精密機器が必要だ。

幸いにも現在では、かつてない精度で恒星の位置と運動を観測できる宇宙望遠鏡がある（図7・3）。これはガイアと呼ばれ、一〇億個以上の恒星が登録されたプログラムを宇宙の軌道から自動的に実行している。したがって数年後には試験データが得られ、恒星がわれわれの銀河でどんなふうに運動し、どのようにして他の恒星とペアになり、通過する恒星に対してこのペアがどう反応するかについて、理論と実際のデータを比較することができるだろう。多数の三体系が形成されていることは間違いない。ある推定によれば、三連星は単独

図 7.3　位置天文衛星ガイアは、天の川銀河に存在する恒星のうちおよそ 10 億個（恒星全体の約 1 パーセント）を対象として、高精度の観測をおこなう。これにより、宇宙の三体系に関する特徴的な情報が新たに得られる。また、三連星、恒星を取り巻く新しい惑星系、そして太陽系内の小惑星や彗星に関する情報が得られる。ガイアは欧州宇宙機関（ESA）によって 2013 年 12 月に打ち上げられ、予定されている 5 年間の運用期間に各恒星の観測を 70 回繰り返す〔当初は 2019 年末までの予定だったが、その後、延長されている〕。地球から 150 万キロメートル離れた太陽 - 地球系のラグランジュ点 L2 に位置している。（クレジット：ESA-D. Ducros, 2013）

星よりも多く存在するのだ。

惑星、恒星、ブラックホール

現時点で、太陽以外の恒星を周回していることが確認されている惑星が二〇〇〇個近く、そして周回していると思われる惑星候補が数千個ある。太陽系の外ということで、これらは「系外惑星」と呼ばれる。おそらく各恒星に惑星は複数存在するが、ほとんどの場合、惑星は一つしか知られていない。現在用いられている方法では、木星以上の大型の惑星に偏って検出する傾向がきわめて強く、地球のような惑星の存在する徴候を見出すことはあまり期待できない。

系外惑星を探索するには、中心星を観測し、それが惑星の影響を受けて動き回っていないか確かめる。惑星が大きければ大きいほど中心星が大きく動くので、惑星の存在を検出しやすくなる。惑星のせいで親星の表面のごく一部が暗くなっていることを示す証拠を探すという方法もある。惑星は恒星と比べればはるかに小さい（たとえば地球の大きさは太陽の一パーセント弱しかない）が、恒星の光度を超高精度で観測すれば、惑星が恒星の手前を横切る「恒星面通過（トランジット）」と呼ばれる現象を検出することができる。この方法は、二〇〇九年に宇宙で一五万個の恒星の監視を開始したケプラー宇宙望遠鏡で用いられている。

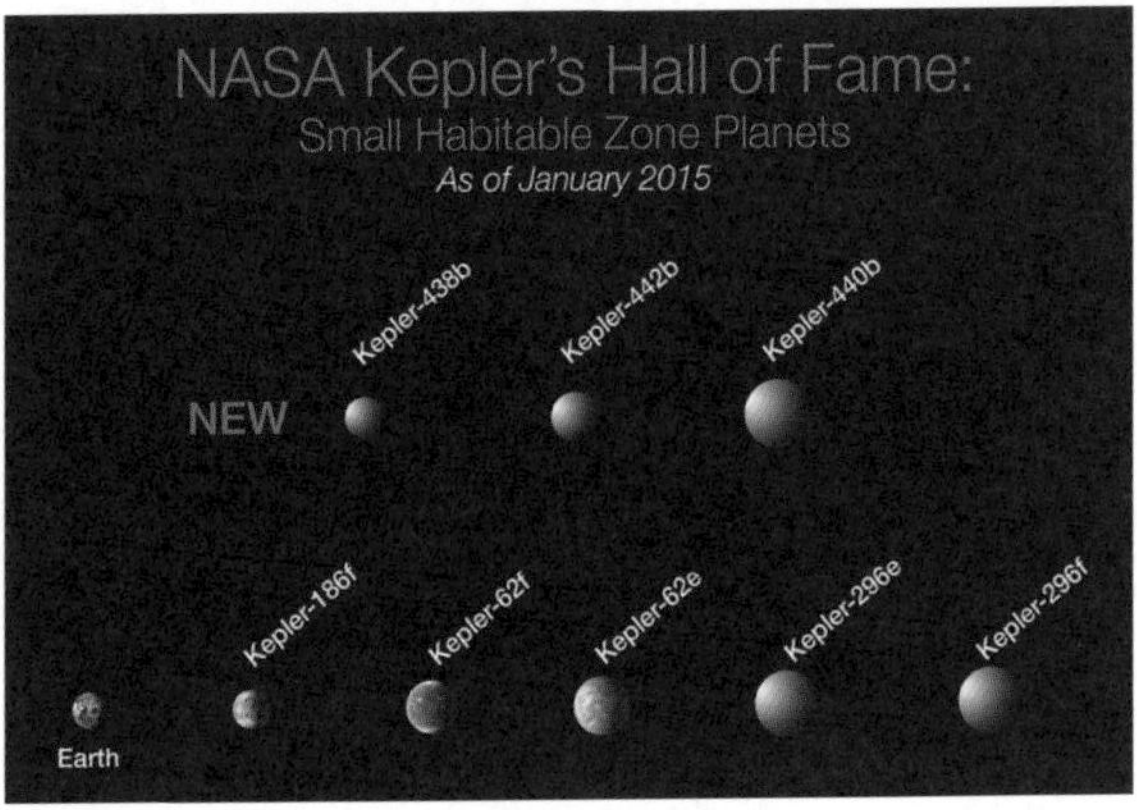

図7.4　生命の存在に適した惑星で生命が存在できると考えられる領域（いわゆるハビタブルゾーン）で確認された小さな太陽系外惑星。（クレジット：NASA Ames/W. Stenzel）

計画されたミッションは完了したが、ケプラーは今でも柔軟性を下げた新たな態勢で稼働している〔ケプラーは二〇一八年一〇月に燃料が尽きて任務を終えた〕。

トランジットのタイミングが正確にわかると、別の惑星の存在を明らかにすることもできる。たとえば、惑星ケプラー19bのトランジットのタイミングは、別の惑星ケプラー19cの存在を示唆する。二つの恒星からなる近接連星があって、それぞれが暗くなるときがある場合、そのタイミングから、両方の恒星のまわりを回る惑星の存在を明らかにできる。ここでは、三体問題を用いて計算できる小さな摂動を扱っている（図7・4）。

三体問題を用いた例としては、変光星のはくちょう座CH星もある。長らく不活発だったが、一九六三年に顕著な活動が始まった。この恒星はじつは連星だが、系内の別の要素が存在しない限り、そのふるまいの変化を理解するのは難しい。やがて第三の恒星が発見され、その奇妙なふるまいは三体問題で説明できるようになった。内側の連星の周期はおよそ二年で、外側の軌道の周期は一四年である。

この問題を解決したのは、ミッコラと谷川だった。二人は、いずれの軌道周期よりもはるかに長い古在＝リドフサイクルが、観測結果に適合することに気づいた。古在＝リドフ機構は、内側の連星の軌道をどんどん細長くし、その結果として、ある時点で二つの恒星は互いに最も接近したときに接触する。接触の瞬間、一方から他方にガスが流れ込み、ガスを受け取った恒星で顕著な活動が生じる。この活動では、内部軌道が二年周期となっている。もしかすると類似した系は他にも存在しているが、古在＝リドフサイクルが非常に長期にわたるため、十分な長さの記録がなくて検出できていない可能性もある。

銀河中心核に存在する超大質量ブラックホール連星も、興味深い問題として最近多くの注目を集めている。銀河中心核にあるブラックホール連星が合体するまでの寿命が比較的短い場合、二つのブラックホールが連星であるうちに第三のブラックホールが付近を通過する可能性はかなり低い。この場合、ブラックホールの三体相互作用が起きる可能性はあまり高くない。逆に、ブラックホール連星が長寿命であれば、ブラックホールの三体相互作用はよく起こり、それによってさまざまな銀河外天体に関する説明が得られる可能性がある。

一九八〇年、アメリカの天文学者ミッチェル・ベーゲルマン、イギリスの天文学者ロジャー・ブランドフォードとマーティン・リースはこの問題について論じ、ブラックホール連星は自らを崩壊させようとするいかなる作用に対しても頑強であることに気づいた。ブラックホール連星軌道の大きさが約一パーセク（約三光年）になるまでの仕組みは比較的容易に理解できるが、それより小さくなる仕組みを説明しようとすると困難であることから、彼らはこの問題を「最終パーセク問題」と呼んだ。連星がこれより小さいケースが少なくとも一つあり、それはOJ287だ。軌道の大きさは〇・〇五パーセクである。この天体については、次章で再び触れる。

この問題は、別の三体問題につながる。銀河中心核内のブラックホール二つと恒星一つの三体問題だ。銀河中心核内のすべての恒星についての三体の解を足し合わせると、ブラックホール連星がどうなるかがわかるはずだ。一九九二年にこの問題を検討したミッコラとヴァルトネンは、三体法とn=10,000のn体法（つまり核が一万個の低質量天体［恒星］で構成されていると仮定）を用いた。その結果、一〇〇万太陽質量の比較的小さな超大質量ブラックホールは一億年ほどで合体するが、これより大きなブラックホールは合体しないことが判明した。これで最終パーセク問題の存在が確認された。

アメリカの天文学者ミロシュ・ミロサヴリェヴィッチとデイヴィッド・メリットは、大質量連星のn体問題のシミュレーションで、nを二六万まで増やした。それでも結論は変わらなかった。大質量連星は銀河の寿命のあいだに合体できる上限の二倍ほどの大きさで「時間稼ぎ」をするのだ。二〇一一年に岩澤全規《いわさわまさき》と共同研究者らは、OJ287に存在するブラックホール連星のように二つのブラックホールの大きさが著しく異なる場合、軌道が非常に細長くなり、最接近点で二つのブラックホールが重力波を放射し始めると推測した。この放射によって、軌道がらせんを描いて縮み始める。このことは、OJ287のブラックホール連星が存在する理由の説明にはなるが、最終パーセク問題全般の解決にはならない。もちろん、ブラックホール連星が銀河と同じくらい長命ということはあり得ないと考えるべき観測的証拠はない。昨今の流行では、すべてのブラックホール連星が合体するはずだと主張されているが、これは理論的な偏見にすぎない。岩澤らはブラックホール連星の離心率の増大を、三体に生じる古在＝リドフ機構を用いて説明した。つまり物理的な系が大きなnのn体問題の解を必要とする場合であっても、三体問題はそこで起きていることについて基本的な理解をもたらしてくれるのだ。

第8章 ブラックホールとクエーサー

一般相対論における三体問題

標準的な三体問題では、引力の大きさは質点からの距離の二乗に比例して弱まるというニュートンの重力法則が用いられる。アインシュタインの重力法則では、重力は逆二乗則よりも急速に弱まる。通常、ニュートンとアインシュタインの重力法則の違いはそれほど大きくない。しかし、たとえばGPSで地上の位置を特定するときのように高い精度が必要な場合には、ニュートンの重力法則ではなく一般相対論を用いる必要がある。また、太陽系の惑星の運動を決定する場合にも、一般相対論を用いなくてはならない。多くの目的において、ニュートンの法則では精度が不十分なのだ。

本章では、一般相対論における一般三体問題を見ていく。この分野における最初の研究は、本書著者の一人（ヴァルトネン）が一九七六年におこなった。研究するために、一般相対論で使える三体問題の正則化法を考案する必要があった。これにはニュートンの正則化をおこなったヘギーの研究をもとにした。ヴァルトネンは、統計的に見て一般相対論を導入しても

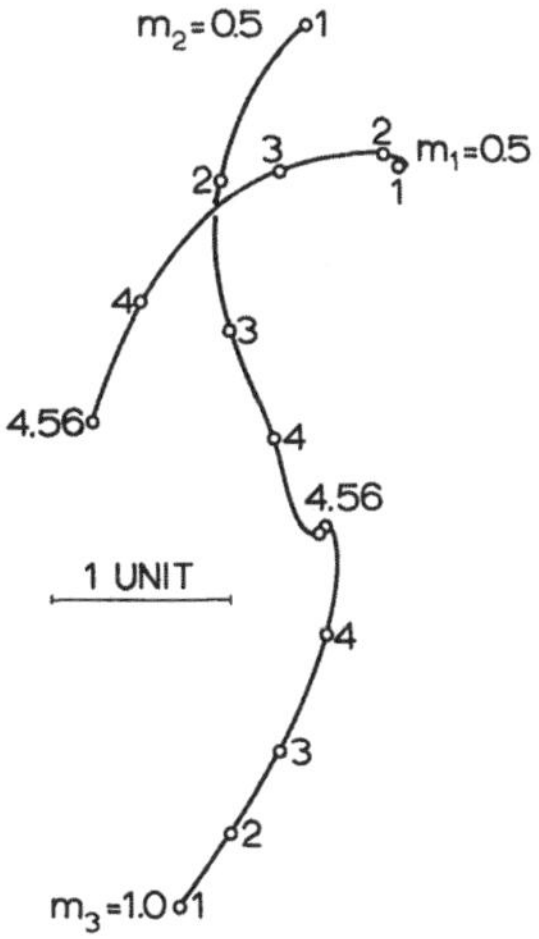

図 8.1　相対論的三体問題の最初の解における3つのブラックホールの軌道計算。時間1、2、3、4におけるブラックホールの位置を示している。時間4.56で2つのブラックホールが衝突し、第三のブラックホールが約24,000km/秒の速度で脱出する。反動で、合体したブラックホールが約8,000km/秒の速度で脱出する。この過程が銀河の中心で起きれば、互いに逆方向へ向かう二重の脱出が見られるだろう。（クレジット：Valtonen, A&A, 46, 435, 1976, reproduced with permission of ESO）

解の性質が変わらないことに気づいた。つまり一体はやはり脱出し、残りの二体はせいぜいごく短時間だけ存続し、通常は合体して一体となる（図8・1）。だから、三体の質量中心に視点を置けば、二体が脱出するのが見られる。ニュートンの三体問題においてこれに対応する結果は、一体プラス連星による共通の質量中心からの脱出である。

一九九〇年代の初頭、ヴァルトネンとトゥルク大学のセッポ・ミッコラおよび共同研究者らが相対論的三体問題の研究を続けた。トゥルク大学には古典的な三体問題を研究してきた伝統があり、ヴァイサラと彼の後任としてトゥオルラ天文台の台長を務めたリーシ・オテルマ（一九一五〜二〇〇一）は、電子計算機が導入される前から高度な三体計算にかかわってきた。相対論的三体問題では、二体間の力の法則がニュートンの力の法則から少し変更されていて、「ポスト・ニュートン力学法則」と呼ばれる。これはまずピタゴラス三体問題を解くのに用いられた。ニュートンの力の法則では、解は任意の質量値について尺度変換できる。物体は惑星三つでも、恒星三つでも、あるいはほぼ点状の物体なら何でもよい。質量の設定しだいで時間のスケールが異なるだけで、軌道はまったく同じである。対照的にポスト・ニュートンの問題では、質量値が異なれば軌道も異なる。その理由の一つは、質量に依存して系からエネルギーが失われることだ。この損失は重力放射によって生じる。これについて説明しよう。

一般相対論におけるピタゴラス三体問題を説明するために、前出の研究者らは距離の単位が一パーセク（三光年より少し長い）である場合を考えた。思い出してほしいのだが、この問題では三体のあいだの距離はそれぞれ三、四、五距離単位であり、これらの線分に相対《あいたい》する頂点にある物体の質量はそれぞれ三、四、五質量単位である。ここで質量単位を太陽質量の一〇万倍としてみても、ニュートンの力の法則による解と類似した解が得られる。しかしこの問題にはカオス的な性質があるため、完全に同じではない。力の法則におけるわずかな違いからでも、最終的には大きな違いが生じる。それでも第三体は、ニュートンの重力法則を用いた解の場合と同様に脱出する。質量を一〇倍に増やしても、最終的な脱出プロセスは質的に同じものとなる。

質量を一〇〇倍に増やすと、一般相対論とニュートンの法則との違いがもっと明白になり始める。系は依然として一体を放出することで崩壊する。単独の一体の速度は秒速九〇〇キロメートル（地球の太陽周回軌道速度の三〇倍）だが、重いほうの連星の速度は秒速三〇〇キロメートルとなる。

これらを銀河の中心からの脱出速度と比べてみてもよい。銀河中心核には、この程度の質量と距離をもつ天体が存在する。これらの天体が銀河から脱出できるのかというのは、興味深い問いだ。脱出速度がわかれば、天体が自らの生まれた銀河を永久に去るためにはどのくらいの速度で飛び立つ必要があるかがわかる。アンドロメダ銀河の伴銀河メシエ32のような小さい銀河では、脱出速度は秒速六〇〇キロメートルほどであり、最大の銀河では脱出速度は秒速三〇〇〇キロメートルほどだ。ピタゴラス三体のうちの一体がメシエ32を離れ、連星はその中心に引き戻される可能性もある。非常に大きな銀河では、いずれの天体も銀河から脱出することができない。

質量がさらに一〇倍大きくなると、三体すべてが合体して一体となる。アインシュタインの一般相対論に従って合体する天体とは、いったいどんなものなのだろう。答えは、ブラックホールである。

ブラックホール

一般相対論で記述される世界には、数々の奇妙な点がある。なかでもとりわけ奇異なのが「ブラックホール」だ。物体が圧縮されてどんどん小さくなると、表面の重力がしだいに強くなっていく。たとえば地球について考えてみよう。平均直径は一万二七四二キロメートル。表面からの脱出速度（たとえば月を目指す宇宙船の打ち上げに必要な初期速度）は、およそ秒速一一キロメートルだ。とてつもない巨人が現れて、地球をテニスボールの大きさまで握りつぶしたなら、脱出速度は秒速七万キロメートルまで上がる。

巨人が地球を握りつぶし続ければ、脱出速度はさらに上がり、やがて光速（秒速三〇万キロメートル）に等しくなる。このとき地球は直径二センチメートルより小さくなっている。しかしこのとき、巨人は驚愕する。光が地球から脱出できず、地球が見えなくなるのだ。地球が今度は自分でつぶれていき、ついに中心で一つの点となる。推定によれば、中心点の密度は一立方センチメートルあたり一〇の九四乗グラムとなる。これは完全に理解を超越した数だ。そしてさらに驚きが待っている。このとき地球は目に見えない球体となり、ブラックホールとなっている。ブラックホールは近くにある巨人の指から物質を飲み込み始める。この瞬間、巨人は自ら作り出した新たな創造物を追い払いたいと思うに違いない。

今述べた推論の多くの部分は、ニュートンの理論にもとづいて実現可能だ。一七八四年、イギリスのデューズベリーの近くにあるソーンヒル聖ミカエル及諸天使教会の教区牧師ジョン・ミッチェルは、ブラックホールが存在する可能性に気づいた。そのような天体を直接見ることはできないが、それが連星系を形成しているなら、伴星の運動からその存在を突き止めることができるはずだ。ウィリアム・ハーシェルは、ミッチェルのブラックホールに関心を抱いた。そして自分がブラックホールを一つ発見したとさえ思ったが、それは勘違いだった。一七九六年にはラプラスも、巨大な重力をもち光すら捕捉する天体に関する同様の考えを著書『宇宙体系解説』で示している。

一般相対論をブラックホール問題に初めて適用したのが、カール・シュヴァルツシルト（一八七三〜一九一六）だ。第一次世界大戦の開戦時、彼はポツダム天文台の台長を務め、ドイツで最も有力な天文学者だった。軍隊に入り、まずベルギー戦線で従軍し、のちにロシア戦線に加わった。一九一六年、ロシア戦線にいた彼はアインシュタインの新しい理論に関する論文を二本書き、その中で「シュヴァルツシルト半径」を定義した。これは天体の質量に比例した量で、天体が崩壊してブラックホールになる場合に必要な最小半径を表す。太陽の場合、この臨界半径はおよそ三キロメートルだ。太陽の一〇倍の質量をもつ恒星では、三〇キロメートルとなる。シュヴァルツシルトはこの年に病気を患い、戦線で亡くなった。

ブラックホールには、一般相対論を使わないと理解できない性質がいくつかある。曲率が非常に大きいので、ブラックホールの周囲では時空が閉じる。ブラックホール自体が一つの宇宙のようなもので、重力だけで外の世界とつながっていると言える。ブラックホールは周囲の物質を自らの内部へ引きずり込む。その結果として、質量が増大する。シュヴァルツシルト半径でサイズが表されるブラックホールの「喉」も大きくなる。周囲の物質をむさぼると、食欲がさらに刺激される。

ブラックホールは与えられたすべてのものを飲み込み、何も外に出さないと言われることがある。しかしこれは厳密には正しくないかもしれない。スティーヴン・ホーキングによれば、ブラックホールはきわめて弱い放射を放ち、それによって質量がわずかに減る可能性がある。ただし実際にそのような現象が観測されたことはなく、今のところ推測の域を出ない。

ブラックホールについて真剣に考え、実在する天体だと認めた最初の天体物理学者は、チャンドラセカールだ。彼はインドからイギリスへ船で向かう長い道中、十分に大きな質量をもつ恒星は自らを支え切れず崩壊するはずだと推測した。そして、かつて恒星だったが今はブラックホールになっている天体がたくさんあるに違いないと考えた。ケンブリッジでチャンドラセカールは、凝縮星研究の専門家として知られるイギリスの物理学者ラルフ・ファウラーと、一般相対論を天文学に適用した先駆者のエディントンのもとで研究に従事した。ところがエディントンはブラックホールの実在をめぐってチャンドラセカールと激しく対立し、科学者の会合でチャンドラセカールを公然と侮辱した。このあとチャンドラセカールは、アメリカへ渡ろうと決めた。シカゴ大学のヤーキス天文台で研究生活を送り、指導した五〇人の博士課程学生などを通じて、アメリカの天文学の進む方向性に強い影響を与えた。

アインシュタインも、ブラックホールの存在をまったく信じなかった。ブラックホールの研究が一九六〇年代にようやく急速に進展し始めるまでなかなか軌道に乗らなかったのは、彼のせいかもしれない。

回転するブラックホール

自然界のブラックホールには、興味深い性質がもう一つ見られる。ある軸を中心に自転する可能性があるのだ。崩壊してブラックホールになった天体は、そうなる前にはほぼ確実に回転していたはずだ。そのような天体から生じたブラックホールも回転するに違いなく、しかも回転速度は以前よりもはるかに上がるはずだ。一九六三年、テキサス大学に所属するニュージーランドの数学者ロイ・カーが、回転するブラックホールを取り巻く時空の曲率を初めて計算した。

ブラックホールの回転は、付近の空間の回転として表れる。ブラックホールを中心とした渦のように、空間が引きずられるのだ。回転面上のシュヴァルツシルト半径では、渦の速度が光の速度に匹敵することもあり得る。そうなると、空間の中で静止している天体が、光速でブラックホールのまわりを回るのが（遠くから）観測されるだろう。ブラックホールのシュヴァルツシルト半径から十分に離れた場所か、あるいは通常の回転する天体の付近では、公転する天体の運動への影響はもっと小さくなる。ブラックホールの近くでは、渦の力に抗えない。天体が光速で逆方向に公転しようとしても、ブラックホールの回転方向に引きずられるのを逃れることはできない。

空間の中で天体が別の天体を周回する運動は容易に理解できる。だが、空間自体が中心天体のまわりで引きずられるという現象は、どうしたら理解できるだろうか。われわれは一般に、空間とは運動を測定する際の固定した背景だと考える。ところが一般相対論が明らかにしたとおり、実際の空間は伸縮し、この性質から観測可能な結果が生じるのだ。

回転する天体の付近で周囲の空間が引きずられるという説は、一九一八年にオーストリアの物理学者ヨーゼフ・レンスとハンス・ティリングが提案した。自転する地球の周囲の空間でこの効果が初めて観測できたのは、二〇〇四年だった。イグナツィオ・チュフォリーニ（イタリアのレッチェ大学）とエリコス・パヴリス（メリーランド大学）の率いるチームが、二つの地球周回人工衛星ＬＡＧＥＯＳ－ⅠとⅡの動きを追跡し、これらの人工衛星の軌道面が空間の回転の結果として一年に二メートルほど地球の自転方向に移動していることを発見したのだ。この結果は、レンスとティリングによる予想と実験精度一〇パーセント以内で合致する。二〇〇七年、スタンフォード大学とNASAが空間の引きずりを測定するために特別設計した探査機グラビティプローブBによって、この結果は確証された。

重力波

空間の伸縮性に関連した現象の一つが、空間の曲率に生じたわずかな変化が光速で伝播する「重力波」だ。重力波の直接検出はまだ確認されていない〔二〇一五年九月に確認された〕。現時点では、重力波の存在については間接的な証拠しかない。中性子星連星PSR1913+16は、重力波を放出していると思われる。観測により、この連星系では重力波の放出以外では説明のつかないエネルギー喪失が起きていることがわかっている。エネルギーの喪失速度は、一般相対論で予想される速度とかなりよく合致する。通常、このような合致は重力波が存在する証拠と見なされるが、PSR1913+16からの放射は重力波アンテナで直接観測することができない。本書の執筆時点で、アドバンストレーザー干渉計重力波天文台(アドバンストLIGO)と呼ばれる新しい重力波検出器の運用がアメリカで始まったばかりであり、本書が刊行されるまでに最初の重力波検出が報告される可能性もある。*

中性子星は非常にコンパクトな恒星である。原子核が互いに接触するほど、物質が高密度に圧縮されている。通常の恒星が通常の寿命を終えて内部の核燃料を使い尽くし、崩壊したあとの残骸と考えられている。中性子星を構成する物質はきわめて密度が高く、ティースプーン一杯でもエジプトにあるギザの大ピラミッド九〇〇個に相当するほど重い。物質がこれよりはるかに高密度になると、中性子星はさらに崩壊してブラックホールになる。中性子星は一般に毎秒一周程度の高速で自転する。中性子星は一九六七年、ケンブリッジ大学に所属するイギリスの天文学者アントニー・ヒューウィッシュと彼の指導する博士課程学生ジョセリン・ベル・バーネルが、自転周期に合わせて放たれるパルス状の電波放射に気づいたことから発見された。このような高速で自転する中性子星はパルサーと呼ばれる。名称にPSRという文字が含まれている場合、その天体がパルサーであることを示し、数字は天空でそれを見つけるのに使える座標だ。

中性子星連星系が発見されたのは、一方の星がパルサーだったからだ。アメリカの天文学者ジョゼフ・テイラーと彼の指導する博士課程学生のラッセル・ハルスが、一九七四年にプエルトリコのアレシボで巨大な電波望遠鏡を使ってこれを発見した。それから何年もかけてパルス間隔の変化を精密に測定し、その変化は連星の軌道がゆるやかに縮小していることを表すと解釈した。二〇〇四年、テイラーとジョエル・ワイスバーグはこのデータを見直し、重力波理論による予想と誤差〇・二パーセント以内で合致していることを見出した。

ＯＪ２８７連星

将来の重力波の直接検出に向けて、ブラックホール連星系ＯＪ２８７も有望視されている。一方のブラックホールは太陽よりはるかに重く、太陽質量の一八〇億倍もある。そのためＰＳＲ１９１３＋１６よりもはるかに強力な重力波を放つはずだ。このブラックホール連星のエネルギー喪失率は測定可能で、誤差二パーセント以内で一般相対論と合致する。おそらく今後二〇年のうちに宇宙に設置される重力波アンテナは、重力波の放出を確証できるだろう。宇宙を眺望する重要な窓が、新たに開こうとしている。

ＯＪ２８７は、空からの電波放射を調べたオハイオサーベイで発見された。ＯＪ２８７という名称は、オハイオＪリストで二八七番目の電波源であることを示す。ＯＪ２８７が連星であることに最初に気づいたのは、当時トゥルク大学のヴァルトネンのもとで博士課程の研究をしていたフィンランドの天文学者、アイモ・シッランパーだった。決定的な証拠は、一

＊　二〇一六年二月一一日、ＬＩＧＯ検出器による初の重力波直接観測が発表された。重力波は二つのブラックホールの合体により生じたものだった。発表は一〇〇〇人近い科学者を代表して、ＬＩＧＯ所長のデイヴィッド・ライツィーがおこなった。

八九一年から約一二年周期でOJ287の激しいフレアが写真乾板に記録されてきたことだった。これらの写真は小惑星の探索のために撮影されたものだったが、OJ287がたまたま記録されているものが数百点あった。ガス円盤に取り囲まれて伴星をもつブラックホールはここで観察されたような周期信号を発する可能性があるということが、三体シミュレーションで証明されていた。一二年周期は、伴星ブラックホールの軌道周期に起因する。

続いて、ハリー・レフトやスウェーデンの天文学者ビョルン・スンデリウスらがOJ287の将来のふるまいを予想し、そこで用いられる三体問題を使ったモデルはしだいに改良されていった。二〇〇七年には、モデルはOJ287のフレアを誤差一日以内の精度で予想できるほどに改良されていた。トゥオルラ天文台のフィンランド人天文学者カーリ・ニルソンの率いる公開観測活動で、この連星モデルによる予想がすべて確証された。この天体系をどのように用いて一般相対論における主要な観測をおこなうのか、以下に説明しよう。

クエーサーの発見

一九五〇年代の初頭、強力な電波を放射する銀河の存在が明らかになった。ケンブリッジ大学では、イギリスの天文学者マーティン・ライル（一九一八〜八四）と彼のグループが、天空の電波源のカタログを作成した。カタログに記載された電波源には番号がつけられ、カタログの精度は上がっていった。広く使われるようになったのは、第三版のカタログだった。このため現在でも、ケンブリッジから見える空の電波源で最も強力なものは、カタログの通し番号の頭に3Cと記される。

イギリスの天文学者バーナード・ラヴェル（一九一三～二〇一二）の率いたマンチェスターの電波天文学グループは、点のように見える「電波星」と呼ばれる電波源の研究を専門としていた。マンチェスターグループに属するイギリスの天文学者シリル・ハザードは、電波源の位置を特定する非常に高精度な方法を発見し、イギリス出身の同僚ジョン・ボルトンとともにオーストラリアのパークス天文台の電波望遠鏡でこの方法を用いた。電波源の手前を月が横切るとき、月の縁が電波のビームを遮り始めると、電波源からの放射が消える。天空での月の運動は、とても正確にわかっている。そのため、電波源が消えた時刻と、その少しあとで再び現れた時刻から、電波源の位置がきわめて高い精度で特定できる。

この方法で電波源3C273の位置が特定でき、その情報がパロマー天文台に送られた。すると、この電波源がおとめ座を構成する星の一つとぴったり一致することがわかった。パロマー天文台で働いていたオランダの天文学者マーテン・シュミットは、この星の分光観測をおこない、スペクトルに合計七本のスペクトル線を認めた。そしてこの電波星のスペクトル全体が、通常の波長から一六パーセント偏移しているのに気づいた。3C273の赤方偏

移が z=0.16 だということだ。通常どおりに赤方偏移を距離の指標と見なせば、3C273は地球から二四億光年も離れていることになる。アンドロメダ銀河までの距離の一〇〇〇倍だ！

それから続々と新たな電波星が見つかった。これらのいわゆる「準恒星状天体」（英語で quasi-stellar object といい、quasar はこれを略したもの）は恒星のように見えるが、エネルギー出力の点では恒星一兆個分に相当する。さらに光度が短時間で頻繁に変化し、たとえば一晩ごとに変わることもある。このような変化の速さから、電波源の大きさがわかる。光が一日に進む距離を一光日と呼ぶ。一光日はわれわれの惑星系の大きさのおよそ三倍にあたる。一日で光度が著しく変化する電波源がこれより大きいということはあり得ない。クエーサーは太陽系と同程度の大きさでありながら、直径一〇万光年の銀河全体よりも多くのエネルギーを生み出すのだ。

現在の見方によれば、銀河中心核には太陽質量の数百万倍から数十億倍の超大質量ブラックホールが存在する。このようなブラックホールは、まだ直接観測されたことがない。ブラックホールの質量について最良の数値は、周囲の星の回転速度から得られる。この方法では、われわれの銀河の中心にあるブラックホールの質量は太陽質量の四〇〇万倍と推定されている。かみのけ座銀河団のNGC4889銀河には、わが銀河中心のブラックホールの質量より五〇〇〇倍も大きな質量をもつブラックホールが隠れている。この二つのブラックホールから、銀河中心にあるブラックホールの質量の範囲がわかる。クエーサーにある超大質量ブラックホールの質量としては、後者のほうが一般的である。

ブラックホール自体は何も放射しないが、クエーサーで観測される現象がブラックホールのすぐそばで起きる。ブラックホールはシュヴァルツシルト半径の内側で周囲からガス雲をむさぼり飲み込む。ガス雲のほとんどはブラックホールにすぐさま落ち込むのではなく、しばらく周囲を回り続ける。ガスがケプラーの法則に従ってブラックホールの周囲を回る部分で降着円盤が形成されるとともに、この円盤が徐々に中心へ近づいていく。ガスの一部が降着円盤の内縁に到達すると、ブラックホールがガスを自らの喉の中へ引きずり込む。ガスのうちどのくらいがブラックホールの喉の内部で失われ、どのくらいが脱出できるのかは、今のところはっきりしていない。しかしガスの一部が二筋の逆方向へ向かう流れ（通常ジェットと呼ばれる）となり、降着円盤の回転軸に沿って高速で脱出するのはどうやら間違いなさそうだ。このエネルギーの起源は重力ポテンシャルエネルギーであり、その一部は直接的に放射となり、一部はこの過程でジェットとなって放出される。

クエーサーの仲間

一九四三年、アメリカの天文学者カール・セイファート（一九一一～六〇）は、明るい核をもつ複数の銀河を発見した。スペクトルから、それらの核がクエーサーのミニチュアのようなものであることがわかる。セイファート核は通常の銀河に期待されるよりも明るいが、本物のクエーサーとは違い、銀河自体よりは暗い。そのためセイファート銀河は恒星のようには見えず、銀河らしく見える。クエーサーと銀河の中間に位置するこのグループのおかげで、通常の銀河中心核においてもクエーサーのような活動が起きる可能性があることがわかる。セイファート銀河は比較的たくさんあり（すべての渦巻銀河の二パーセント）、地球にかなり近い位置で見つかる。そのため、クエーサーより研究しやすい。クエーサーがセイファート銀河の「兄貴分」だという考えは、今では広く受け入れられている。したがって、セイファート核が明るいのは、活発な超大質量ブラックホールが含まれているからだと考えてよい。

中心にある超大質量ブラックホールが明るくなるには、「エネルギー供給」が必要だ。ガスを近くまで運ばなくてはならない。その方法が、少なくとも二つわかっている。一つは伴銀河から生じる重力潮汐で銀河の円盤に摂動を起こし、大量のガスを銀河の中心にあるブラックホールへ送り込むという方法だ。これによって、「通常」の不活発な銀河と比べてセイファート銀河の活動が激しくなる。銀河の中心に潜む「怪物」にエネルギーを供給するもう一つの方法は、銀河の合体と関係する。大きい銀河が小さい銀河を飲み込むと、大量のガスが銀河の中心のブラックホールに与えられ、それによってブラックホールが明るくなるのだ。後者の過程はセイファート銀河とは無関係かもしれない。というのは、多くのセイファート銀河で見られる恒星の薄い円盤は、合体によって破壊されるからだ。

三体問題の数値実験から、通過する伴銀河によって円盤の物質の運動が乱されることがわかる。一部の恒星は、円軌道から銀河中心へ投げ込まれる。中心にいる「怪物」へのエネルギー供給に関しては、これらの恒星は重要ではない。というのは、跳ね返って脱出してしまうからだ。しかし銀河円盤には、雲としてのガスも大量に存在する。雲が軌道から投げ出されると、銀河中心付近に蓄積する傾向がある。これは一九八六年にアラバマ大学のジーン・バードと共同研究者らがコンピューターシミュレーションで示したとおりだ。そしてバードらの数年後にアメリカの天文学者ダグラス・リンらが主張したとおり、蓄積した雲のおかげで超大質量ブラックホールに供給される物質がおそらく増える。二〇〇一年にはバードとヴァルトネンが、この過程がじつはイーゴリ・カラチェンツェフのリストにきちんと記録された連銀河での中心核の活動を引き起こしているということを証明した。カラチェンツェフのリストには、比較的似た大きさの銀河からなる六〇〇個の連銀河が記載されており、統計的研究に適したものとなっている。カラチェンツェフの銀河のペアを構成する二つの銀河と、一方の銀河の円盤に含まれるガス雲で構成される三体問題によって、銀河中心核に物質が供給されて活発になったときと活動が起きないときの規則が定まる。観測されたペアは、この三体の規則に従うらしい。

ブラックホールの三体問題

銀河の中心では、ブラックホールが力をふるっている。われわれはまた、銀河は一回の創造でできるわけではなく小さな塊が集まって徐々にできあがることも知っている。原始銀河と呼ばれるこの塊の一つひとつにおいても、通常は中心にブラックホールがある。二つの塊が合体して一つの銀河「単位」になると、その中心にブラックホールが集まる。ブラックホールは互いのまわりを回り始め、数億年にわたり周回を続ける。やがて別の原始銀河がこの単位と合体し、新たに形成された銀河の中心ですぐに三つのブラックホールが見られるようになる。この過程は続き、さらに多くの原始銀河が集積し、新たなブラックホールが加わる。

ということは、銀河中心核では数十個のブラックホールが集団を形成しているのだろうか。答えは否《いな》である。なぜならブラックホールが三つ集まれば、不安定な三体系が生じるからだ。中心核には最大で四つのブラックホールが存在する。というのは、それぞれ二つのブラックホールをもつ二つの原始銀河が合体した可能性があるからだ。一九九〇年、ヴァルトネンとセッポ・ミッコラおよび共同研究者らは、ブラックホールの集団に起きることについて詳細な研究を開始した。二つのブラックホールが互いに接近して重力波を大量に放ち始める可能性があるため、この問題はニュートンの三体問題や四体問題よりもいささか複雑だ。結果として、二つのブラックホールは渦巻を描きながら互いに近づき、最終的に合体する。こうして最初は四体系だったかもしれないものが三体系となる。

三つのブラックホールの進化は、ニュートン力学の三体問題と同じ最終結果に至る。二つのブラックホールが連星となり、第三のブラックホールが高速で放出される。通常、この速度は非常に大きく、単独のブラックホールが銀河を脱出するだけでなく、反動でブラックホール連星も銀河を逆方向に脱出する。銀河中心核で一般的な状況では、ブラックホールの三体系が、前に触れたピタゴラス三体問題の場合よりも高速で崩壊する。ピタゴラス三体問題では二体がごく近くで遭遇するが、ブラックホール三体では脱出ではなく衝突を引き起こすからだ。このようにピタゴラス三体問題はかなり特殊なのだ。その支持者たちは、そのことにまったく気づいていなかったが。

しかしブラックホール連星はずっと連星でいるのではなく、まもなく単独のブラックホールになる。その理由は、一般相対論によればブラックホール連星が重力波を放射し、その際に渦巻状に運動しながら軌道を縮小していき、最後には二つのブラックホールが合体するからだ。そのため、相対論におけるこの複雑でカオス的な三体の力学全体は最終的に、二つのブラックホールが自らの起源である銀河から互いに逆方向へ遠ざかるという結果に至ることが多い。ブラックホールはガスを伴っているため、放射する尾が軌道に残り、そのため二つのブラックホールがどこから来たのかがはっきりとわかる。

さらによくあるシナリオでは、四つのブラックホールのうち三つが強固に混ざり合って脱出するブラックホールのペアとなる一方で、第四のブラックホールはやや距離を置いて高みの見物を決め込む。第四のブラックホールは銀河中心核に留まり、脱出するブラックホールと放射する尾でつながっている。このような二重電波源と呼ばれる系が存在するが、今までのところ銀河外の放射する点がブラックホールを含んでいるかどうかを判別する方法はない。反動が弱すぎて、もとのブラックホール連星が銀河から脱出できない場合もある。そのような場合、飛び出たブラックホールが銀河の片側だけで見られる。これに対応するきわめて非対称的な電波放射体も知られている。

この考え方は二重電波源の「パチンコ効果理論」と呼ばれ、アメリカの天文学者ウィリアム・サスローがスヴェレ・アーセスおよびマウリ・ヴァルトネンと共同で一九七四年に発表した。脱出するブラックホールの電波放出源については、一九七五年にケンブリッジ大学の王室天文官サー・マーティン・リースがサスローとともに初めて論じた。一方、一九七七年にはダグラス・リンとサスローが三体問題を用いて、ブラックホールに率いられた降着円盤の詳細なモデル化をおこなった。同じ年、アメリカ国立電波天文台のアメリカ人天文学者デイヴィッド・デ・ヤング（一九四〇〜二〇一一）が、ブラックホールから生じる電波の尾が観測結果と合致することを示した。

リースは二重電波源について別の説明も試み、これは近年になって広く支持されている。自身が指導する博士課程学生ロジャー・ブランドフォード（現在はスタンフォード大学）と共同で提案したこのモデルでは、銀河中心核で中心にある超大質量ブラックホールから放たれる二方向へのジェットを通じて、活力が電波放射体に伝わるとされる。観測によって大規模なジェットが発見され、これらが銀河中心核で生成されたエネルギーを数十万光年離れた外部の放射領域に送る巨大な導管だとする、広く支持されている見方につながった。

次の一〇年間に新世代の大型望遠鏡によって物語の全体像が明らかにされたら、そこには両方の考え方の要素が含まれているだろう。

ブラックホールが衝突するとどうなるか

二つの超大質量ブラックホールの衝突は、一三七億年ほど前に起きたビッグバンを除けば、宇宙で起こり得るおよそ最も強力な事象だ。超大質量ブラックホールどうしの合体は、宇宙のどこかでしょっちゅう起きている。そのエネルギーのほとんどは、宇宙の幾何学に生じるさざ波のような重力波として放出されるが、この放射をとらえるのは難しい。現在の計画では、宇宙空間で互いに五〇〇万キロメートルの距離を隔てて設置した三つのステーションを使い、ステーション間の距離をきわめて精密に監視することで、重力波を検出しようとしている。ここで「きわめて精密に」というのは、ヘリウム原子の直径と同じくらいのわずかな距離の変動を測定することを意味する。この技術については、二〇一五年に探査機ＬＩＳＡパスファインダーで短距離のテストをすることになっている〔二〇一五年一二月に打ち上げ済み〕。すべてが順調に進めば、欧州宇宙機関（ＥＳＡ）が二〇三四年にフルスケールのＬＩＳＡ探査機を宇宙に打ち上げる。原理的に、ＬＩＳＡは重力波の通過を意味するわずかな距離の変動も検出できると考えられている。

　ＬＩＳＡの登場を待つあいだ、パルサータイミングアレイというプロジェクトが計画されている。このプロジェクトでは、天文学者が二〇個から五〇個のパルサーから放たれるパルスを観測する。われわれとパルサーのあいだを重力波が通過すると、あいだの空間が規則的に伸縮し、この空間の振動がパルスの到着時間に表れる。予想される変動は一秒の一〇〇億分の一から二〇〇億分の一とわずかだが、数年後には測定可能になるだろう。

　これを可能にするのが、数千個の電波受信器からなる「一平方キロメートル電波干渉計」

（SKA）と呼ばれる画期的な新しい電波望遠鏡だ。その名が示すとおり、この望遠鏡の信号受信部は一キロメートル四方もあり、現時点で存在するどんな望遠鏡と比べても巨大だ。プロジェクトの中心となっているのは南アフリカとオーストラリアだが、この二〇億ドルの計画には両国以外にも多数の国が参加している。二〇二四年には装置の運用を開始する予定だ。他のどんな望遠鏡よりも一万倍以上高速で空を探査できるので、重力波をとらえられる可能性が高い。相対論的三体問題の実験研究における究極の装置となるに違いない。

地球自体も重力波のアンテナとして使うことができる。というのは、地球は三～一〇分の時間尺度の振動に敏感だからだ。一九七六年、アメリカ国立電波天文台で働いていたヴァルトネンは、ある推定をした。太陽質量の一万倍のブラックホールがわれわれの銀河の中心にあるブラックホールと合体した場合、観測可能な反応が一カ月ほど続くのではないか、あるいは地球から一〇億光年以内のどこかで一〇〇万太陽質量級のブラックホール二つが合体した場合、地球の固有振動に三〇秒にわたって大量のエネルギーを注ぎ込むのが検出できるのではないかと考えたのだ。問題は、これらの事象と頻繁に起きる地震を区別するのが難しいという点だ。要するに、地球はノイズの多い受信機なのだ。検出器をいくつかの惑星に設置して、同時に発生した信号を調べれば、この状況はかなり改善できるだろう。

実際にブラックホールが合体する前に、周囲の空間で多くの興味深い現象が起きる可能性

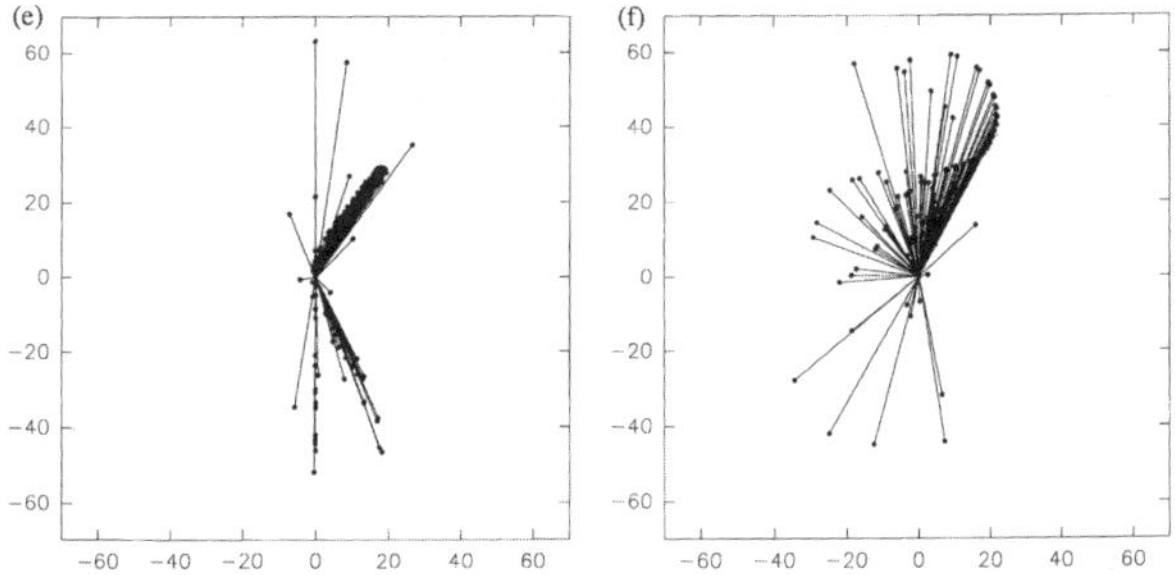

図 8.2　点は合体中のブラックホール連星を取り巻く円盤から脱出した物体（第三体）を表す。左図はブラックホール連星の軌道面の側面図、右図は正面図。中心から点までの距離は脱出速度を表す。35 単位が 75,000km/ 秒（光速の 4 分の 1）に相当する。計算は 576 個の相対論的三体問題の解（各解につき 1 点）にもとづく。（クレジット：Basu et al., A&A, 272, 417, 1993, reproduced with permission of ESO）

がある。トリニダードの西インド諸島大学に所属するインドの天文学者ディパク・バスーと共同研究者らは、一般相対論的三体問題を用いて、ブラックホールの合体前に周囲のガス円盤に起きることを研究した。その結果、ガスが圧縮されて高速の物質の流れとなり、その速度は光速の四分の一にまで達することがわかった(図8・2)。この流れは一時的なもので、ほんの数年しか持続しない。これはブラックホールの合体が進行中であることを示す明確なしるしであり、うまくいけば今後数十年のうちに、合体が重力波として認識された場合、その合体が確かに起きているということが確証できるようになるかもしれない。

　ブラックホール連星の合体に対して銀河中心核内の恒星系が示す反応の研究もまた興味

深い。これは基本的に二つのブラックホールと一つの恒星からなる三体問題だ。恒星は何度も再生可能でさまざまな位置から開始できるので、全体として銀河中心核内の全恒星のふるまいを表すことができる。本書著者の二人、アノソヴァと谷川は、ブラックホール連星に反応して恒星系が示すさまざまな形状について研究したことがある。これらのモデルの進化においで、さまざまなタイプの構造が見られた。それらは観測された銀河の構造とよく似ていることが多い。そのよい例が銀河Ａｒｐ５（ＮＧＣ３６６４とも呼ばれる）だ（図８・３）。ブラックホールのパチンコ効果で投げ出されることによって脱出する恒星も多い。

相対論的三体問題の興味深い事例として、合体するブラックホール自体が一つまたは複数の衛星をもっている場合もある。一九九一年にバスーとヴァルトネンは、この状況が格別めずらしくはないはずだと指摘した。というのは、太陽質量の一〇万倍程度の小さなブラックホールが太陽質量の一億倍級の大きなブラックホールの周囲を回る軌道でしばらく生き延び、その間に別の大きなブラックホールが接近してきて、最初の大きなブラックホールと合体することもあり得るからだ。この過程において、衛星ブラックホールは大きなブラックホールに飲み込まれるか、あるいは投げ出されるかもしれない。このようにして脱出する小さなブラックホールの最大速度は、光速の半分に達する。地球の近くの銀河でこうした脱出が起き、ブラックホールの最大速度でわれわれから遠ざかるなら、そのブラックホールにはおよそ〇・三の赤方偏移が

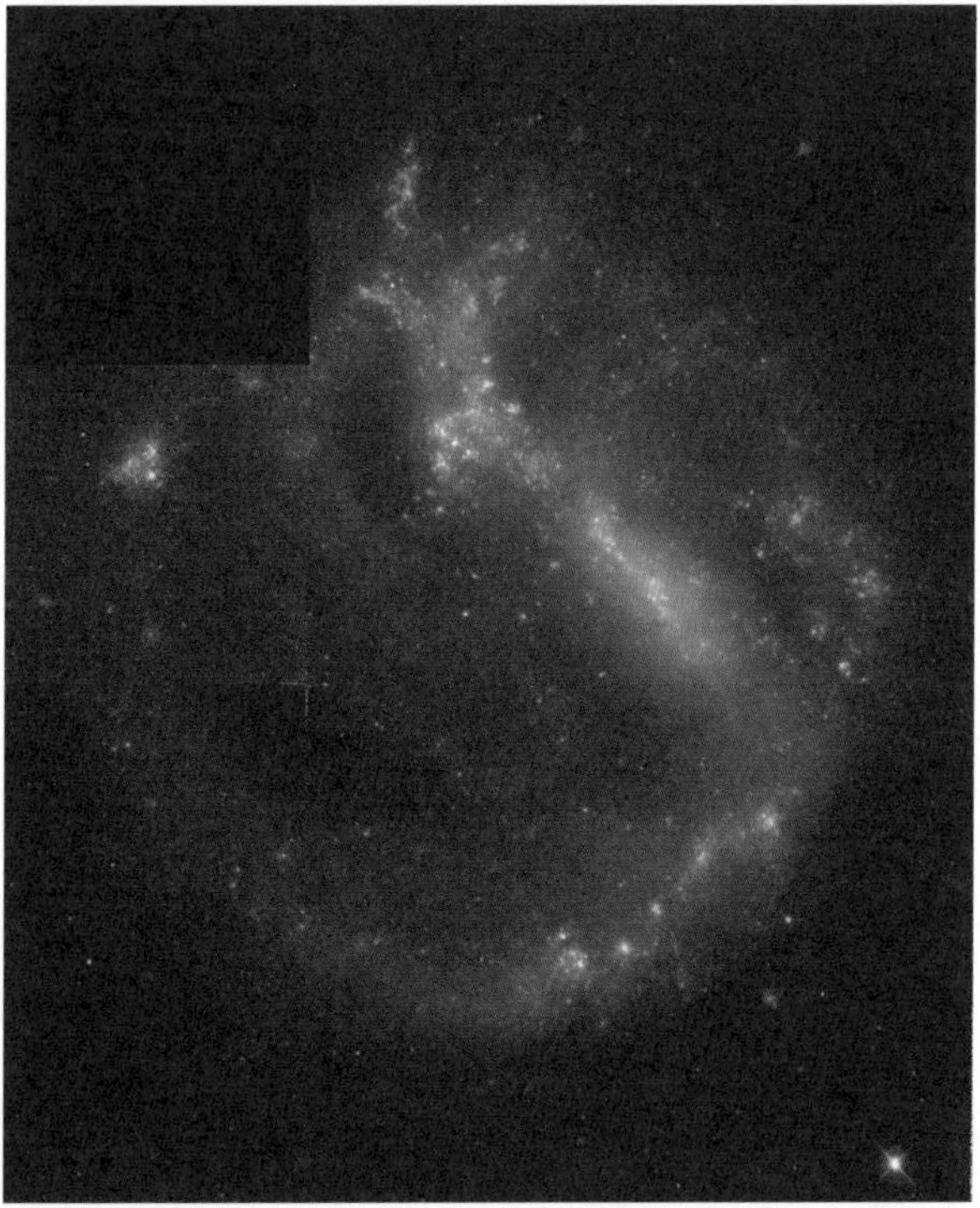

図 8.3　『アープ・アトラス』の5番銀河。恒星系に影響する2つの大きなブラックホールによりうまくモデル化されている。（クレジット：Based on observations made with the NASA/ESA Hubble Space Telescope, and obtained from the Hubble Legacy Archive, which is a collaboration between the Space Telescope Science Institute [STScI/NASA], the Space Telescope European Coordinating Facility [ST-EFC/ESA] and the Canadian Astronomy Data Centre [CADC/NRC/CSA]）

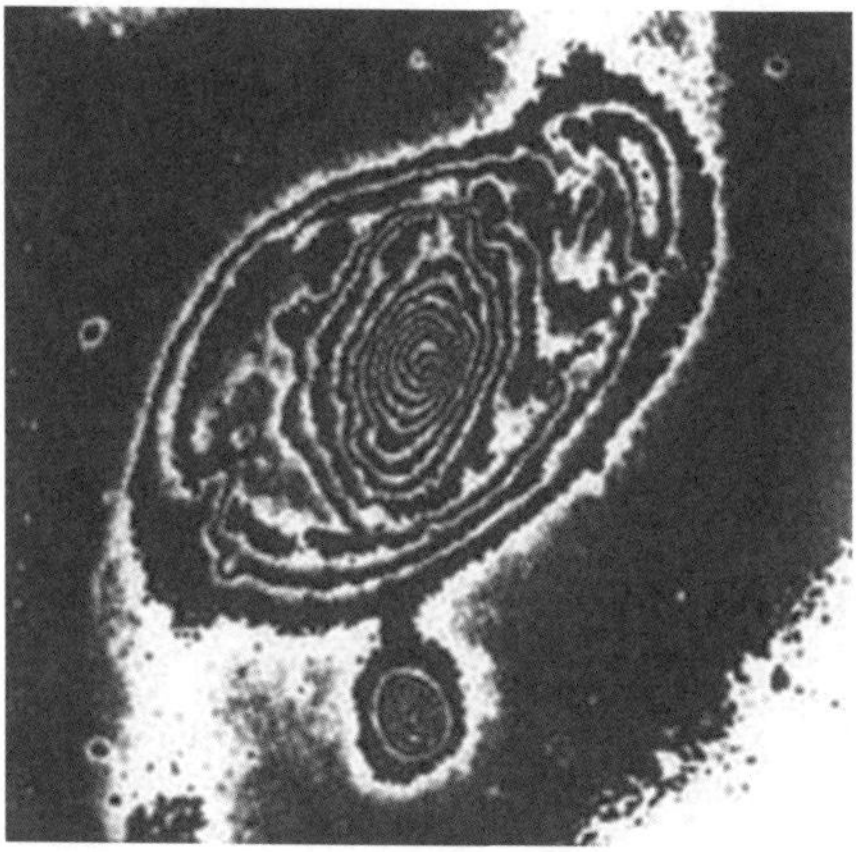

図8.4　上の大きな銀河がNGC4319、そのすぐ下にある小さな銀河がマルカリアン205。結合部の光度は非常に低く、弱い光を強調しないと見えない。（クレジット：Jack Sulentic）

生じるだろう。

　この過程が確実に起きたと言える実例はまだ知られていないが、少なくとも有力な候補が一つある。銀河NGC4319のそばにあるクエーサー、マルカリアン205だ（図8・4）。一九七一年、アープは輝く橋がこの二つの天体を結んでいることに気づいた。そして一九八三年には、アラバマ大学のアメリカ人天文学者ジャック・スレンティックがそれを確認した。この事例は議論を巻き起こした。というのは、二つの天体のあいだには光速の六・七パーセントに相当するおよそ秒速二万キロメートルの速度差があるからだ。通常、このような差は距離の差と解釈され、ハッブルの法則に従えば、その距離の差はかなり大きいと考えられる。マルカリアン２０５はＮＧＣ４３１９より八億八〇〇〇万光年遠くにあること になるのだ。アープはこの事例をクエーサーで見られる説明不可能な赤方偏移の典型例とし て使い、クエーサーの赤方偏移が必ずしも距離の指標にはならないと断言した。

この問題を解決するには、マルカリアン２０５までの距離を特定するのに赤方偏移に頼ら ない、独立した方法が必要だろう。

ブラックホールの合体時には大量の重力波が放出されるが、全方位で強度が同じになるわ けではない。重力波は残存する単独のブラックホールを、重力波の放出量が最も少ない方向 へ押しやる。そのため短時間のあいだ、これがロケットのように作用する。その結果として、 新たに生まれたブラックホールは静止することなく、どちらかへ一定速度で動きだす。一九 八三年、イギリスの天文学者マイケル・フィチェットがケンブリッジ大学に提出した博士論 文において、この可能性を初めて検討した。彼は、回転しないブラックホールが合体の終了 時には秒速数百キロメートルというロケット速度に達する可能性があることを発見した。

一九九五年、フィンランドの天文学者ハリ・ピエティラと共同研究者らはフィチェットの 研究を拡張し、三体問題や四体問題に適用した。ロケット速度の最良推定はおよそ秒速一〇 〇〇キロメートルで、これは銀河中心からの脱出という観点で興味深い。もっと正確な値が 得られたのはそれからおよそ一〇年後、一般相対論においてもっと厳密な合体のシミュレーションが実行できるようになったときだった。このような計算は、現時点で最大のコンピューターを使ったとしても、大変な作業と時間を要する。二〇一三年、ロチェスター工科大学のイタリア人物理学者マヌエラ・カンパネリと共同研究者らが、ブラックホールの自転を考慮するとロケット速度が秒速一〇〇〇キロメートルを上回る可能性があることを発見した。最も例外的なケースでは、重力波からの反動速度として秒速四〇〇〇キロメートルに達することもあり得る。彼らはブラックホール三体問題の解についても検討した。これは進化しつつある一般相対論の幾何学を用いた一例だ（図8・5）。

二〇〇五年、ドイツの天文学者マルティン・ヘーネルトと共同研究者らは、親銀河から投げ出されたブラックホールの有力候補を見つけた。銀河とクエーサーからなる緊密なペアで、座標にもとづいてHE0450－2958という名で知られている。この銀河の中心核は猛烈な勢いで新しい恒星を生み出すことから、クエーサーの中のブラックホールはこの中心核から来たことが示唆される。研究者らは、ロケット効果と重力パチンコ効果の両方が三つのブラックホールで働いたと考えている。現時点ではどちらの見方も捨てがたいが、重力パチンコ効果のほうが可能性は高い。というのは、重力パチンコ効果ならロケット効果のおよそ一〇倍の速度を出せるので、銀河中心からブラックホールを脱出させる原因となる可能性が高いからだ。

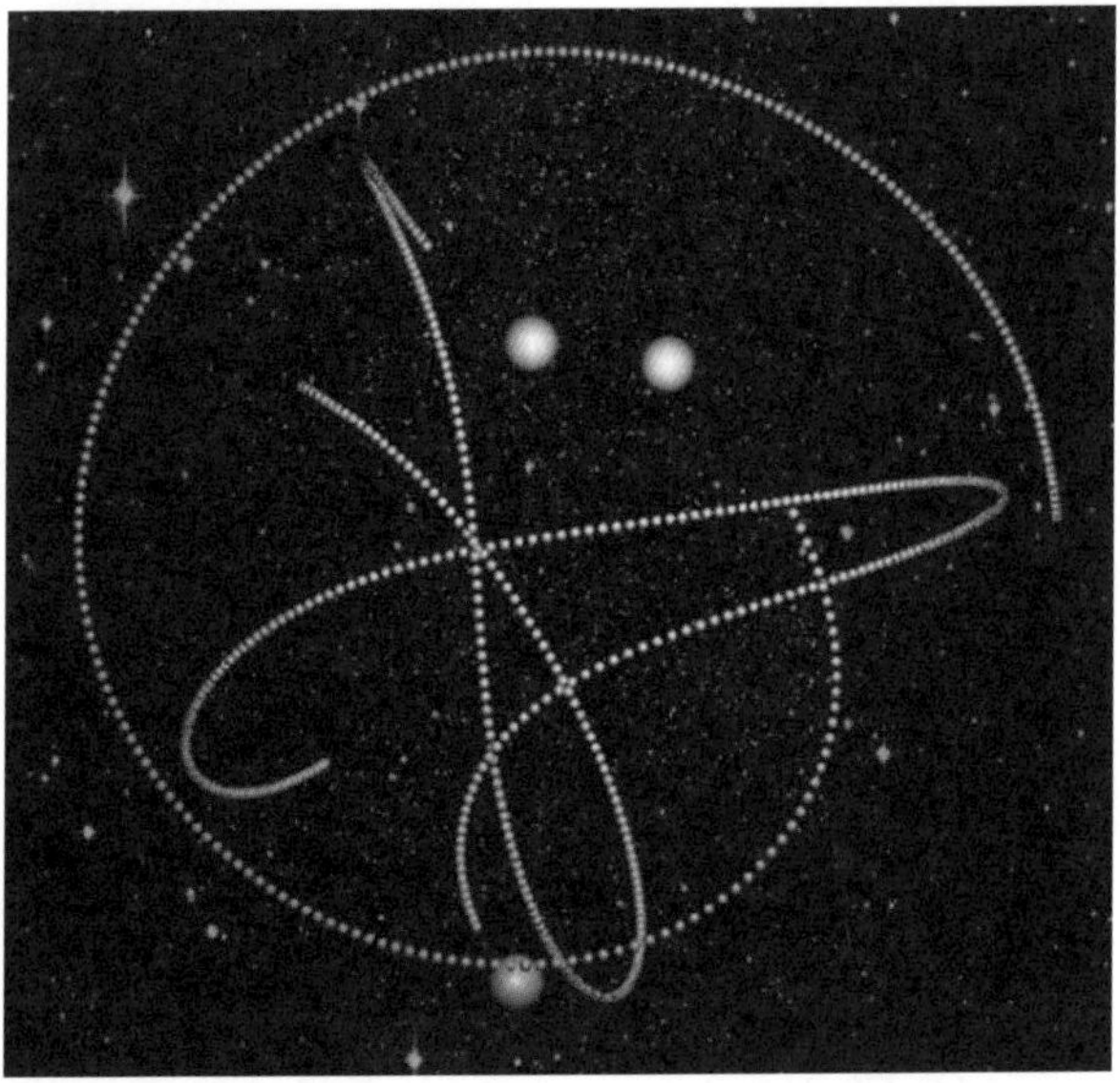

図8.5　一般相対論における3つの自転しない等質量ブラックホールの軌道。この研究は、完全な一般相対論におけるブラックホールの軌道計算推進の突破口となった（*Physical Review D*, vol. 77, 2008）。特定の三体問題の解を1つでも見つけたのは偉業だった。対応する計算をポスト・ニュートン近似でおこなうと非常に迅速で、完全な一般相対論で解を1つ出すのにかかるのと同じ時間で数百万個の解を計算することができる。ブラックホールの最新の位置を「白」のボールで示し、それらの軌道がたどった過去の軌跡を「点線」で示す（ボールの少し手前で終わっている）。2つのブラックホールが衝突しようとしている。ブラックホールの初期位置は、各「点線」の反対端である。（クレジット：Manuela Campanelli, Carlos Lousto and Yosef Zlochower for the simulation work, and Hans-Peter Bischof for the visualization work. The work was done at The Rochester Institute of Technology）

ブラックホールは十分な物質補給がない限り目立たない場合があるので、一つの銀河で三つのブラックホールを検出するのは容易でない。その検出に初めて成功したのはつい最近のことで、ケープタウン大学で働く南アフリカの天文学者ロジャー・ディーンと共同研究者らがなし遂げた。三体系は不安定なので、ブラックホール三体は宇宙の時間尺度で言えばあっという間に消え去ってしまう。そのため、われわれがブラックホール三体系を一つでも発見する機会を手に入れるには、宇宙でそれらがかなりの高頻度で生み出されている必要がある。

ホーキングと無毛定理

通常の天体は、回転が速いほど激しく扁平化する。天体内部の質量分布が変化し、回転速度が著しく上がって物質が天体の赤道から飛び散る可能性がある。ブラックホールでは、内部構造を調節することはできない。回転速度が上がれば周囲の空間は激しく扁平化するが、回転速度の上昇に対する反応は、物質でできた実体のある天体よりもはるかにゆるやかである。ブラックホールの外部の重力場は、厳密にブラックホールの質量と回転だけに依存する。というのは、ブラックホールはこれら以外の特性をもち得ないからだ。他に特性があるとすれば電荷だが、巨大なブラックホールにこれは期待できない。

今述べたことは、ブラックホールの「無毛定理」と呼ばれる。ブラックホールは完全になめらかで、いかなる突起もなく、毛すらないというのだ。この定理は一般相対論におけるブラックホールでは有効だが、仮に一般相対論が間違っていたら、この定理も成り立たないかもしれない。「無毛」という用語を考えたのはジョン・ホイーラー（一九一一～二〇〇八）で、彼は「ブラックホール」という名称も考案した。定理を実際に提案したのは、ケープタウン大学を卒業してのちにカナダへ移住した南アフリカの物理学者ヴェルナー・イスラエル、フランスに定住しているケンブリッジ大学の卒業生でオーストラリア出身の物理学者ブランドン・カーター、そしてオックスフォードを卒業して博士課程の研究のためにケンブリッジに進学し、そこでニュートンもかつて務めたルーカス数学教授職に就いたイギリスの物理学者スティーヴン・ホーキングの三人だった。

無毛定理が正しいことは、ブラックホール連星系ＯＪ２８７を使って初めて証明された。ＯＪ２８７の研究では、特別な三体問題を解く必要がある。連星となった二つのブラックホールがあって、それらはさらにおのおのの軸のまわりで自転している。第三体は降着円盤内のガス雲だ（図８・６）。円盤内のすべての粒子について軌道を計算して足し合わせることによって、円盤の全体像と円盤がブラックホール連星に対して示す反応を知ることができる。観測によって、円盤から得られる信号からブラックホール連星の軌道を特定することができる。

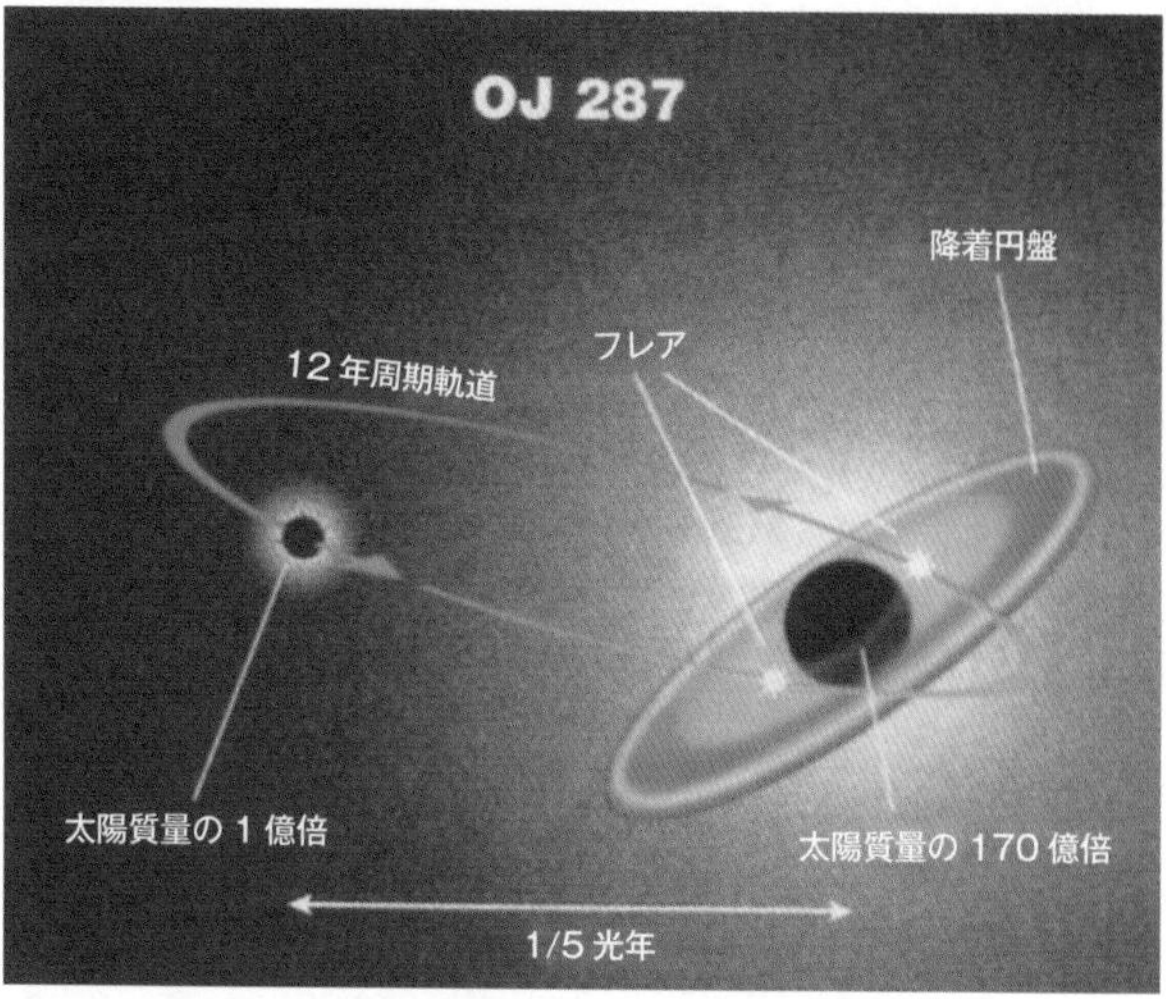

図 8.6　太陽質量の約 1 億倍（正確には 1 億 5000 万倍）の小さなブラックホールが太陽質量の約 170 億倍（最新の観測では 183 億倍）の大きなブラックホールのまわりを回る軌道。軌道上の 2 点で、小さなブラックホールはガス雲にぶつかってフレアを生じさせる。フレアは望遠鏡で観測でき、その正確なタイミングから大きなブラックホールの性質に関する情報が得られる。特に、大きなブラックホールに突起があれば、それに関する情報が得られる。今までのところ、イスラエル、カーター、ホーキングの無毛定理が述べているとおり、大きなブラックホールはなめらかであることがわかっている。（クレジット：Sky & Telescope/Adams Media/Gregg Dinderman）

第二のブラックホールが降着円盤にぶつかるたびに、明確な信号が得られる。これによって、軌道運動を追跡することができる。第一のブラックホールに「毛」がないのか、それともなんらかの「毛」があるのかによって、軌道運動には測定可能な違いが生じる。インドの物理学者アチャムヴェードゥ・ゴパクマール（ムンバイのタタ基礎研究所）は、この方法で無毛定理を検証することを提案した。その後の二〇一一年、ヴァルトネンはゴパクマールおよび他の共同研究者とともに、ＯＪ２８７の主天体には毛が生えていないことを証明するのに成功した。つまりＯＪ２８７の主天体は、一般相対論で記述されるブラックホールなのだ。二〇一五年一二月には、ＯＪ２８７で新たな円盤衝突の発生が予想された。*

スティーヴン・ホーキングは非凡な人生を歩んでいる〔二〇一八年三月に死去〕。病で身体の自由を奪われ、まず車椅子での生活を余儀なくされ、やがて話すこともできなくなったが、それでも研究生活を続けている。一九七〇年代の初頭、無毛定理の研究をしていたころにはまだ動き回ることができ、ケンブリッジ大学の天文学研究所で学生たち（本書著者のヴァルトネンもその一人だった）の助けを借りて講義もおこなっていた。車の乗り降りには手助けが必要で、研究所の廊下や庭園を移動するときには同僚や学生が車椅子を押していた。フェローを務めていたケンブリッジ大学のゴンヴィル・アンド・キーズ・カレッジでの活動に参加し、カレッジのクリスマスパーティーで子どもと一緒の姿も見られた。科学研究をするばかりでなく、世界で最も有名なポピュラーサイエンス作家にもなった。

ホーキングはブラックホールに関する定理でよく知られている。これまでのところ、無毛定理だけが正当性を立証されているが、それはわれわれが一般相対論における三体問題を解くことができたからだ。科学研究の最前線が進歩するなかで、いつまでも消え去らない問題がある。三体問題だ。科学におけるさまざまな問いのほとんどに対する部分解として、姿かたちは変えながら、とにかくいつでも居座っている。そして並み居る科学者のなかでも特にケンブリッジ大学でルーカス教授職を務めた二人、ニュートンとホーキングの心をとらえたのだった。

＊ 本書が印刷に入る前の二〇一六年三月一〇日、ポーランドの天文学者スタシェク・ゾラとイタリアの天文学者ステファノ・チプリーニ、そしてA・ゴパクマールとマウリ・ヴァルトネンに率いられた一〇〇人近い観測者のグループが、二〇一五年一二月に円盤衝突を観測したことを発表した。これによって、無毛定理の正しさがさらに立証された。

日本語版あとがき

国立天文台特別客員研究員
谷川清隆

本書の成り立ち

本書の著者は全員三体問題の研究者である。なぜこのように多様な国々の研究者がチームを組んだのか、そしてなぜその一人に日本人の谷川清隆が入っているのかを読者に伝えようとすると、話は少々長くなる。

一九九二年秋、名古屋大学での日本天文学会年会の懇親会場で、京都産業大学の吉田淳三先生が、ある論文の一枚の図を見せてくれた。この図の中のどこかに三体衝突軌道が隠れているという。*

＊　吉田先生に与えられた課題は二〇一九年に解いた。先生は谷川にその課題を与えたことをすっかり忘れていた。

当時谷川はカオスに興味をもっていた。その眼で見ると、図の中にフラクタルつまりカオスが見えた。これが、一般三体問題との出会いだった。論文の著者は本書の執筆陣の一人アノソヴァ氏だった。谷川は早速、軌道計算プログラムを書き始めることにした。

折しも一九八八年から一九九一年にかけて旧ソ連が崩壊し、ロシアや東欧の理系研究者はわれ先にと国外脱出を図っている時期だった。

一方、東京天文台と水沢緯度観測所を引き継いだ国立天文台は一九八八年七月に発足したばかりで、外国人の客員研究者を招く予算が豊富にあった。そこでアノソヴァ氏を天文台に招こうと決心した。

サンクトペテルブルク大学に連絡を取ると、氏はいまインドにいるという。そこでインドに直接電話した。そして日本に来る気はあるかと率直に聞くと「喜んで行く」という。アノソヴァ氏は一九九四年五月から一九九五年二月まで滞在し、その後、あれこれ伝手《つて》を頼って米国に渡った。娘を米国に呼び寄せ、もうロシアに帰る気はないようだった。

わたしの方は、一九九五年八月、ロシアで開催された重力多体系の国際シンポジウムで三体問題研究の成果を発表することになった。妻、中学生の息子と一緒に、モスクワ、サンクトペテルブルクに数日ずつ滞在し、わたしは北緯六一度のペトロザヴォーツクの会場に向かった。

そのシンポジウムの地元組織委員をしていたのが、本書の著者の一人のミュラリ氏だった。さらに、休憩時間に話し込んでいたフィンランド人のミッコラ氏が眼に止まった。彼は一次元三体問題を研究している研究者で、本書の第3章にも登場している。彼に声をかける。

「日本に来ないか?」

これがその後三〇年にわたる共同研究のきっかけとなった。三カ月間なら日本に行ける、じゃあそうしましょう、ととんとん拍子に話が決まった。彼はその後数回日本に滞在し、そのたびにいい仕事ができたと喜んでいた。

二〇〇七年と二〇〇八年、日露共同研究プロジェクトが実施された。二〇〇七年八月、木更津高専の関口昌由《まさよし》氏を代表とする日本チームがロシアを訪問した。ロシア側の代表者はサンクトペテルブルク大学教授の天体力学科長をつとめるホルシェヴニコフ氏だった。何故こんな大物が? とびっくりしたのを覚えている。

どちらの国でも研究会を開催して両国の研究の進展度合いを確認し合ったが、印象に残っているのはパーティやエクスカーションでのできごとだ。

二〇〇七年は会議後のパーティで谷川がロシア民謡「モスクワ郊外のゆうべ」を歌うと、ホルシェヴニコフ氏が「こんにちは赤ちゃん」を日本語で歌う。度肝を抜かれたのも良い思い出だ。

二〇〇八年はロシアチームが訪日。長時間の飛行で、本書の著者の一人オルロフ氏の七歳の子息が消耗しきっていたので我が家で数時間休息を取ってもらった。九月には箱根へ日帰りエクスカーション。箱根の芦ノ湖を見渡せるホテルで温泉に浸かる。「みなさん裸でどうぞ」との日本側の言葉に夫人方も戸惑ったようだが、のびのびと入浴したようだ。この機会にホルシェヴニコフ氏およびオルロフ氏とさらに親しくなった。

本書の筆頭著者であるヴァルトネン氏はミッコラ氏の兄貴分であり、谷川がミッコラ氏と親密になるにつれて、氏ともフィンランドでの研究会で話すようになり、お宅にも何度かお邪魔した。

二〇〇八年八月、ミュラリ氏の自宅に研究者仲間が集まって、一般向けに三体問題の啓蒙書を書こうということになった。三体問題の天文学、物理学そして数学に強いこれだけの顔ぶれが揃っていれば、宇宙に関する面白い啓蒙書が書けると全員が納得した。アノソヴァ氏とホルシェヴニコフ氏がとくに積極的であった。

谷川は三体問題の歴史を担当することになった。ヴァルトネン氏は谷川が二〇〇七年に国立天文台の伊藤孝士氏と書いた英文概観論文「20世紀天体力学の動向」を読んでいたのかもしれない。そこでは三体問題の歴史について論じていたのだ。

本書に関していうと、谷川も含めて諸氏の筆は遅かった。二〇一五年、フィンランド・トゥルクでのミッコラ研究会の際に再び集まった。お互いに原稿を読み返し、内容の分担を議論しながら、全体が一本筋の通った物語となるように執筆を進めていった。

このようにして、ロシア人、フィンランド人、日本人の合作が生まれた。

SF小説『三体』について

昔、中国で知識人が身近な自然現象に数字をあてはめることが流行ったようだ。北緯三五度のあたりでは、夏至の日は、昼の長さを3とすると、夜の長さは2、冬至の日は昼の長さが2で、夜の長さが3。地上の現象は太陽の動きに支配され、3：2、2：3という数字の比に規定される。春秋分の前後数日のうちに3：4：5の直角三角形が出現する。垂直に立てた8尺の棒の影が6尺になる。

また、夏至の日、北に千里行くと長さ8尺の棒の影の長さが1寸伸びる。南に千里行くと長さ8尺の棒の影の長さが1寸縮む。

人間の行動が、天文現象に支配され、その天文現象の背後には数字がある。このような関係に人間が気づいた。『漢書《かんじょ》』の「律暦志《りつれきし》」は数字の氾濫だ。数の組み合わせと天の現象と人間生活の関係をたくさん並べた。庶民の占いの始まりであろうか。

二〇一九年に劉慈欣《りゅう・じきん》のSF小説『三体』（早川書房。現在ハヤカワ文庫に収録）が出版されたとき、三体問題の専門家としては題名が聞き捨てならない、どんな設定なのだと直ちに本屋に走ったことを覚えている。読み始めての第一印象は、「さすが中国の知識人」というものだった。登場人物の物理学者になりきって読み進めると、天から理不尽さが降ってくるような心地がした。

自分たちの理解した物理学の法則が天では役立たない。三つの太陽に支配される世界の未来は予測不可能で、漢の時代と同様、天の法則が人知を超えていることを思い知らされる。物語の中では「三体」ゲームが読者に提示される。地球外文明との初めての接触。思うにまかせない反応。主人公の葛藤。話はどのように展開するのか、全く先が見通せない。一つはっきりしているのは、著者が物理学や天文学の知識を深く弁《わきま》えていること。心底驚かされた。

本書を手に取られた方の中には、SF小説『三体』をきっかけに天文学の三体問題に興味をもたれた方もいらっしゃるかもしれない。

歴代の科学者たちが取り組んできた難問・三体問題にも、SF小説に劣らないくらい数々のドラマが秘められていることが、本書をお読みになるとお分かりいただけるのではないかと思う。

　まさに「巨人の肩に乗る」ようにして、先人の発見の上にさらに後世の科学者が考察を重ねることで、三体問題研究という大きな山脈が形作られてきた。その山並みには、カオス理論、時間の矢、ブラックホール研究といったさらに別の急峻な山々も連なっている。

　このたび日本語版の出版にあたっては監訳を担当させていただいた。本書をきっかけに天文学・天体物理学、そして科学者たちの営みに興味をもつ方がさらに増えるのであれば、これに勝る喜びはない。

二〇二四年三月

著者略歴

マウリ・ヴァルトネン（Mauri Valtonen）
フィンランド・トゥルク大学教授。相対論的三体問題の先駆的研究で知られる。研究分野はクエーサー、三体問題、宇宙論など。

ジョアンナ・アノソヴァ（Joanna Anosova）
テキサス大学オースティン校教授（退官）。コンピュータを使った三体問題研究の先駆者で、「アゲキャン＝アノソヴァのマップ」で知られる。

コンスタンティン・ホルシェヴニコフ（Konstantin Kholshevnikov）
サンクトペテルブルク大学教授、天体力学科長。研究分野は天体力学と太陽系力学。小惑星番号 3504 は彼の名にちなんで名づけられた。2021 年に逝去。

アレクサンドル・ミュラリ（Aleksandr Mylläri）
1987 年にサンクトペテルブルク大学で三体問題の研究を始め、本書の共著者全員と共同研究を実施。グレナダ・セントジョージズ大学教授。

ヴィクトル・オルロフ（Victor Orlov）
サンクトペテルブルク大学教授。研究分野は三体問題のほか、宇宙の大規模構造、恒星系力学など。2016 年に逝去。

谷川清隆（Kiyotaka Tanikawa）
国立天文台特別客員研究員。三体問題など天体力学のほか、古代の日食など歴史天文学の研究でも知られる。小惑星番号 10117 Tanikawa は彼の名にちなんで名づけられた。

訳者略歴

田沢恭子（たざわ・きょうこ）
翻訳家。お茶の水女子大学大学院人文科学研究科英文学専攻修士課程修了。主な訳書にツァイリンガー『量子テレポーテーションのゆくえ』、タイソン『人生が変わる宇宙講座』、レヴィン『重力波は歌う』（共訳）、マンデルブロ『フラクタリスト―マンデルブロ自伝―』（以上早川書房刊）など。

ハヤカワ新書　022

宇宙《うちゅう》の超難問《ちょうなんもん》　三体問題《さんたいもんだい》

二〇二四年四月二十日　初版印刷
二〇二四年四月二十五日　初版発行

著者　M・ヴァルトネン、J・アノソヴァ、
K・ホルシェヴニコフ、A・ミュラリ、
V・オルロフ、谷川清隆《たにかわきよたか》
訳者　田《た》沢《ざわ》恭子《きょうこ》
発行者　早川　浩
印刷所　精文堂印刷株式会社
製本所　株式会社フォーネット社
発行所　株式会社　早川書房
東京都千代田区神田多町二ノ二
電話　〇三・三二五二・三一一一
振替　〇〇一六〇・三・四七七九九
https://www.hayakawa-online.co.jp

ISBN978-4-15-340022-1 C0244
Printed and bound in Japan

定価はカバーに表示してあります

乱丁・落丁本は小社制作部宛お送り下さい。
送料小社負担にてお取りかえいたします。

未知への扉をひらく

「ハヤカワ新書」創刊のことば

誰しも、多かれ少なかれ好奇心と疑心を持っている。

そして、その先に在る納得が行く答えを見つけようとするのも人間の常である。それには書物を繙いて確かめるのが堅実といえよう。インターネットが普及して久しいが、紙に印字された言葉の持つ深遠さは私たちの頭脳を活性して、かつ気持ちに余裕を持たせてくれる。

「ハヤカワ新書」は、切れ味鋭い執筆者が政治、経済、教育、医学、芸術、歴史をはじめとする各分野の森羅万象を的確に捉え、生きた知識をより豊かにする読み物である。

早川浩